国家科学技术学术著作出版基金资助出版

"十三五"国家重点出版物出版规划项目
智能机器人技术丛书

社会机器人系统设计与研究

Social Robotics
Design and Research

葛树志　曾凡玉　刘晓瑞　著

国防工业出版社
·北京·

图书在版编目(CIP)数据

社会机器人系统设计与研究 / 葛树志,曾凡玉,刘晓瑞著. — 北京 : 国防工业出版社, 2021.8
ISBN 978 – 7 – 118 – 12299 – 2

Ⅰ. ①社… Ⅱ. ①葛… ②曾… ③刘… Ⅲ. ①机器人 – 系统设计 – 研究 Ⅳ. ①TP242

中国版本图书馆 CIP 数据核字(2021)第 138269 号

※

国防工业出版社 出版发行
(北京市海淀区紫竹院南路 23 号   邮政编码 100048)
北京龙世杰印刷有限公司印刷
新华书店经售

*

开本 710×1000   1/16   印张 18   字数 300 千字
2021 年 8 月第 1 版第 1 次印刷   印数 1—2000 册   定价 86.00 元

(本书如有印装错误,我社负责调换)

国防书店:(010)88540777   书店传真:(010)88540776
发行业务:(010)88540717   发行传真:(010)88540762

丛书编委会

丛 书 序

　　人类走过了农耕社会、工业社会、信息社会,已经进入智能社会,进入在动力工具基础上发展智能工具的新阶段。在农耕社会和工业社会,人类的生产主要基于物质和能量的动力工具,并得到了极大的发展。今天,劳动工具转向了基于数据、信息、知识、价值和智能的智力工具,人口红利、劳动力红利不那么灵了,智能的红利来了!

　　智能机器人作为人工智能技术的综合载体, 是智力工具的典型代表,是人工智能技术得以施展其强大威力的最佳用武之地。智能机器人有三个基本要素:感知、认知和行动。这三个要素正是目前的机器人向智能机器人进化的关键所在。

　　智能机器人涉及到大量的人工智能技术:传感技术、模式识别、自然语言理解、机器学习、数据挖掘与知识发现、交互认知、记忆认知、知识工程、人工心理与人工情感……可以预见,这些技术的应用,将提升机器人的感知能力、自主决策能力,以及通过学习获取知识的能力,尤其是通过自学习提升智能的能力。智能机器人将不再是冷冰冰的钢铁侠,它们将善解人意、情感丰富、个性鲜明、行为举止得体。我们期待,随同"智能机器人技术丛书"的出版,更多的人将投入到智能机器人的研发、制造、运用、普及和发展中来!

　　在我们这个星球上,智能机器人给人类带来的影响将远远超过计算机和互联网在过去几十年间给世界带来的改变。人类的发展史,就是人类学会运用工具、制造工具和发明机器的历史,机器使人类变得更强大。科技从不停步,人类永不满足。今天,人类正在发明越来越多的机器人,智能手机可以成为你的忠实助手,轮式机器人也会比一般人开车开得更好,曾经的很多工作岗位将会被智能机器人替代,但同时又自然会涌现出更新的工作,人类将更加优雅、智慧地生活!

　　人类智能始终善于更好地调教和帮助机器人和人工智能,善于利用机器人和人工智能的优势并弥补机器人和人工智能的不足,或者用新的机器人淘汰旧的机器人;反过来,机器人也一定会让人类自身更智能。

现在,各式各样人机协同的机器人,为我们迎来了人与机器人共舞的新时代,伴随优雅的舞曲,毋庸置疑人类始终是领舞者!

李德毅　　2019.4

李德毅,中国工程院院士,中国人工智能学会理事长。

前　　言

社会机器人是当今前沿高技术研究最活跃的领域之一。国际上对社会机器人的定义是指除工业生产以外能够与人类或其他机器人进行交互的自主机器人。它聚焦于智能感知、学习与人机交互等高新技术的研究与应用,不仅是催生新一轮智能机器人产业发展的核心引擎,对我国智能装备、国防科技及武器装备建设的发展也具有十分重要的现实意义。

从社会机器人的定义可以看出,社会机器人需要同时满足机器人的功能属性和社会属性。不仅能够利用自身结构完成特定的工作,还需要模拟人类的社会行为。如果机器人只能按照固定的程序完成任务而不能与周围环境产生交互,就不能称之为社会机器人。具体而言,社会机器人的实现需要完成以下目标。

(1)多感官融合:具有类人视觉、听觉以及感觉等器官系统,融合多种处理器共同接受周围的环境信息。

(2)多场景适应性:社会机器人与人交互的场景比较复杂,社会机器人需要适应不同的场合,完成不同的工作。

(3)自主学习能力:学习能力是社会机器人的重要特征,社会机器人必须能够从与人交互的过程中收集信息,推理出事物之间的相关联系。

(4)高度自动化:社会机器人必须实现较高的自动化以适应周围环境。

(5)协作能力:社会机器人可与其他机器人协作完成作业,这些机器人各自完成不同部分的工作。

(6)情感反应能力:情感反应是社会机器人的一个重要特征,这样才可以及时对周围环境的变化和人类的情绪波动做出相应的回应。

为实现以上目标,社会机器人除了需要进行基本的硬件实现与软件驱动实现外,还需要实现机器视觉、知觉、情感感知等功能。这些功能的实现需要机器学习、语音识别、面部表情识别、自主导航等各方面的理论与技术,可以说社会机器人是目前新兴理论与技术的综合应用的产物。

本书由电子科技大学机器人研究中心的部分教师和研究生共同编写,感谢他们在此过程中付出的辛勤努力。其中教师包括:贺威教授、叶茂教授、王刚副教授和苏杨老师等；已毕业或在读的研究生：汪晨、刘思邦、赵骞、唐忠樑、郭九霞、张赛男、陈星宏、刘砚博、甘涛、黄锐、冯丽、陶小林、陈甜等。此外，还需要感谢我在新加坡国立大学的研究生王辰、李明明等，感谢他们在本书编写过程中所做的贡献。

感谢国防工业出版社的陈洁编辑为本书的出版所做的大量工作，她对出版物的专业和严谨态度给我留下了深刻的印象。

另外，在本书的写作过程中，获得了许多老师、同学的反馈意见，在此一并表示感谢。

目 录

绪 论

第 1 章　机器人认知模型理论设计

第2章　机器人决策模型理论设计

第3章　机器人视觉感知理论与技术

第4章　机器人语音识别技术

第5章 机器人情感感知模型与计算方法

第6章 人机行为交互与意图识别

第7章 机器人智能感知与导航定位

第 8 章　社会场景下的机器人智能控制

第 9 章　机器人设计艺术理论与应用

第 10 章 机械结构

第 11 章 传感器及模块化电路设计

第 12 章 社会机器人社会影响与道德伦理

第 19 章　社会机器人未来展望

Contents

Introduction

Chapter 1　Theoretical design of robot cognitive models

Caption 2　Theory of Robot Decision Models

Chapter 3　Theory and Technology of Robot Visual Perception

Chapter 4　Robot Speech Recognition

Chapter 5　Sentiment Model and calculation method of Robot

Chapter 6　Human－Computer Behavioral Interaction and Intent Recognition

Chapter 7　Intelligent Sensing, Navigation and Positioning of Robot

Chapter 8　Intelligent Robot Control in Social Scenarios

Chapter 9　Art theory and application of robot design

Chapter 10　The mechanical structure

Chapter 11　Sensor and modular circuit design

Chapter 12　Social Robots: Social Impact and Ethics

Chapter 13　Social Attributes and Emotional Integration of Robots

Chapter 14　Safety Ethics for Robot Cooperation

Chapter 15　Robot Ethics

Chapter 16　Nancy Robot

Chapter 17　SRU Robot

Chapter 18   Caibao Robot

Chapter 19   The outlook of Future

绪　　论

1. 背景介绍

从钻木取火的石器时代,到瓦特发明的蒸汽机,再到信息时代的超级计算机,人类文明的发展史可以说是一部工具的发展史。几千年以来,为提高生产生活效率,人类不断尝试发明各种自动化装置、器械来为人类服务,比如诸葛亮就曾制造出"木牛流马"为前线运送军粮,工业革命后,蒸汽机、内燃机的出现更是大大推进了人类的历史进程。人类还一直希望能够制造出一种机器能够代替人类枯燥、繁重的工作,随着技术的进步,机器人应运而生。

自从 1954 年美国人乔治·德沃尔制造出世界第一台可编程的机器人之后,机器人已经经过了半个世纪的发展,机器人的种类和功能得到了不断地丰富。2002 年,联合国欧洲经济委员会(UNECE)和国际机器人联合会(IFR)联合发布的一项报告将机器人分为三个主要类别:工业机器人、专业服务机器人和个人服务机器人。

工业机器人是面向工业领域的多关节机械手或多自由度的机器装置,也就是最传统的机器人种类。由于工业机器人与对自动化程度要求较高的工业领域直接相关,因此它的发展较其他两种最为成熟。专业服务机器人也得到了广泛的应用,比如医疗机器人可以代替医生完成复杂的手术。而个人服务机器人相较以上两类机器人,还属比较新的领域,有待更广泛的研究和应用。社会机器人作为个人服务机器人领域中的一个崭新的研究领域,从 20 世纪 90 年代才陆续得到一定的研究和应用。

社会机器人的实现目标是通过人工智能、机器学习等方面技术的应用,使机器人可以适应周围环境,并可与人或其他机器人产生交互。与传统工业机器人相比,社会机器人不仅是一个可以完成特定作业的自动化装置,它还可以通过与周围事物进行交互来为人类提供服务。为实现社会机器人与周围环境的交互,社会机器人需综合应用人工智能、机器学习、传感器技术、情感科学、图像识别、语音识别等方面的技术。

社会机器人经过一段时间的研究和发展,已经有相当数量的应用。例如:

1

Aldebaran Robotics 公司开发的 NAO 机器人可以通过学习身体语言和表情来推断出人的情感变化,并且随着时间的推移"认识"更多的人,并能够分辨这些人不同的行为及面孔;海豹型机器人 RARO 可以对连续呼唤的名字做出反应,将其用于痴呆症患者的护理之后,患者喊叫、狂躁、徘徊等问题行为大幅减少。

2. 社会机器人定义及发展历史

1) 社会机器人定义

社会机器人是当今前沿高技术研究最活跃的领域之一。按照国际机器人权威机构的定义,社会机器人是指除从事工业生产以外的、能够与人类或其他机器人进行交互的自主机器人。它聚焦于智能感知、学习与人机交互等高技术的研究与应用,有益于与人类的协同工作。社会机器人是催生新一轮智能机器人产业发展的核心引擎,对促进我国智能装备和医疗康复设备发展等都具有十分重要的现实意义,具有很强的技术成长性与带动性。

联合国标准化组织采纳了美国机器人协会给机器人的定义:一种可编程和多功能的操作机,或是为了执行不同的任务而具有可用计算机改变和可编程动作的专门系统。因此根据社会机器人拥有的特性,可以给出社会机器人的定义如下:社会机器人是一类可与其他机器人、人类、所处环境、社会和文化结构等之间互相作用和交流的机器人的总称。

从社会机器人的定义可以看出,社会机器人首先需要符合机器人的定义,必须能够利用机械完成一定的动作,如果没有机械装置或者仅把机械装置作为一个支架,虽然能够和与周围的对象产生交互,那么它仍不能称为社会机器人。社会机器人模拟的是人类的社会行为,如果不能与周围环境产生交互,只能按照固定的程序完成任务的话,也不能成为社会机器人。社会机器人需要实现的两个目标就是可以通过自动化机械装置完成动作且能够与周围的对象进行交互。

根据社会机器人的定义,社会机器人的实现需要完成以下目标:

(1)正如人类具有视觉、听觉以及感觉等器官系统,社会机器人需要多种处理器共同接受周围的环境信息。

(2)适应性,社会机器人与人交互的场景比较复杂,社会机器人需要适应不同的场合,完成不同的工作。

(3)学习能力,学习能力是社会机器人的重要特征,社会机器人必须能够从与人交互的过程中收集信息,推理出事物之间的相关联系。

（4）自动化,社会机器人必须实现较高的自动化以适应周围环境。

（5）协作能力,社会机器人可与其他机器人协作完成作业,这些机器人各自完成不同部分的工作。

（6）反应能力,反应能力是社会机器人的一个重要特征,拥有较高反应能力的社会机器人可以及时对周围环境的变化和人类的指令做出相应的回应。

为实现以上目标,社会机器人除了需要进行硬件实现、驱动实现以及电子设计等,还需要实现机器人的感觉、知觉等功能,这些功能的实现还需要机器学习、语音识别、面部表情识别等各方面的技术,可以说社会机器人是这些技术的综合应用成果。

社会机器人技术是在机器人自身文化属性与社会角色的基础上研究机器人与人以及机器人与机器人之间的交互理论与相关技术。其研究范围涵盖工程技术、社会伦理以及文化艺术等领域。社会机器人这一概念的产生,其根源在于技术发展下机器人从生产场景向更广泛的应用场合的延伸。进入 21 世纪后,机器人开始广泛应用于学校、医疗和社会服务行业,其自身职能也由单纯的劳动力替换向更加复杂的人机交互与自主作业转换。这股技术与行业升级的浪潮催生了对机器人社会属性与人机交互技术的研究与再思考。进入 21 世纪以来,对机器人社会性的研究和相关的技术研发变得日益活跃,也催生出了成型的学术组织与社区建设。2009 年,施普林格出版公司推出了专门面向社会机器人研究的期刊 *International Journal of Social Robotics*,该期刊的宗旨就是推动社会机器人领域的理论创新与技术创新,并将社会机器人的技术与理论归结为以下几大方面：

① 机器人社会化交互的应用场景；

② 人—机器人交互技术与机器人—机器人交互；

③ 具有自主学习、适应与进化特征的机器人智能；

④ 机器人社会学；

⑤ 社会机器人的社会接收度与影响；

⑥ 社会机器人设计方法论；

⑦ 社会辅助机器人；

⑧ 社会机器人智能控制技术；

⑨ 教育机器人；

⑩ 应用于医疗与健康护理中的机器人技术；

⑪ 人类智能与行为的感知、建模方法；

⑫ 具有社会意识的机器人导航与规划。

此外,一些传统的机器人领域期刊也提高了对社会机器人理论与技术的关注,这其中诸如 *International Journal of Robotics Research*、*IEEE transaction on Ro-*

botics、*Autonomous Robots*、*Automatica* 等行业顶级期刊中关于社会机器人的文章的刊登与引用也与日俱增,各期刊也还定期举办关于该领域方向的专刊,促进理论成果与技术成果的发表和交流。

在相关的学术期刊与学术社区的基础上,该领域每年还会定期举办相关的学术会议与研讨活动,其中较为著名的有 International conference of social robotics、IEEE Robot and Automation 以及 Social Robotics and Human – Robot Interactive Systems International Conference 等(图 1)。

图 1　客观的需求推动了科研与学术社区的发展

2) 社会机器人发展历史

机器人这个概念最早是由捷克作家卡雷尔·查培克在他的科幻小说《罗萨姆的机器人万能公司》中创造了机器人 Robot 一词,这个词源于捷克语的"robota",意思是"苦力",小说中的主人公"Robot"是一个听话的机器人,能不知疲倦地为主人服务。在这之后不到 40 年的时间,世界上第一台机器人便在美国诞生了。随着相关技术的飞速发展,机器人的新功能不断涌现,其应用越来越广泛,对人类社会的影响也越来越大。

机器人从诞生至今,按照智能化程度一般分为三代:第一代是"示教—再现"型机器人,是智能化程度最低但商业应用最多的一类;第二代是"感知型"机器人,能够通过传感器探测外部环境,相当于具有了感觉器官,可以对动作进行反馈控制;第三代是智能机器人,具有丰富的感知能力和自主学习、自主决策的能力,能够适应复杂的环境;第三代机器人实际上是一个知识信息处理系统,与智能计算机关系密切,目前两者都处于研究探索阶段。

工业机器人是迄今为止应用最为广泛的机器人,能够将人类从重复和劳累的生产活动中解放出来,提高生产力。工业机器人技术已经相当成熟,在自动化程度要求较高的一些行业,如电子、汽车、钢铁等行业应用较多,这些机器人主要从事焊接、装配、喷涂等重复性工作。

20 世纪 80 年代以后,机器人的应用已不再局限在工厂领域,很多研究机构开始研究将机器人应用于家庭、医院等日常生活环境,为人类的日常生活提供便利,这一类机器人统称为社会机器人。社会机器人一般属于第三代机器人,具有较高的智能性。最近几年,导游机器人、家庭智能吸尘器、护理机器人等的大量出现表明距离社会机器人时代已经不远了。

2004 年 2 月 25 日,世界第一届机器人会议发表了《世界机器人宣言》,认为在机器人领域正经历着从产业用机器人时代向生活用机器人时代的转变,智能服务机器人将在文化、福利、健康等领域带来生机。

社会机器人是机器人的一个分支,顾名思义它主要是在社会生活中实现某些社会行为,如搜索当前时事要闻、为行动不便的人拿饮料、为视力不好的老人带路、陪孩子玩耍学习、打扫室内卫生等,甚至还可以完成陪人聊天交流、做菜、控制室内电器等工作。按照功能可以划分为许多种,目前常见的有吸尘器机器人、炒菜机器人、家庭娱乐机器人、智能轮椅以及护理机器人等。2000 年以来,社会机器人经历了一些比较可喜的发展。

2002 年,丹麦 iRobot 公司推出了吸尘器机器人 Roomba,它能避开障碍物,自动设计行进路线,还能在电量不足时,自动驶向充电座。Roomba 是目前世界上销量最大、最商业化的家用机器人。

2012 年,"发现号"航天飞机的最后一项太空任务是将首台人形机器人送入国际空间站。这位机器宇航员被命名为"R2",它的活动范围接近于人类,并可以执行那些对人类宇航员来说太过危险的任务。

2014 年,麻省理工学院媒体实验室推出了社会机器人 Jibo,它是一款家用社交机器人,能够讲故事、陪人聊天。同年,日本软银集团展示了人形机器人 Pepper,该机器人配备了语音识别技术、呈现优美姿态的关节技术,以及分析表情和声调的情绪识别技术,可与人类进行交流。

2015 年,Blue Frog Robotics 公司推出的全新 Buddy 机器人未来将成为"家庭成员",它可以和你进行交流沟通、保护你的家园、教育孩子和陪同孩子玩耍,甚至能够照顾老人。

3. 社会机器人发展现状

1) 社会机器人相关技术

设计一个社会机器人,其基础功能的实现需要电子、电气工程和计算机领域的相关知识,电子元器件的小型化和低功耗使得机器人的小型化和高机动成为可能。辅以复杂的感知、规划和互动机制,使得机器人能够收集相关环境信息,感知周围的人和环境以及其他机器人。此外,社会机器人通过人工智能模块处理收集到的大量信息,对周围环境做出反应,并以"自然"的方式决策和行动。社会机器人涉及的相关技术如下。

人工智能:人工智能是计算机科学的一个分支,它研究、开发用于模拟、延伸和扩展人的智能的理论、方法、技术和应用系统的一门技术学科。除计算机科学外,人工智能还涉及信息论、控制论、自动化、仿生学、生物学、心理学、数理逻辑、语言学、医学和哲学等多门学科,人工智能研究的主要内容包括知识表示、自动推理和搜索方法、机器学习和知识获取、知识处理系统、自然语言理解、计算机视觉、智能机器人、自动程序设计等方面。社会机器人实现机器人与所处环境的交互正是基于人工智能的相关技术。

机器学习:机器学习是一门涉及概率论、统计学、逼近论、凸分析等多门学科的多领域交叉学科,它专门研究计算机怎样模拟或实现人类的学习行为,并获取新的知识或技能,重新组织已有知识结构使之不断完善自身性能。机器学习是人工智能的核心,是使计算机具有智能的根本途径,其应用遍布人工智能的各个领域,社会机器人正是机器学习的典型应用场合。

语音识别:语音识别涉及的领域包括信号处理、模式识别、概率论和信息论、发声机理和听觉机理等,它的目标是将人类语音中的词汇内容转换为计算机的可输入内容,如按键、二进制编码或者字符序列,同时语音识别可与其他自然语言处理技术如机器翻译及语音合成技术相结合,构建更复杂的应用。听觉是人类与周围环境交流信息的主要手段之一,语音识别技术使社会机器人能够准确地将人类语音转化为计算机的可输入内容,从而实现根据人类的语音指令完成相应工作。

图像识别:图像识别是指利用计算机对图像进行处理、分析和理解,以识别不同模式的目标和对象的技术。图像识别是人类感知周围物理形状的主要途径,人类具有超强的图像识别能力,图像距离或图像在感觉器官上作用位置的改变都会造成图像在视网膜上大小和形状的改变,而图像识别技术将这种图像识别能力应用于社会机器人,使社会机器人拥有视觉。

面部表情识别:面部表情是人类表达心情的重要手段,面部表情中往往包含大量人类心情的信息,面部表情也是重要的非语言交流方式。面部识别技术使得社会机器人能够更好地识别、判断人的面部表情,并做出正确的回应,这使得社会机器人拥有更好的人机交互能力。

路径规划:路径规划是指在具有一定障碍物的环境下,按照一定的评价标准,寻找一条从起始状态到目标状态的无碰撞路径。社会机器人需要在人类的生活环境中工作,工作中面临的障碍物更加复杂,因此社会机器人需要有效的路径规划和障碍避免机制。

2) 社会机器人案例

(1) ASIMO 双足机器人

ASIMO 是日本本田技研工业株式会社从 1986 年开始研发的可双足自律行走的人形机器人。时至 2012 年,已推出第三代 ASIMO 机器人(图 2)。最新一代 ASIMO 包含 57 个自由度,身高 130cm,体重 48kg,比上一代增加了 23 个自由度,体重减轻 6kg。除具备了行走功能与各种人类肢体动作之外,更具备了先进的人工智能和模式辨识技术。可以完成识别情景姿势、辨认 3 人同时说话并识别声音来源、识别移动物体、行走避障以及面部识别等。

图 2　日本的 ASIMO 机器人

　　与之前 ASIMO 相比,新一代 ASIMO 在运动方面有了长足的进步,腿部的运动性能尤为明显。科研人员增强了其腿部的能力,ASIMO 可以在运动过程中改变其脚部的落地位置,并且还可以将走路、向前跑、倒退跑这几个动作连续得非常自然而没有明显的停顿,还可以单腿连续跳跃或进行双腿的连续跳跃。正因为有了这样敏捷的移动性,ASIMO 可以应对外界的实际情况表现出更为丰富的适应性行为。

　　(2) HUBO 机器人

　　HUBO 机器人是由韩国科技先进研究院(KAIST)研发的,可双足直立行走的人性机器人,也是目前在韩国最为先进,同样位于世界前列的人形智能机器人(图3)。韩国在机器人方面的研究开始比较晚,KAIST 于 2000 年开始 HUBO 机器人项目,先后共研发出两代 HUBO 机器人,其智能特性目前在全世界范围仅次于日本 2013 年末推出的 ASIMO 机器人。

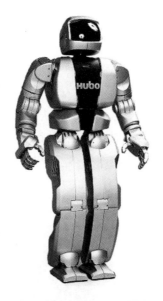

图 3　韩国的 HUBO 机器人

　　KHR - 4 是目前第二代 HUBO 机器人中发展最为成熟,功能最为完善的一款。相比之前的机器人,KHR - 4 采用铝合金内骨架以及树脂外壳,身高 120cm,体重 45kg,比 KHR - 3 减轻大约 20% 的质量;行走速度 1.5km/h,并实现了奔跑功能,能够以 3.6km/h 的速度奔跑;具有视觉功能,可以分辨障碍物;可以灵活地运用各个手指。在韩国研究所的开发下,除简单的人机互动以外,HU-BO 机器人还可以完成骑脚踏车、跳舞、驾车等复杂活动。

（3）iCub 机器人

iCub 是由意大利理工学院开发的一款开源的认识类机器人（图 4），它的四肢活动范围达到 53°，并可通过学习模仿人类的动作，完成动作，如抓东西、跟着音乐跳舞。iCub 的动作是由一个认识系统操控的，系统的开发以人脑的认识结构为模型，使其可以像一个幼儿一样独立思考，其开发人员一直致力于提升其自我识别能力，通过创建自传式记忆模式来培养它的自我意识。

iCub 的尺寸相当于一个 2.5 岁的儿童，由一个板载的 PC104 控制器控制，该控制器通过 CAN 总线与致动器和传感器通信。iCub 共有 53 个自由度，其中每支手臂上有 7 个，每只手上有 9 个，头上有 6 个，躯干上有 3 个，每条腿上有 6 个，通过这些自由度驱动关节实现机器人的活动。iCub 的头上装备了传声器，传声器旁边装备的是可以旋转的立体相机，并通过传声器和立体相机从周围环境中获取信息，iCub 还在嘴巴和眉毛位置安装了一排 LED 灯来制造机器人的面部表情。

图 4　iCub 机器人

（4）Jibo 机器人

Jibo 是一款家用社交机器人（图 5），由麻省理工学院媒体实验室研制。它高约 28cm，重约 2.72kg，无法自由移动，配置有摄像头、传声器及自然语言处理模块，长得像是一台桌面风扇，头部可以 360°旋转并进行声音定位，能够讲故事、聊天和提供安慰，也可以拍照和做日程提醒。Jibo 的目的是帮助忙碌的家庭成员之间更好地彼此交流以及与外界通信。

（5）Pepper 机器人

Pepper 机器人由日本软银集团和法国 Aldebaran Robotics 公司研发,它配备了语音识别技术实现与人沟通,同时可以识别声调的变化和人类表达感情的字眼。Pepper 通过视野系统来察觉人类的微笑、皱眉、尴尬等表情,然后情感引擎基于上述一系列面部表情、语音音调和特定字眼量化处理,通过量化评分最终做出对人类积极或者消极情绪的判断,并用表情、动作、语音与人类交流、反馈,甚至能够跳舞、开玩笑。Pepper 机器人如图 6 所示。

图 5　Jibo 机器人

图 6　Pepper 机器人

为实现与周围环境的交互,Pepper 在头、胸、手、腿等部位装备了各种传感器,包括传声器、陀螺仪传感器、声纳传感器、激光传感器等。同时,Pepper 可以通过活动部件的移动做出动作,甚至可以跳舞。Pepper 机器人主要参数如表 1 所列。

表 1　Pepper 机器人主要参数

项目	参数
尺寸	1210mm(高) ×425mm(深) ×485mm(宽)
质量	28kg
电池	锂电池:容量:30.0A・h

（续）

项目		参数
传感器	头	Mic×4、RGB 相机×2、3D 传感器×1、触控传感器×3
	胸	陀螺仪传感器×1
	手	触控传感器×2
	腿	声纳传感器×2、激光传感器×6、轮子×3、保险杠传感器×3、陀螺仪传感器×1
活动部件		自由度:头:2;手臂:5×2(L/R);手:1×2(L/R);腿:3
显示		10.1 英寸(25.65cm)触摸显示
平台		NAOqi OS
运动速度		最高 3km/h
爬行高度		最高 1.5cm

（6）Buddy 机器人

Buddy 机器人是家庭陪伴型机器人,其高度仅半米多,质量也仅为 5kg,脑袋是一个 8 英寸(20.32cm)的显示屏(图 7)。外形兼职称得上小巧玲珑,尤其是萌萌哒的表情。它依靠自身携带的三个轮子移动,行走的速度最快为 0.7m/s,能够跨过 1.5cm 的高度,依靠内置的电池可以持续工作 8~10h。Buddy 也属于家用社交机器人,它可以陪你吐槽,给你唱歌讲故事,它也懂你的性格和脾气,另外还可以陪你散步。

图 7　Buddy 机器人

（7）Qrobot 语音机器人

Qrobot 是中国科学院与腾讯公司联合开发的智能语音机器人（图8）。Qro-bot 针对儿童的多种感官需求而开发,拥有 QQ 虚拟企鹅的外形,并开发了拥有多种表情的机器人眼睛,表情丰富多变。通过语音指令等多维交互功能,Qrobot 机器人能够快速提供天气、音乐、教育、股票等办公资讯和服务。Qrobot 属于桌面服务机器人,更像是一个智能语音玩具。不过,该机器人语音功能是目前国产家庭服务机器人里面做得比较好的,能够和人进行流畅地对话,能够方便地查询互联网信息。

图 8　Qrobot 机器人

（8）类人机器人 Nancy

新加坡国立大学社会机器人实验室开发的类人机器人 Nancy（图9）,它拥有人脸跟踪、语音识别、语言表达和手势识别等基本的社交技能。这些基本技能使得 Nancy 能与用户进行有效地交流。最初版本的 Nancy 具有以下功能:

图 9　Nancy 机器人

① 通过视觉、听觉和触觉感知环境；

② 智能地处理感知到的信息；

③ 与用户交谈并且遵守用户的指令；

④ 表示自己的感谢和礼貌；

⑤ 以安全的方式对环境做出反应；

⑥ 用讲话和手势来表达自己。

（9）SRU 机器人

SRU（service robot of UESTC）是一种家庭服务型机器人，该平台以是机器人基础研究及应用为中心，以电子科技大学机器人研究中心重点项目"智能家庭服务机器人的开发与研究"为依托的轮式家庭服务机器人。SRU 机器人的外形如图 10 所示。

图 10　SRU 家庭服务型机器人

SRU 机器人作为服务型机器人，其工作环境是在室内，设计目标是尽可能多地完成主人指定的任务。同时，作为实用性的家庭服务机器人，SRU 机器人具有较为低廉的机械成本，较小的整体质量，高度集成化的部件模块，整洁的整体结构以及与人类似的外观。SRU 从上至下共分为三部分：由 Kinect、2 自由度云台以及控制器组成的机器人头部，直流电机 + 谐波减速器以及皮带轮传动构成的髋关节、膝关节，全方向移动底盘。

SRU 机器人采用微软发布的体感传感器作为头部的主要结构，配合 2 自由度的云台使其可以灵活地从各个角度观察物体。SRU 通过一个嵌入式语音识别板进行语音辨识,通过编程,机器人可以明白数十条语音输入指令,SRU 识别、处理捕获的用户语音数据后对用户的语音进行反馈,反馈的内容包括语音回答和机器人动作的执行。

(10) 财宝机器人

财宝机器人定义为服务型机器人(图 11),该平台是针对电子科技大学计划财务处大量重复的业务咨询问题,而研发的通用型业务咨询机器人软硬件解决方案。与家庭服务机器人相比,财宝机器人更加侧重专业问题的解答,可以解答大部分业务相关咨询提问,能够大幅减轻工作人员的负担(图 12)。

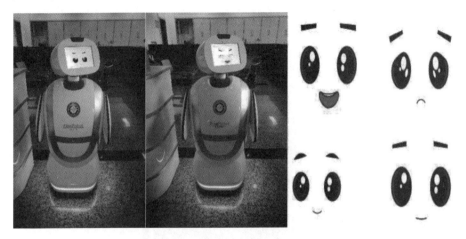

图 11　财宝机器人可以跟随音乐控制手臂与底盘做出舞蹈动作,
结合本身的表情与情感交互功能实现与服务对象的互动

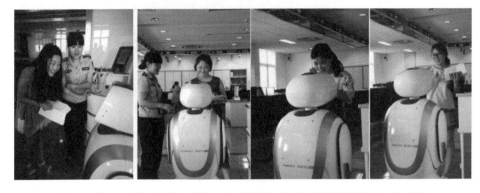

图 12　财宝机器人与服务对象交流,通过表情与语音营造轻松的工作氛围

财宝机器人这种依据在情境中所扮演的不同角色而开展设计的方式,称为角色导向设计。设计者在面向角色的设计方法和定制型社会机器人外观设计和交互方式设计中采用了一系列创新的思路和方法,促进了定制型专业社交机器人的普及和实用性。

4. 本书的研究对象与内容安排

本书围绕社会机器人的相关理论与技术,将内容分为以下五部分。

第一部分:社会机器人软件系统

本书的第一部分,首先介绍社会机器人大脑系统—软件系统,主要介绍社会机器人的感知和决策系统。通过本部分的介绍,让读者大致了解社会机器人内部涉及的理论算法知识。

第一部分共包含8章:

第1章介绍了常见的认知模型的基本定义、发展,主要的深度学习算法(CNN、RNN、LSTM)及其常见的记忆模型。

第2章介绍常见的决策模型的基本定义、发展,主要的深度强化学习算法(Q-learning、DQN、DDPG、A3C、PPO等)及其应用。

第3章介绍基本视觉感知模型及原理、头眼建模、视觉注意机制等内容。

第4章介绍语音识别的基本原理、语音合成技术以及人机对话系统。

第5章介绍常见的情感计算模型及方法,着重解析人脸表情识别、语音识别以及多模态情感识别。

第6章介绍常见的姿态估计算法,探讨了预测和识别人类交互意图等内容。

第7章介绍激光、视觉的定位与导航(SLAM、避障、路径规划)的基本定义和主要算法。另外,讲解了近年来深度强化学习如何应用于机器人导航。

第8章介绍与机器人相关的智能控制方法及模型(底盘、机械臂控制等),同时解析控制模型的具体应用。另外,介绍常用的多模态融合算法。

第二部分:社会机器人硬件系统

本书第二部分介绍社会机器人躯体——硬件系统,主要介绍如何根据不同应用场景设计相适应的社会机器人外观结构,及其对应的机械结构。另外,介绍了常见的电子电路系统与使用到的传感器。

第二部分共包含3章:

第9章介绍了社会机器人外观设计的基本理念及要素。

第10章介绍了机器人机械设计原理,及常用的机械结构。

第11章介绍了常用的传感器及机电系统。

第三部分：社会机器人的社会属性

本书第三部分关注社会机器人的社会属性。在社会机器人伦理研究方面，科学家担负着重要的道义责任。目前，已有一些科学家参与到机器人伦理问题的研究，期待更多科学家能认识到自己的社会责任，积极主动地参与相关研究。本部分内容希望从技术与伦理相结合的角度分析机器人的设计与应用，进而讨论机器人相关领域的问题与发展趋势。

第三部分共包含 4 章：

第 12 章对在人工智能时代下机器人社会化过程中的技术与伦理问题展开了讨论。

第 13 章介绍了社会机器人在陪伴、心理卫生和护理等领域的应用现状，探讨在这些领域中出现的问题与解决思路。

第 14 章介绍了机器人与人工智能技术在安全伦理中的发展与挑战。

第 15 章介绍了道德准则与行为规范的建模过程，以及法律和社会规则的起源、行程与确立过程，为社会机器人的道德建立提供研究参考。

第四部分：社会机器人实例

基于社会机器人的软件系统与硬件系统，本书在第四部分重点介绍 3 款机器人设计实例——Nancy、SRU 和财宝，分别从外观结构、机械结构、机电系统与软件架构等介绍这 3 款社会机器人。

第四部分共包含 3 章：

第 16 章介绍了社会机器人 Nancy 的设计原理。

第 17 章介绍了社会机器人 SRU 的设计与应用实例。

第 18 章介绍了社会机器人财宝的具体应用情况。

第五部分：社会机器人展望

第五部分是本书的第 19 章，对社会机器人未来发展进行了展望。

第1章　机器人认知模型理论设计

1.1　背景介绍

在漫长的人类发展和进化历史上,人类之所以能够如此大程度上地适应环境并主动改造环境,创造出如此辉煌的成就,就在于和其他动物不同,人类拥有一个复杂且强大的系统——脑。我们认为,脑是人类认识外部世界和自我所依赖的基础。毫不夸张地说,脑是自然界最为复杂的物质结构,对于脑的认识也是人类最具挑战的任务。但就目前而言,人类对于脑的认知还处于起步阶段,无数科学家致力于脑科学研究,把对于脑的研究作为自己毕生的挑战。

说到大脑认知功能的研究,人工智能是我们想到的第一个关键词。实际上自从人工智能被人们提出以来,人们一直希望计算机能够越来越像人类一样去思考,像人脑一样智能,同时也提出了"模拟、延伸、扩展人类智能"以及"制造智能机器的科学与工程"的基本定义[1]。经过 60 年的不断发展,人工智能学科已经从刚开始的萌芽阶段到如今有一定的理论体系和理论基础。随着近些年计算机硬件以及以深度学习为代表的智能算法的不断发展,人工智能迎来了新一轮的热潮和关注[2]。

随着近几年脑与神经科学、认知科学的不断发展,人们对于脑、神经簇、神经元等在不同尺度上的观测,使得人们可以更加全面、清楚地了解脑与神经的活动机制,并收集相关的数据用于研究[3-4]。这一突破,告别了过去人们对于脑的研究只能靠猜测,通过多个学科的交叉研究和更加严谨的实验所分析得出的人脑工作机制更加可靠,更加科学。受此影响,由脑信息处理机制所引发的,借鉴脑神经机制和认知行为机制发展类脑智能已成为近年来人工智能与计算科学领域的研究热点。

对于类脑计算方式的研究的重要内容之一就是建立认知计算模型。或者换种说法,狭义的认知计算就是类脑计算。认知计算的终极目标,就是完全的类脑计算。人工智能是一个很大的概念,从终极目标的角度来说,认知计算是实现人工智能的一条重要途径。人脑仅凭几十瓦的功率,能够处理种种复杂的问题,怎样看都是很神奇的事情。更重要的是,人脑认知的一个关键点在于能够处理情感,这一点是现有人工智能所难以企及的。从神经网络的观点来看,情感就是一种计算的产物,即脑神经网络计算的产物[5]。那么我们以后能否建立能够认知情感的模型? 或者说部分认知情感的模型? 这都是认知计算要重点解决的问题。通常的研究者恐怕难以到达这个高度。进一步讲,能够从技术角度单把人工智能讲清楚,都是一件水平很高的事情。

认知计算模型的目的是在人和计算机之间构建桥梁,让计算机能完成人类大脑所完成的一些工作。认知计算模型就是通过对人类认知机理的了解,完成机理的数学建模并通过计算机得到实现,从而实现高效、稳健的智能大脑系统。认知计算模型的研究作为典型的交叉性领域,和计算机科学、认知科学及模式识别等领域的进展息息相关,也是目前这些领域的研究热点。由于迄今为止,人类认知系统的工作机理还没有完全弄清楚,这一研究还是任重道远。

认知计算模型作为联系认知和信息计算的有效手段,其研究涉及认知科学、信息科学等多个交叉学科,具有复杂性和多样性等特点。科学家常以"过马路"这个简单的任务为例来说明这一点。现代高速计算机的计算能力已达到相当惊人的程度,但计算机视觉系统却无法指导过马路。很多研究者都将注意力集中在传统的基于统计学习等方法上,却忽略一个事实:人类视觉系统大大超过了当前最优秀的基于统计学习等传统方法的视觉系统。特别在处理一些恶劣环境下的视觉信息时,传统方法遇到较大困难。鉴于此,如何从视觉认知的角度去研究和设计计算机视觉算法成为一项迫切而又富有挑战性的任务。认知科学及其信息处理方面的研究被列入国际人类前沿科学计划(human frontier science program,HFSP)中,被国际上看成是和美国的战略防御计划、欧洲的尤里卡计划(eureka plan)鼎足而立的3个重要规划。国外几乎所有的一流大学和研究所都建立相关研究机构进行认知方法的研究,如美国麻省理工学院(MIT)的脑认知科学系人工智能实验室、美国加州理工学院的计算与神经系统组、德国马普协会等,将认知应用于视觉分析,并取得了优于传统方法的成绩。国内的主要研究机构也分别从神经生物学、认知心理学、机器学习、模式识别等方面对此开展研究,这些研究机构包括中国科学院生物物理研究所、北京师范大学、北京大学、清华大学、中国科学院自动化研究所、复旦大学、西安交通大学等。2008年起,在国家自然科学基金委员会的支持下,国内研究机构开展认知重大计划"视听觉信息的认知计算",并将其结合智能车的应用,于2009—2011年组织3次"中国智能车未来挑战赛",从而取得长足进展。国家"973计划"从20世纪90年代就开始支持相关研究,其研究重点也从认知、知觉成像机理逐步发展到海量非结构化数据、可视媒体的计算模型、视频编码等,也取得一些在国际上有一定影响力的成绩。长期以来,人们对于认知过程的理解基本上还停留在直觉上,没有形成准确的科学定义。而与此同时,信息科学尤其是计算机科学正面临着高速发展中信息高速获取和海量异构数据等的挑战。借鉴人类处理复杂信息的认知机理去面对挑战是一种必然趋势,同时借助于计算机科学强大的计算能力,也能为认知科学的发展提供系统科学的计算依据。认知计算模型作为这一有效手段应运而生,并随着认知科学和计算机科学的发展受到越来越多的重视。

2016 年 3 月,谷歌(Google)旗下 DeepMind 公司开发的 AlphaGo 与世界围棋冠军、韩国职业九段选手李世石的对局引发了全社会对于人工智能的高度关注。在一个世人公认的非常复杂、计算量超大的智力活动中,计算机打败了人类的顶级选手,给世人带来了不小的震撼和冲击,进而引发了人们对于结合认知模型的人工智能时代是否真的来临了的广泛讨论。从系统的结构看,AlphaGo 结合了深度神经网络训练与蒙特卡罗模拟,这其中深度神经网络所扮演的是一种类脑计算形式,而蒙特卡罗方法则是为了进一步发挥计算机的运算优势,将数量巨大的可能性一一进行推演和判断,进而择优进行下一步的决策。在 AlphaGo 基础上,DeepMinnd 公司提出了能够通过自我博弈自主学习下围棋的 AlphaGo Zero。显然,这并不是完全的类脑思考,而是一种人脑与电脑、类脑与非类脑完美结合的结果,各取所长,完美地发挥各自最优优势的领域。

1.2　认知计算模型的发展

认知科学源于 20 世纪 50 年代,该名称于 1956 年在马萨诸塞理工学院的一次信息论的科学讨论会上提出[6]。60 年代,认知科学开始发展起来。1976 年,《认知科学》期刊创刊。1979 年,由 Roger Schank、Allan Collins、Donald Norman 及其他一些心理学、语言学、计算机科学和哲学界的学者共同成立了认知科学协会,使认知科学得到了迅速的发展,成为了一个备受关注的学术研究领域。

20 世纪 90 年代,有人将认知科学定义为研究智能和智能系统的科学。如今世界上已有 60 多所大学拥有认知科学的相关课程。对于认知科学的含义有着多种不同的解释,总体上,认知科学是一门以现代科学的观点,用科学的方法研究人的精神世界的学科;同时,认知科学也是包含了心理学、语言学、神经科学和脑科学、计算机科学,以及哲学、教育学、人类学等许多不同领域学科的一门广泛的综合性科学[7-8]。

从历史上看,认知计算是第三个计算时代:

第一个时代是制表时代(tabulating computing),始于 19 世纪,进步标志是能够执行详细的人口普查和支持美国社会保障体系。

第二个时代为可编程计算时代(programming computing),兴起于20世纪40年代,支持内容包罗万象,从太空探索到互联网都包含其中。

第三个时代是认知计算时代(cognitive computing),与前两个时代有着根本性的差异。因为认知系统会从自身与数据、与人的交互中学习,所以能够不断自我提高。因而,认知系统绝不会过时。它们只会随着时间推移变得更加智能,更加宝贵。这是计算史上最重大的理念革命。随着时间推移,认知技术可能会融入许多IT解决方案和人类设计的系统之中,赋予它们一种思考能力。这些新功能将支持个人和组织完成以前无法完成的事情,比如更深入地理解世界的运转方式、预测行为的后果并制定更好的决策。

虽然认知计算包括部分人工智能领域的元素,但是它涉及的范围更广。认知计算不是要生产出代替人类进行思考的机器,而是要放大人类智能,帮助人类更好地思考。认知计算与人工智能,一个更偏向于技术体系,一个更偏向于最终的应用形态。认知计算的渗透,让更多的产品与服务具备了智能,而认知计算本身也是在向人脑致敬,所以双方不仅不矛盾,反而是相辅相成的。

长期以来,人工智能研究者都在开发旨在提升计算机性能的技术,这些技术能让计算机完成非常广泛的任务,而这些任务在过去被认为只有人才能完成,包括玩游戏、识别人脸和语音,在不确定的情况下做出决策、学习和翻译语言。但是很多有识之士也指出,目前的人工智能理论与技术还只是停留在弱人工智能的阶段,弱人工智能是指不能制造出能真正的推理(reasoning)和解决问题(problem_solving)的智能机器,这些机器只不过看起来像是智能的,但是并不真正拥有智能,也不会有自主意识。总体来讲,对人工智能的定义大多可划分为四类,即机器"像人一样思考""像人一样行动""理性地思考"和"理性地行动"。这里"行动"应广义地理解为采取行动,或制订行动的决策,而不是肢体动作。目前的认知计算理论与模型是建立在大数据与概率拟合的基础上的,距离真正的自主认知学习与逻辑推理还有很大的差距。更重要的是目前学术界既不认为已有的认知计算模型有实现以上目标的潜力,这部分工作还需要进行更加深入,甚至长期的探索。

1.3 卷积神经网络

卷积神经网络(convolutional neural networks,CNN)是近年发展起来,并引起广泛重视的一种高效识别模型[9]。20世纪60年代,研究者在研究猫脑皮层中用于局部敏感和方向选择的神经元时发现其独特的网络结构可以有效地降低反馈神经网络的复杂性,继而提出了卷积神经网络。现在,CNN已经成为众多科学领域的研究热点之一,特别是在模式分类领域,由于该网络避免了对图像的复杂前期预处理,可以直接输入原始图像,因而得到了更为广泛的应用。神经认知机在 20 世纪 80 年代被提出,它是 CNN 的第一个实现网络。

一般地,CNN 的基本结构包括两层:一是特征提取层,每个神经元的输入与前一层的局部感受野相连,并提取该局部的特征。一旦该局部特征被提取后,它与其他特征间的位置关系也随之确定下来。二是特征映射层,网络的每个计算层由多个特征映射组成,每个特征映射是一个平面,平面上所有神经元的权值相等。特征映射结构采用影响函数核小的 Sigmoid 函数作为卷积网络的激活函数,使得特征映射具有位移不变性。此外,由于一个映射面上的神经元共享权值,因而减少了网络自由参数的个数。CNN 中的每一个卷积层都紧跟着一个用来求局部平均与二次提取的计算层,这种特有的两次特征提取结构减小了特征分辨率。

CNN 主要用来识别位移、缩放及其他形式扭曲不变性的二维图形。由于 CNN 的特征检测层通过训练数据进行学习,因此在使用 CNN 时,避免了显示的特征抽取,而隐式地从训练数据中进行学习;再者由于同一特征映射面上的神经元权值相同,因此网络可以并行学习,这也是 CNN 相对于神经元彼此相连网络的一大优势。CNN 以其局部权值共享的特殊结构在语音识别和图像处理方面有着独特的优越性,其布局更接近于实际的生物神经网络,权值共享降低了网络的复杂性,特别是多维输入矢量的图像可以直接输入网络这一特点避免了特征提取和分类过程中数据重建的复杂度。神经网络的每个单元如图 1.1 所示。

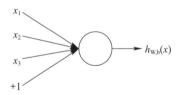

图 1.1　神经网络的每个单元

其对应的公式为

$$h_{\mathrm{W,b}}(x) = f(W^{\mathrm{T}}x) = f\left(\sum_{i=1}^{3} W_i x_i + b\right) \qquad (1-1)$$

基于式(1-1)的分类模型也被称作是逻辑回归模型。当将多个单元组合起来并具有分层结构时,就形成了神经网络模型。通过对于神经单元的组合,可以得到一个含有隐层的多层感知机模型(图 1.2)。

其对应的公式为

$$a_1^{(2)} = f(W_{11}^{(1)} x_1 + W_{12}^{(1)} x_2 + W_{13}^{(1)} x_3 + b_1^{(1)})$$

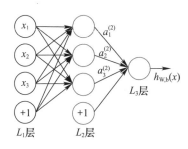

图 1.2　多层感知机模型

$$a_2^{(2)} = f(W_{21}^{(1)} x_1 + W_{22}^{(1)} x_2 + W_{23}^{(1)} x_3 + b_2^{(1)})$$
$$a_3^{(2)} = f(W_{31}^{(1)} x_1 + W_{32}^{(1)} x_2 + W_{33}^{(1)} x_3 + b_3^{(1)})$$
$$h_{W,b}(x) = a_1^{(3)} = f(W_{11}^{(2)} a_1^{(2)} + W_{12}^{(2)} a_2^{(2)} + W_{13}^{(2)} a_3^{(2)} + b_1^{(2)}) \qquad (1-2)$$

类似地,可以拓展到有多个隐含层的情况。多层感知机使用反向传播(back-propagation)算法对权值进行训练。

但采用全连接方式的多层感知机,层与层之间的所有节点之间都存在一个连接,因此会使连接的数量根据节点的平方增长。比如在图像处理中,往往把图像表示为像素的矢量,一个 100×100 的图像,可以表示为含有 10^4 维的矢量。对于含有采用全连接方式,输出层同样具有 10^4 维,那么输入层到隐含层的参数量为 $10^4 \times 10^4 = 10^8$ 个。容易造成模型的过拟合,降低模型计算的速度。

CNN 可以采用两种方式来降低参数数量,包括局部感知和权值共享。首先介绍局部感知一般认为人对外界的认知是从局部到全局的,而图像的空间联系也是局部的像素联系较为紧密,而距离较远的像素相关性则较弱。因而,每个神经元其实没有必要对全局图像进行感知,只需要对局部进行感知,然后在更高层将局部的信息综合起来就得到了全局的信息。网络部分联通的思想,也是受启发于生物学里面的视觉系统结构。视觉皮层的神经元就是局部接受信息的(即这些神经元只响应某些特定区域的刺激)。网络连接方式如图 1.3 所示,其中图 1.3(a)为全连接,图 1.3(b)为局部连接,图 1.3(c)为卷积网络连接。

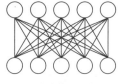 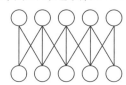 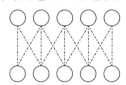

(a) 全连接网络非共享权值　　(b) 局部连接网络非共享权值　　(c) 卷积网络共享权值

图 1.3　网络连接方式

在图 1.3 中,假如每个神经元只和 10×10 个像素值相连,那么权值数据为 $10^4 \times 100$ 个参数,减少为原来的 1%。而那 10×10 个像素值对应的 10×10 个参数,其实就相当于卷积操作。

另一种方式称为权值共享。在上面的局部连接中,每个神经元都对应 100 个参数,一共 10^4 个神经元,如果这 10^4 个神经元的 100 个参数都是相等的,那么参数数目就变为 100。

如何理解权值共享呢? 可以将这 100 个参数(也就是卷积操作)看成是提取特征的方式,该方式与位置无关。这其中隐含的原理则是:图像的一部分的统计特性与其他部分是一样的。这也意味着在这一部分学习的特征也能用在另一部分上,所以对于这个图像上的所有位置,都能使用同样的学习特征。

更直观一些,当从一个大尺寸图像中随机选取一小块,比如说 8×8 作为样本,并且从这个小块样本中学习到了一些特征,这时可以把从这个 8×8 样本中学习到的特征作为检测器,应用到这个图像的任意地方中去。特别是可以用从 8×8 样本中所学习到的特征与原本的大尺寸图像作卷积,从而对这个大尺寸图像上的任一位置获得一个不同特征的激活值。

以上所述只有 100 个参数时,表明只有 1 个 10×10 的卷积核。显然,特征提取是不充分的,可以添加多个卷积核,如 32 个卷积核,可以学习 32 种特征。

图 1.4 中展示了在 4 个通道上的卷积操作,有 2 个卷积核,生成 2 个通道。其中需要注意的是,4 个通道上每个通道对应 1 个卷积核,先将 W_2 忽略,只看 W_1,那么在 W_1 的某位置 (i,j) 处的值,是由 4 个通道上 (i,j) 处的卷积结果相加然后再取激活函数值得到的。

$$h_{ij}^k = \tanh\left(\left(W^k \cdot x\right)_{ij} + b_k\right) \qquad (1-3)$$

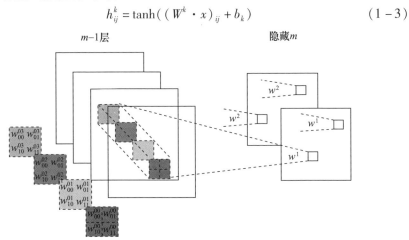

图 1.4　4 个通道卷积示意图

所以,在图 1.4 由 4 个通道卷积得到 2 个通道的过程中,参数的数目为 $4 \times 2 \times 2 \times 2$ 个,其中 4 表示 4 个通道,第一个 2 表示生成 2 个通道,最后的 2×2 表示卷积核大小。

在通过卷积获得了特征(features)之后,下一步希望利用这些特征去做分类。理论上讲,人们可以用所有提取得到的特征去训练分类器,如 Softmax 分类器,但这样做面临计算量的挑战。例如,对于一个 96×96 像素的图像,假设已经学习得到了 400 个定义在 8×8 输入上的特征,每一个特征和图像卷积都会得到一个 $(96 - 8 + 1) \times (96 - 8 + 1) = 7921$ 维的卷积特征,因为有 400 个特征,所以每个样本都会得到一个 $892 \times 400 = 3168400$ 维的卷积特征矢量。学习一个拥有超过 300 万特征输入的分类器十分不便,并且容易出现过拟合(over-fitting)现象。

之所以使用卷积,是因为图像具有一种"静态性"的属性,这也就意味着在一个图像区域有用的特征极有可能在另一个区域同样适用。因此,为了描述大的图像,一个很自然的想法就是对不同位置的特征进行聚合统计,例如,人们可以计算图像一个区域上的某个特定特征的平均值(或最大值)。这些概要统计特征不仅具有低得多的维度(相比使用所有提取得到的特征),同时还会改善结果。这种聚合的操作就称为池化(pooling),有时也称为平均池化或者最大池化(取决于计算池化的方法)。

1.4　递归神经网络

递归神经网络(recurrent unit recurrent neural networks, RNN)[4] 的目的使用来处理序列数据。在传统的神经网络模型中,是从输入层到隐含层再到输出层,层与层之间是全连接的,每层之间的节点是无连接的。但是这种普通的神经网络对于很多问题却无能为力。例如,你要预测句子的下一个单词是什么,一般需要用到前面的单词,因为一个句子中前后单词并不是独立的。RNN 之所以称为循环神经网路,即一个序列当前的输出与前面的输出也有关。具体的表现形式为网络会对前面的信息进行记忆并应用于当前输出的计算中,即隐藏层之间的节点不再无连接而是有连接的,并且隐藏层的输入不仅包括输入层的输出还包括上一时刻隐藏层的输出[10-11]。理论上,RNN 能够对任何长度的序列数据进行处理。但是在实践中,为了降低复杂性往往假设当前的状态只与前面的几个状态相关,一个典型的 RNN 示意图如图 1.5 所示。

图 1.6 是 RNN 的展开示意图,包含输入单元(input units),输入集标记为 $\{x_0, x_1, \cdots, x_t, x_{t+1}, \cdots\}$,而输出单元(output units)的输出集则被标记为

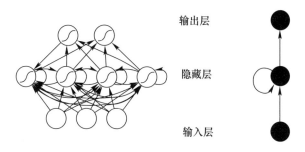

图 1.5   典型 RNN 示意图

$\{y_0, y_1, \cdots, y_t, y_{t+1}, \cdots\}$。RNN 还包含隐藏单元(hidden units),将其输出集标记为 $\{s_0, s_1, \cdots, s_t, s_{t+1}, \cdots\}$,这些隐藏单元完成了最为主要的工作。在图 1.6 中可以发现:有一条单向流动的信息流是从输入单元到达隐藏单元的,与此同时另一条单向流动的信息流从隐藏单元到达输出单元。在某些情况下,RNN 会打破后者的限制,引导信息从输出单元返回隐藏单元,这些被称为"back projections",并且隐藏层的输入还包括上一隐藏层的状态,即隐藏层内的节点可以自连也可以互连。

图 1.6 将循环神经网络进行展开成一个全神经网络。例如,对一个包含 5 个单词的语句,那么展开的网络便是一个 5 层的神经网络,每一层代表一个单词。对于该网络的计算过程如下:

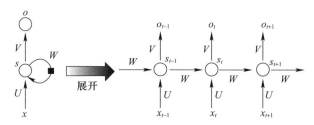

图 1.6   RNN 展开示意图

(1) x_t 表示 $t = 1, 2, 3, \cdots$ 步的输入。例如,x_t 为第二个词的 one-hot 矢量(根据图 1.6,x_0 为第一个词)。

(2) s_t 为隐藏层的第 t 步的状态,它是网络的记忆单元。s_t 根据当前输入层的输出与上一步隐藏层的状态进行计算。$s_t = f(Ux_t + Ws_{t-1})$,其中 $f(\cdot)$ 一般是非线性的激活函数,如 tanh 或 ReLU,在计算 s_0 时,即第一个单词的隐藏层状态,需要用到 $s_0 - 1$,但是其并不存在,在实现中一般置为 $\boldsymbol{O}$ 矢量。

(3) o_t 是第 t 步的输出,如下个单词的矢量表示,$o_t = \mathrm{softmax}(Vs_t)$。

需要注意的是:可以认为隐藏层状态 s_t 是网络的记忆单元。s_t 包含了前面所有步的隐藏层状态。而输出层的输出 o_t 只与当前步的 s_t 有关,在实践中,为了降低网络的复杂度,往往 s_t 只包含前面若干步而不是所有步的隐藏层状态;在传统神经网络中,每一个网络层的参数是不共享的。而在 RNN 中,每输入一步,每一层各自都共享参数 U、V、W。其反映着 RNN 中的每一步都在做相同的事,只是输入不同,因此大大地降低了网络中需要学习的参数;这里并没有说清楚,解释一下,传统神经网络的参数是不共享的,并不是表示对于每个输入有不同的参数,而是将 RNN 是进行展开,这样变成了多层的网络。如果这是一个多层的传统神经网络,那么 x_t 到 s_t 之间的 U 矩阵与 x_{t+1} 到 s_{t+1} 之间的 U 是不同的,而 RNN 中的却是一样的。同理,对于 s 与 s 层之间的 W、s 层与 o 层之间的 V 也是一样的。图1.6中每一步都会有输出,但是每一步都要有输出并不是必须的。例如,需要预测一条语句所表达的情绪,仅仅需要关系最后一个单词输入后的输出,而不需要知道每个单词输入后的输出。同理,每步都需要输入也不是必须的。RNN 的关键之处在于隐藏层,隐藏层能够捕捉序列的信息。

RNN 已经被在实践中证明对自然语言处理(NLP)是非常成功的。如关键词矢量表达、语句合法性检查、词性标注等。在 RNN 中,目前使用最广泛、最成功的模型便是长短时记忆(long short-term memory,LSTM)模型,该模型通常比RNN 能够更好地对长短时依赖进行表达,该模型相对于一般的 RNN,只是在隐藏层做了手脚。LSTM 后面会进行详细的介绍。下面对 RNN 在 NLP 中的应用进行简单的介绍。

1. 语言模型与文本生成(language modeling and generating text)

给你一个单词序列,我们需要根据前面的单词预测每一个单词的可能性。语言模型能够一个语句正确的可能性,这是机器翻译的一部分,往往可能性越大,语句越正确。另一种应用便是使用生成模型预测下一个单词的概率,从而生成新的文本根据输出概率的采样。语言模型中,典型的输入是单词序列中每个单词的词矢量(如 one-hot vector),输出时预测的单词序列。当在对网络进行训练时,如果 $o_t = x_t + 1$,那么第 t 步的输出便是下一步的输入。

2. 机器翻译(machine translation)

机器翻译是将一种源语言语句变成意思相同的另一种源语言语句,如将英语语句变成同样意思的中文语句。与语言模型关键的区别在于,需要将源语言语句序列输入后,才进行输出,即输出第一个单词时,便需要从完整的输入序列中进行获取。用于机器翻译的 RNN 模型如图1.7所示。

3. 图像描述生成(generating image descriptions)

和 CNN 类似,RNN 已经在对无标图像描述自动生成中得到应用。将 CNN

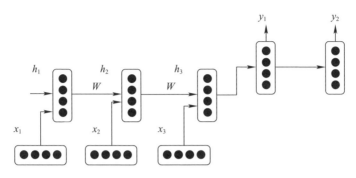

图 1.7 用于机器翻译的 RNN 模型

与 RNN 结合进行图像描述自动生成,这是一个非常神奇的研究与应用。该组合模型能够根据图像的特征生成描述,如图 1.8 所示。

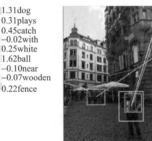

图 1.8 图像描述生成中的深度视觉语义对比

对于 RNN 的训练和对传统的 ANN 训练一样。同样使用误差反向传播算法,不过有一点区别。如果将 RNN 进行网络展开,那么参数 W、U、V 是共享的,而传统神经网络却不是。并且在使用梯度下降算法中,每一步的输出不仅依赖当前步的网络,并且还依赖前面若干步网络的状态。例如,在 $t=4$ 时,还需要向后传递三步,以及后面的三步都需要加上各种的梯度。该学习算法称为 BPTT(back-propagation through time)。后面会对 BPTT 进行详细的介绍。需要意识到的是,在 RNN 训练中,BPTT 无法解决长时依赖问题(即当前的输出与前面很长的一段序列有关,一般超过 10 步就无能为力了),因为 BPTT 会带来所谓的梯度消失或梯度爆炸问题(the vanishing/exploding gradient problem)。当然,有很多方法去解决这个问题,如 LSTM 便是专门应对这种问题的。

这些年,研究者们已经提出了多种改进方式去克服 RNN 存在的缺点。下面是目前常见的一些 RNN 模型,后面会对其中使用比较广泛地进行详细讲解,在这里进行简单的概述。

1.4.1 简单递归神经网络

简单递归神经网络(simple RNN, SRN)[5]是 RNN 的一种特例,它是一个 3 层网络,并且在隐藏层增加了上下文单元。上下文单元节点与隐藏层中的节点的连接是固定(谁与谁连接)的,并且权值也是固定的(值是多少),其实是一个上下文节点与隐藏层节点一一对应,并且值是确定的。在每一步中,使用标准的前向反馈进行传播,然后使用学习算法进行学习。上下文每一个节点保存其连接的隐藏层节点的上一步的输出,即保存上文,并作用于当前步对应的隐藏层节点的状态,即隐藏层的输入由输入层的输出与上一步的自己的状态所决定的。因此,SRN 能够解决标准的多层感知机(MLP)无法解决的对序列数据进行预测的任务。

1.4.2 双向递归神经网络

双向递归神经网络(bidirectional RNN)[6]的改进之处便是,假设当前的输出(第 t 步的输出)不仅仅与前面的序列有关,并且还与后面的序列有关。例如,预测一个语句中缺失的词语那么就需要根据上下文来进行预测。双向递归神经网络是一个相对较简单的 RNN,是由两个 RNN 上下叠加在一起组成的。输出由这两个 RNN 的隐藏层的状态决定的。双向递归神经网络的结构如图 1.9 所示。

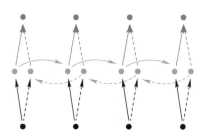

图 1.9 双向递归神经网络的结构

1.4.3 深度双向递归神经网络

深度双向递归神经网络(deep bidirectional RNN)[7]与双向递归神经网络相似,只是对于每一步的输入有多层网络。因此,该网络便有更强大的表达与学习能力,但是复杂性也提高了,同时需要更多的训练数据。深度双向递归神经网络的结构如图 1.10 所示。

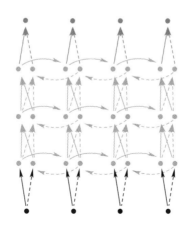

图 1.10　深度双向递归神经网络的结构

1.4.4　回声状态网络

回声状态网络(echo state networks,ESNs)[8]虽然也是一种 RNN,但是它与传统的 RNN 相差很大。ESNs 具有 3 个特点:

(1)它的核心结构是一个随机生成,且保持不变的储备池(reservoir),储备池是大规模的、随机生成的、稀疏连接(SD 通常保持 1% ~5% ,SD 表示储备池中互相连接的神经元占总的神经元个数 N 的比例)的循环结构。

(2)其储备池到输出层的权值矩阵是唯一需要调整的部分。

(3)简单的线性回归就可完成网络的训练。

从结构上讲,ESNs 是一种特殊类型的循环神经网络,其基本思想是:使用大规模随机连接的循环网络取代经典神经网络中的中间层,从而简化网络的训练过程。因此 ESNs 的关键是中间的储备池。网络中的参数包括:W 为储备池中节点的连接权值矩阵;W_{in} 为输入层到储备池之间的连接权值矩阵,表明储备池中的神经元之间是连接的;W_{back} 为输出层到储备池之间的反馈连接权值矩阵,表明储备池会有输出层来的反馈;W_{out} 为输入层、储备池、输出层到输出层的连接权值矩阵,表明输出层不仅与储备池连接,还与输入层和自己连接;$W_{outbias}$ 为输出层的偏置项。

对于 ESNs,关键是储备池的 4 个参数,如储备池内部连接权谱半径 SR(SR:$\lambda_{max} = max\{|W\ 的特征值|\}$,只有 SR <1 时,ESNs 才能具有回声状态属性)、储备池规模 N(储备池中神经元的个数)、储备池输入单元尺度 IS(IS 为储备池的输入信号连接到储备池内部神经元之前需要相乘的一个尺度因子)、储备池稀疏程度 SD(即为储备池中互相连接的神经元个数占储备池神经元总个数的比例)。对于 IS,如果需要处理的任务的非线性越强,那么输入单元尺度越大。该

原则的本质就是通过输入单元尺度 IS,将输入变换到神经元激活函数相应的范围(神经元激活函数的不同输入范围,其非线性程度不同)。

1.5　长短期记忆网络

人类并不是每时每刻都从头开始思考。正如阅读本书内容的时候,是在理解前面词语的基础上来理解每个词。你不会丢弃所有已知的信息而从头开始思考。人的思想具有持续性,传统的神经网络不能做到这点,而且这似乎也是它的主要缺陷。例如,你想对电影中每个点发生的事件类型进行分类。目前,还不清楚传统神经网络如何利用之前事件的推理来得出后来事件。递归神经网络能够解决这一问题。这些网络中具有循环结构,能够使信息持续保存。

有些时候,在执行当前任务时,只需要查看最近的信息。例如,考虑一个语言模型,试图根据之前单词预测下一个。如果想要预测"the clouds are in the sky"中最后一个单词,不需要更多的上下文——很明显下一个单词会是"sky"。在这种情况下,如果相关信息与预测位置的间隔比较小,RNN 可以学会使用之前的信息(图 1.11)。

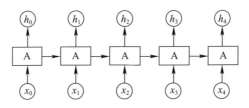

图 1.11　RNN 中的短期依赖关系

但也有需要更多上下文的情况。考虑试图预测"I grew up in France … I speak fluent French."中最后一个词。最近信息显示下一个词可能是一门语言的名字,但是如果想要缩小选择范围,我们需要包含"法国"的那段上下文,从前面的信息推断后面的单词。相关信息与预测位置的间隔很大是完全有可能的。不幸的是,随着这种间隔的拉长,RNN 就会无法学习连接信息(图 1.12)。

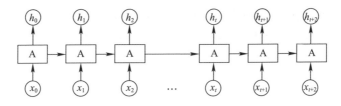

图 1.12　RNN 中的长期依赖关系

从理论上讲,RNN 绝对能够处理这样的"长期依赖关系"。一个人可以仔细挑选参数来解决这种简单的问题。不幸的是,实际上 RNN 不能够学习它们。这种问题被研究者深入研究过,他们发现了造成这种可能的一些非常基本的原因。值得庆幸的是,LSTM 没有这个问题。

长短期记忆网络——通常简称"LSTM"——是一种特殊的 RNN,能够学习长期依赖关系。它们由 Hochreiter 和 Schmidhuber[4] 提出,在后期工作中又由许多人进行了调整和普及。

LSTM 明确设计成能够避免长期依赖关系问题。记住信息很长一段时间几乎是它们固有的行为,而不是努力去学习。所有的递归神经网络都具有一连串重复神经网络模块的形式。在标准的 RNN 中,这种重复模块有一种非常简单的结构,如图 1.13 所示。

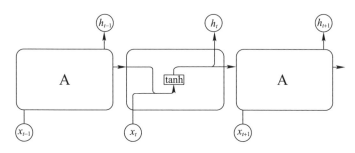

图 1.13　标准 RNN 中的重复模块包含单个层

LSTM 同样也有这种链状的结构,但是重复模块有着不同的结构。它有 4 个神经网络层以特殊的方式相互作用,而不是单个神经网络层(图 1.14)。

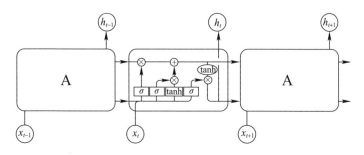

图 1.14　LSTM 中的重复模块包含 4 个相互作用的神经网络层

现在,先来熟悉下将要使用到的符号。在上面的图中,每条线表示一个完整矢量,从一个节点的输出到其他节点的输入。圆圈代表逐点操作,如矢量加法,而方框表示的是已学习的神经网络层。线条合并表示串联,线条分叉表示内容复制并输入到不同地方。

31

　　LSTM 的关键点是单元状态,就是穿过图中的水平线。单元状态有点像是个传送带。它贯穿整个链条,只有一些小的线性相互作用。这很容易让信息以不变的方式向下流动。

　　LSTM 有能力向单元状态中移除或添加信息,通过结构来仔细管理称为阈值。阈值是有选择地让信息通过。它们由一个 Sigmoid 神经网络层和逐点乘法运算组成。Sigmoid 层输出 0 到 1 之间的数字,描述了每个成分应该通过阈值的程度。0 表示"不让任何成分通过",而 1 表示"让所有成分通过"。

　　LSTM 有三种这样的阈值,来保护和控制单元状态。

　　LSTM 中第一步是决定哪些信息需要从单元状态中抛弃。这项决策是由一个称为"遗忘阈值层"的 Sigmoid 层决定的。它接收和,然后为单元状态中的每个数字计算一个 0 到 1 之间的数字。1 表示"完全保留",而 0 则表示"完全抛弃"。

　　回顾一下那个语言模型的例子,试图根据前面所有的词语来预测下一个词。在这种问题中,单元状态可能包含当前主语的性别,所以可以使用正确的代词。当碰到一个新的主语时,希望它能够忘记旧主语的性别。

　　接下来我们需要决定在单元状态中需要存储哪些新信息。这分为两个部分。首先,一个称为"输入阈值层"Sigmoid 层决定哪些值需要更新。接下来,一个 tanh 层创建一个矢量,包含新候选值,这些值可以添加到这个状态中。下一步我们将会结合这两者来创建一个状态更新。

　　在语言模型的例子中,我们希望在单元状态中添加新主语的性别,来替换我们忘记的旧主语性别。最后,需要决定需要输出什么。这个输出将会建立在单元状态的基础上,但是个过滤版本。首先,运行一个 Sigmoid 层来决定单元状态中哪些部分需要输出。然后将单元状态输入到 tanh 函数(将值转换成 -1 到 1 之间)中,然后乘以输出的 Sigmoid 阈值,所以只输出了我们想要输出的那部分。

　　对于语言模型例子来说,因为它只看到了一个主语,它可能想输出与动词相关的信息,为接下来出现的词做准备。例如,它可能输出主语是单数还是复数,那么我们知道接下来修饰动词的应该成对。

　　上述表述的是常规 LSTM,但并不是所有的 LSTM 都与上述的 LSTM 一样。实际上,几乎所有关于 LSTM 的论文都稍有不同。虽然差异很小,但也值得一谈。

　　一种流行的 LSTM 变种,加入了"窥视孔连接"(peephole connections),这意味着阈值层也将单元状态作为输入,如下式所示:

$$
\begin{aligned}
f_t &= \sigma(W_f \cdot [C_{t-1}, h_{t-1}, x_t] + b_f) \\
i_t &= \sigma(W_i \cdot [C_{t-1}, h_{t-1}, x_t] + b_i) \\
o_t &= \sigma(W_o \cdot [C_t, h_{t-1}, x_t] + b_o)
\end{aligned}
\tag{1-4}
$$

在图1.15中,所有的阈值中都加入了窥视孔,但是许多论文都只使用部分窥视孔。

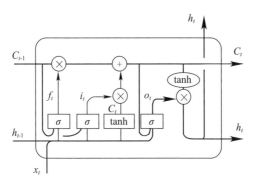

图1.15 窥视孔连接

另一个变种就是使用耦合遗忘和输入阈值。不单独决定遗忘哪些、添加哪些新信息,而是一起做出决定。在输入的时候才进行遗忘。在遗忘某些旧信息时才将新值添加到状态中,如下式和图1.16所示。

$$C_t = f_t \cdot C_{t-1} + (1 - f_t) \cdot \tilde{C}_t \qquad (1-5)$$

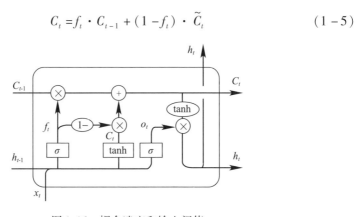

图1.16 耦合遗忘和输入阈值

1.5.1 阈值递归单元递归神经网络

稍微有戏剧性的 LSTM 变种是阈值递归单元(gated recurrent unit recursive neural networks)或 GRU[9],由 Cho 等提出。它将遗忘和输入阈值结合输入到单个"更新阈值"中。同样还将单元状态和隐藏状态合并,并做出一些其他变化。所得模型比标准 LSTM 模型要简单,这种做法越来越流行。

GRU 是一般的 RNN 的改良版本,主要是从以下两个方面进行改进:一是序列中不同的位置处的单词(以单词举例)对当前的隐藏层的状态的影响不同,越前面的影响越小,即每个前面状态对当前的影响进行了距离加权,距离越远,权值越小;二是在产生误差时,误差可能是由某一个或者几个单词而引发的,所以应当仅仅对对应的单词进行更新。GRU 首先根据当前输入单词矢量以及前一个隐藏层的状态计算出更新门函数和复位门函数。再根据复位门函数、当前单词矢量以及前一个隐藏层计算新的记忆单元内容。当复位门函数为 1 的时候,新的记忆单元内容忽略之前的所有记忆内容,最终的记忆是之前的隐藏层状态与新的记忆单元内容的结合。

1.5.2 齿轮循环神经网络

当然还有其他解决长短期依赖关系问题的方法,如 Koutnik 等提出的 Clockwork RNN(CW－RNN)[10]。CW－RNN 也是一个 RNN 的改良版本,是一种使用时钟频率来驱动的 RNN。它将隐藏层分为几个块(group/module,或称组),每一组按照自己规定的时钟频率对输入进行处理。并且为了降低标准的 RNN 的复杂性,CW－RNN 减少了参数的数目,提高了网络性能,加速了网络的训练。CW－RNN通过不同的隐藏层模块工作在不同的时钟频率下来解决长时间依赖问题。将时钟时间进行离散化,然后在不同的时间点、不同的隐藏层组在工作。因此,所有的隐藏层组在每一步不会都同时工作,这样便会加快网络的训练。并且,时钟周期小的组的神经元的不会连接到时钟周期大的组的神经元,只会周期大的连接到周期小的(认为组与组之间的连接是有向的就好了,代表信息的传递是有向的),周期大的速度慢,周期小的速度快,那么便是速度慢的连速度快的,反之则不成立。

在 CW－RNN 中,慢速组(周期大的组)处理、保留、输出长依赖信息,而快速组则会进行更新。CW－RNN 的误差后向传播也和传统的 RNN 类似,只是误差只在处于执行状态的隐藏层组进行传播,而非执行状态的隐藏层组也复制其连接的前面的隐藏层组的后向传播。即执行态的隐藏层组的误差后向传播的信息不仅来自于输出层,并且来自于其连接到的左边的隐藏层组的后向传播信息,而非执行态的后向传播信息只来自于其连接到的左边的隐藏层组的后向传播数据。

1.6 神经网络芯片

一般地,类脑计算是指通过对大脑中进行信息处理的基本规律进行借鉴,从本质上对现有的计算体系与系统变革,包括硬件与软件算法等多个层面的实现,以实现在计算能耗、计算能力与计算效率等诸多方面的大幅改进,可分为三个层次:结构层次模仿脑、器件层次逼近脑和智能层次超越脑。

结构层次模仿脑是将大脑从一个物质和生理对象的角度上进行解析,获得各类神经元和突触的功能及其连接关系,即它们之间相互通信连接的网络结构,主要利用相关科学实验以及采用先进的分析探测技术完成。在这一层次上,2014年6月,美国国立卫生研究院发布美国脑计划12年规划,重点支持新的大脑解析探测技术,目标是绘制出类似于人类基因图谱的人类大脑动态图谱。

而器件层次逼近人脑是指研制能够模拟人脑机制、人脑功能的微纳光电器件,开发区别于传统意义上的电子元器件,从而在有限的物理空间和功耗条件下构造出人脑规模的神经网络系统。2014年8月7日,IBM在 *Science* 上发表文章,宣布研制成功神经形态 TrueNorth 芯片[11],内含100万个神经元和2.56亿个突触,这项成果入选"2014年十大科学突破"。

对于智能层次超越脑,则指的是类脑计算机应用软件开发方面的问题,是指通过对类脑计算机进行信息刺激、训练和学习,使其产生与人脑类似的智能甚至涌现出自主意识,实现智能培育和进化。刺激源可以是虚拟环境,也可以是来自现实环境的各种信息(如互联网大数据)和信号(如遍布全球的摄像头和各种物联网传感器),还可以是机器人"身体"在自然环境中探索和互动。在这个过程中,类脑计算机能够调整神经网络的突触连接关系及连接强度,实现学习、记忆、识别、会话、推理以及更高级的智能。

IBM 推出的神经网络芯片 TrueNorth 仅邮票大小、质量只有几克,但却集成了54亿个硅晶体管,内置了4096个内核,100万个"神经元"、2.56亿个"突触",能力相当于一台超级计算机,功耗却只有65mW。这就是 IBM 与2014年8月公布的最新仿人脑芯片。这项成果入选"2014年十大科学突破"。而德国海德堡大学在神经形态芯片研制方面已有十多年积累,今年3月,他们在一个8英寸(20.32cm)硅片上集成了20万个"神经元"和5000万个"突触",采用这种"神经形态处理器"的计算机已经成功运行,其神经元采用模拟电路实现,功能比 IBM 方案更接近生物神经元。这些芯片的最终目标是要打破传统计算机所依赖的冯·诺依曼体系的硬件。

冯·诺依曼体系是目前所有计算机的基础,其特点是存放信息和程序指令的内存与处理信息的处理器是分离的。由于处理器是按照线序执行指令的,因此必须不断与内存通过总线反复交换信息,而这个过程则会拖慢计算机的运行速度,同时增加能量的耗费。尽管后来出现的计算机采用了多核芯片和缓存技术,但是这也只能提高运行速度,但却不能大幅度降低能耗,且实时处理这一根本问题没有得到解决,因为在通信过程中内存和 CPU 的大量通信都要通过总线进行。因此,近几十年来人们一直在寻找突破冯·诺依曼体系的技术。

对于人的大脑而言,它每一次发出的命令所经历的信息传递及运算量也十分巨大,且最主要的是,大脑消耗的能量很少,可以说大脑这个信息处理系统,其效率相当高。通过研究,人们发现尽管人类大脑的单个神经元传导信号的速度很慢,但是神经系统却拥有庞大的数量(千亿级),而且每个神经元都通过成千上万个突触与其他神经元相连,进而组成了一个超级庞大的神经元回路系统,以分布式和并发式的方式传导信号,相当于超大规模的并行计算,通过互相组合的系统方式弥补了单神经元处理速度的不足。人脑还具有的另一个特点是部分神经元在不使用时可以关闭,从而导致大脑系统整体的能耗很低。鉴于人脑所具备的并行处理复杂信息能力、对于新环境的学习能力、超低功耗特性等强大,因此,模仿人类大脑来制造新一代打破冯·诺依曼体系的智能芯片,一直以来是研究人员所寻求突破的方向。

在通过对人脑的信息处理原理有了一定了解后,研究人员在硬件上展开对人脑的模仿。近年来的研究主要是通过对大型神经网络进行仿真,如 Google 的深度学习系统 Google Brain、微软的 Adam 等。但是这些网络需要大量传统计算机的集群。比方说 Google Brain 就采用了 1000 台各带 16 核处理器的计算机,这种架构尽管展现出了相当的能力,但是能耗依然巨大。然而 IBM 则是在芯片层面上对人脑进行模仿,其集成度和能效令人印象深刻。这种芯片把数字处理器当作神经元,把内存作为突触,跟传统冯·诺依曼结构不一样,它的内存、CPU和通信部件是完全集成在一起。因此信息的处理完全在本地进行,而且由于本地处理的数据量并不大,传统计算机内存与 CPU 之间的瓶颈不复存在了。同时神经元之间可以方便快捷地相互沟通,只要接收到其他神经元发过来的脉冲(动作电位),这些神经元就会同时做动作。

研究人员通过相应的功能测试来将 TrueNorth 芯片与传统芯片进行比对。研究小组曾经利用做过 DARPA 的 NeoVision2 Tower 数据集做过演示。它能够实时识别出用 30 帧/s 的正常速度拍摄斯坦福大学胡佛塔的十字路口视频中的人、自行车、公交车、卡车等,准确率可以达到 80%。相比之下,利用一台笔记本进行编程,完成同样的任务用时要慢 100 倍,而能耗却是 TrueNorth 芯片的 1 万倍。

因此,有人把 IBM 的芯片称为是计算机史上最伟大的发明之一,将会引发技术革命,颠覆从云计算到超级计算机乃至于智能手机等一切。但从目前的情况来看,这款芯片所带来效应似乎没那么乐观,仍存在需要改进控件或者解决的问题。

首先芯片的编程仍然是个大问题。芯片的编程要考虑选择哪一个神经元来连接,以及神经元之间相互影响的程度。比如,为了识别上述视频中的汽车,编程人员首先要对芯片的仿真版进行必要的设置,然后再传给实际的芯片。这种芯片需要颠覆以往传统的编程思想,尽管 IBM 公司去年已经发布了一套工具,但是目前编程仍非常困难,该团队正在编制令该过程简单一点的开发库。其次,在一些同行研究人员来看,DARPA 的 NeoVision 2 Tower 的数据集相对比较简单,同时在演示中只 5 种对象进行了识别,相对 Google 和百度所识别的拥有上百万张图像上千个种类的 ImageNet,TrueNorth 芯片对于这种测试集的表现如何尚不得而知。

在系统设计方面,根据机器人环境感知和导航定位算法特点以及专用芯片的处理需求,大量的研究都围绕开发适用于项目的可重构的异构多核处理器架构而展开(图 1.17)。这就需要分析算法并提取可进行硬件加速的算子,开展软硬件调度算法研究和硬件加速的算法配置和集成方法研究;同时在技术上提供规范化的接口设计,进行传感器数据动态输入的全系统运行模拟,实现处理器指令精确的仿真。在电路设计与应用研究方面,目前流行的方法是搭建采用大容量 FPGA 的芯片测试及仿真平台,推进电路模块设计和算法硬件化的开发并开展 SDK 的开发和验证工作,实现软件和硬件的同步推进和交叉验证;在 FPGA 验证完成后,研发人员还需要进行芯片设计的前仿真、后端设计及测试验证并进行流片。在芯片测试及优化方面,对流片后的芯片进行测试,并对软件和算法进行移植,同时形成芯片开发用的 SDK 开发包。

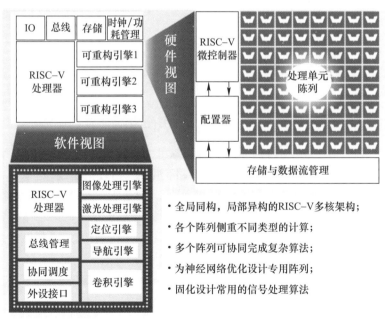

图 1.17 可重构复用运算架构

第 2 章　机器人决策模型理论设计

2.1　马尔可夫决策过程

社会机器人与环境交互的基本原理如图 2.1 所示,机器人通过感知周围环境获得状态 S_t,做出相应的动作 A_t,环境根据机器人动作给予其相应的奖励回报 R_t,同时机器人继续感知下一时刻环境获得状态 S_{t+1},反复如此从而实现一系列的交互过程,最终到达目的地。

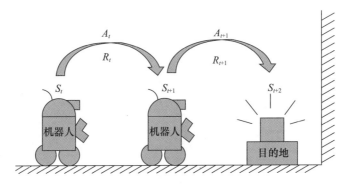

图 2.1　社会机器人导航示例,机器人通过执行动作
A_t 和 A_{t+1} 最终到达目标位置

我们可将上述交互过程简单的看作马尔可夫决策过程。马尔可夫决策过程(markov decision process,MDP)以马尔可夫随机过程为理论基础,马尔可夫决策过程也可以用一个元组 (S,A,P,R,γ) 来表示。S 是决策过程中的状态集合;A 是决策过程中的动作集合;P 是状态之间的转移概率;R 是采取某一动作到达下一状态后的回报(也可看作奖励)值;γ 是折扣因子。特别地,这里的转移概率与马尔可夫随机过程不同,这里的转移概率是加入了动作 A 的概率,如果当前状态采用不同动作,那么到达的下一个状态也不一样,自然转移概率也不一样。转移概率形式化描述如下式所示:

$$p_{s\hat{s}}^a = P(\hat{s}|s,a) = P(S_{t+1} = \hat{s}|S_t = s, A_t = a) \qquad (2-1)$$

马尔可夫过程具有马尔可夫性。简单来说,就是指在一个随机过程中,下一

时刻的状态只和当前状态有关,与之前的状态无关。用数学语言描述为

$$P(s_{t+1}|s_t, s_{t-1}, \cdots, s_0) = P(s_{t+1}|s_t) \qquad (2-2)$$

如图 2.2 所示,机器人不断与环境交互,形成如下的序列 τ:

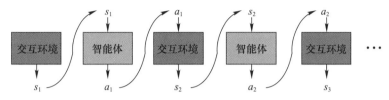

状态—动作序列 $\tau = \{s_1, a_1, s_2, a_2, s_3, \cdots\}$

图 2.2　状态—动作序列示意图

这样一个序列 τ 是不确定的,因为机器人在不同状态下所采取的动作可能是不同的,一个序列 τ 发生的概率为

$$p_\theta(\tau) = p(s_1)p_\theta(a_1|s_1)p(s_2|s_1,a_1)\cdots$$
$$= p(s_1)\prod_{t=1}^{T}p_\theta(a_t|S_t)p(S_{t+1}|S_t,a_t) \qquad (2-3)$$

序列 τ 所获得的奖励为每个阶段所得到的奖励的和,称为 $R(\tau)$。因此,在机器人的策略为 π 的情况下,所能获得的期望奖励为

$$\bar{R}_\theta = \sum_\tau R(\tau)p_\theta(\tau) = E_{\tau \sim p_\theta(\tau)}[R(\tau)] \qquad (2-4)$$

在 MDP 中,决策可以用 $\pi(a_t|s_t) = P(A = a_t, S = s_t)$ 来表示,意思是在 t 时刻处于状态 s 的情况下,选用 A 动作的概率。可以看到,在每个状态 S 采取的动作并不确定,那么状态序列也不一样,用图 2.2 来说明,当初始状态处于 s_1 时,那么整个状态序列为

$$s_1 - > s_1, a_1 = 退出$$

或者

$$s_1 - > s_2 - > s_3 - > s_4 - > s_5, a_1 = 退出, a_2 = 学习, a_3 = 学习, a_4 = 睡觉$$

同样可以为

$$s_1 - > s_2 - > s_3 - > s_5, a_1 = 退出, a_2 = 学习, a_3 = 睡觉$$

那么对于整个过程,我们怎么去衡量中间状态 s_t 的好坏呢? 可以这样来看,状态 s_t 到 s_{t+1} 会有一个回报,s_{t+1} 到 s_{t+2} 同样会有一个回报,依此类推。但 s_t 对 s_{t+1} 的影响很大,但对于 $s_{t+2}, s_{t+3}, \cdots$ 会越来越小,所以提出了一个折扣因子 γ 来减小后面状态的回报对当前状态衡量的影响。于是,得出所谓的累计回报函数为

$$G_t = R_{t+1} + \gamma R_{t+2} + \cdots = \sum_{k=1}^{\infty} R_{t+k} \qquad (2-5)$$

因为 G_t 并非一个确定值(中间涉及概率选择动作),所以采用期望来计算这个累计回报函数,也称为状态值函数,如下式:

$$V_\pi(s) = E_\pi[G_t] = E_\pi\left[\sum_{k=1}^{\infty} R_{t+k} \mid S_t = s\right] \qquad (2-6)$$

在这个式子中,状态值函数 $V_\pi(s)$ 仅和策略 π 有关,也就是说策略唯一确定了状态值函数的分布,而策略由动作 A_t 确定,所以将动作加入其中如下式所示:

$$q_\pi(s,a) = E_\pi\left[\sum_{k=1}^{\infty} R_{t+k} \mid S_t = s, A_t = a\right] \qquad (2-7)$$

式中:$q_\pi(s,a)$ 为状态—动作函数。可以发现 $V_\pi(s)$ 存在如下关系:

$$\begin{aligned} V_\pi(s) &= E_\pi[G_t] = E_\pi\left[\sum_{k=1}^{\infty} R_{t+k} \mid S_t = s\right] \\ &= E_\pi[R_{t+1} + \gamma(R_{t+2} + \gamma R_{t+2} + K) \mid S_t = s] \\ &= E_\pi[R_{t+1} + \gamma G_{t+1} \mid S_t = s] \\ &= E_\pi[R_{t+1} + \gamma V_\pi(S_{t+1}) \mid S_t = s] \end{aligned} \qquad (2-8)$$

这个关系称为贝尔曼方程,同样可以得到状态—行为函数的贝尔曼方程:

$$q_\pi(s,a) = E_\pi[R_{t+1} + \gamma q_\pi(S_{t+1}, A_{t+1}) \mid S_t = s, A_t = a] \qquad (2-9)$$

由于状态值函数是以期望定义的,根据期望的计算规则,状态值函数为

$$V_\pi(s) = \sum_{a \in A} \pi(a \mid s) q_\pi(s,a) \qquad (2-10)$$

粗略的理解是在 t 时刻的状态 s,以某以概率选择动作 a,动作 a 产生的状态—动作值是 $q_\pi(s,a)$,于是也就有上面的期望计算式。再将 $q_\pi(s,a)$ 改写为

$$q_\pi(s,a) = R_s^a + \gamma \sum_{\hat{s} \in S} P_{ss}^a v_\pi(\hat{s}) \qquad (2-11)$$

$$V_\pi(s) = \sum_{a \in A} \pi(a \mid s)\left(R_s^a + \gamma \sum_{\hat{s} \in S} P_{ss}^a v_\pi(\hat{s})\right) \qquad (2-12)$$

$$V_\pi(\hat{s}) = \sum_{\hat{a} \in A} \pi(\hat{a} \mid \hat{s}) q_\pi(\hat{s}, \hat{a}) \qquad (2-13)$$

式(2-13)所示定义最优的状态值函数 $V^*(s) = \max_\pi V_\pi(s)$,也就是所有策略中最大的状态值函数;同理,最优的抓状态—动作函数 $q^*(s,a) = \max_\pi q(s,a)$,所有策略中最大的状态—动作值函数值。根据上面的式子有

$$V^*(s) = \max R_s^a + \gamma \sum_{\hat{s} \in S} P_{ss}^a v_\pi^*(\hat{s}) \qquad (2-14)$$

$$q_\pi^*(s,a) = R_s^a + \gamma \sum_{\hat{s} \in S} P_{ss}^a \max_{\hat{a}} q_\pi^*(\hat{s}, \hat{a}) \qquad (2-15)$$

　　总而言之,决策模型的目标就是将累积奖励期望最大化。获得正确的决策模型有两种方式:一种方式是通过人类的先验知识对交互对象建模;另一种方式是机器人基于强化学习算法利用自身的交互经验学习到正确的策略模型。基于强化学习算法的策略模型的有效性已经在游戏[12-13]、语音视觉导航[14]、量化交易[15]等领域得到验证。

　　强化学习算法利用上述交互过程中产生的状态—动作—奖励序列不断修正当前决策模型,从而获得正确的决策模型。在本章后面几节中会循序渐进地介绍一系列经典的强化学习算法(Q-learning、DQN、DDPG、A3C、PPO),详细阐述它们利用交互经验更新决策策略的基本原理。

2.2　Q 学习算法

　　Q 学习(Q-learning)[16]算法是一种基于值函数的强化学习算法,通过对环境状态进行估值,选取能够使累积奖励最大化的动作策略。仍以社会机器人导航为例,如图 2.3 所示,假设当前机器人处于状态 S_t 位置时,机器人需要决策向左走,还是向右走。此时,机器人对未来可能的状态 S_{t+1} 和 S'_{t+1} 分别估值。具体而言,是估计从状态 S_{t+1} 和 S'_{t+1} 开始执行一系列决策的可能获得累积奖励期望值,分别记为 $Q(S_{t+1}, A_{t+1})$ 和 $Q(S'_{t+1}, A'_{t+1})$,而 $R_t + Q(S_{t+1}, A_{t+1})$ 和 $R'_t + Q(S'_{t+1}, A'_{t+1})$ 分别表示从状态 S_t 向左走和向右走所可能获得累积奖励期望值。显然,如图 2.3 所示,向右走的累积奖励期望值更大,因此机器人会向右行走。

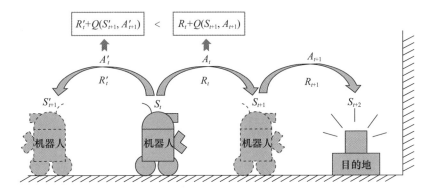

图 2.3　Q-learing 算法指导机器人导航示意图,当 A_t 对应的奖励期望大于 A'_t 时,机器人会执行动作 A_t,向右侧移动

　　通过以上描述,不难发现奖励 R_t 可以通过机器人与环境交互获得,因此决

策的关键在于 Q 值的计算,准确地估计状态 Q 值可以得到正确的策略;反之,则可能做出错误的决策。Q – learning 算法提出建立状态—动作 Q 值表存储、更新并复用 Q 值,如表 2.1 所列。通过贝尔曼公式(式(2 – 9))计算更准确的 Q 值来迭代的更新该表,从而实现策略的更新和优化。在决策时,通过选取当前状态可选动作中最大 Q 值所对应的动作来行动。

表 2.1　状态—动作 Q 值表

	A_0	A_1
S_0	$Q(S_0,A_0)$	$Q(S_0,A_0)$
S_1	$Q(S_0,A_0)$	$Q(S_0,A_0)$

Q – Learning 算法的伪代码如下:

算法 1:Q – Learning 算法
1:初始化 Q 表为 0
2:repeat
3:根据 Q 表选择当前状态 S 的所有可选的行动中 Q 值最大的动作 A
4:获得环境奖励 R 和下一个状态 S'
5:在新状态 S' 上选择 Q 值最大的那个行动 A'
6:更新 Q 表,$Q(S,A) \leftarrow (1 - \alpha) \cdot Q(S,A) + \alpha \cdot \left[R + \gamma \cdot \max_{a'} Q(S',A') \right]$
7:until 学习结束

2.3　深度 Q 网络算法

2.2 节介绍的 Q – learning 算法通过构建状态—动作 Q 值表记录累积奖励期望,通过更新该表优化动作策略。显而易见,当状态、动作都是数目有限时,可以通过查询 Q 值表决策。然而多大交互过程中描述环境的状态变量是连续的,这意味着状态变量有无限多个,无法构建状态—动作 Q 值表。

本质上,Q 值表离散地描述了状态—动作到 Q 值的映射。因此,为解决连续状态的决策问题,DeepMind 团队提出深度 Q 网络(deep Q network,DQN)利用神经网络表征这种映射关系,如图 2.4 所示。仍以社会机器人导航为例,机器人将观察到的场景环境图像作为状态输入神经网络中,神经网络能够训练习得这种映射关系,输出每个动作所对应正确的 Q 值。机器人选取 Q 值较大的动作,从而解决连续状态下的决策问题。

DeepMind 团队并不是第一个提出利用神经网络逼近值函数方法,然而前人一直未能解决神经网络逼近值函数导致算法不稳定不收敛的情况。这是因为神

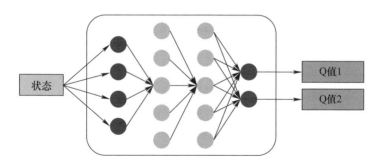

图 2.4　DQN 神经网络示意图

经网络的训练样本必须满足独立同分布,而通过强化学习采集到的数据之间存在着关联性,利用这些数据进行顺序训练,神经网络当然不稳定。DeepMind 团队借鉴大脑海马体将存储的记忆信息重放给大脑皮层,将交互数据存储到经验池中,利用均匀随机采样的方式抽取数据训练神经网络,这样可以打破数据间的关联。

DQN 算法的伪代码如下:

算法 2：DQN 算法
1：初始化容量为 N 的经验池 D
2：随机初始化神经网络 Q 的参数
3：**for** 交互 M 回合 **do**
4：初始化状态序列 $s_1 = \lvert x_1 \rvert$,并得到预处理后的状态序列 $\phi_1 = \phi(s_1)$
5：**for** 每个回合执行 T 步 **do**
6：根据贪婪 ε 策略结合神经网络 Q 输出选择动作 a_t
7：执行动作动作 a_t,得到奖励 r_t 与下一刻图像 x_{t+1}
8：对图像 x_{t+1} 预处理 $\phi_{t+1} = \phi(s_{t+1})$
9：将状态转移序列 $(\phi_t, a_t, r_t, \phi_{t+1})$ 存入经验池 D
10：从经验池 D 中采样一个批次样本 $(\phi_j, a_j, r_j, \phi_{j+1})$
11：计算 $y_i = \begin{cases} r_j & \phi_{j+1} \text{到达目标} \\ r_j + \gamma \max\limits_a Q(\phi_{j+1}, a'; \theta) & \phi_{j+1} \text{未到达目标} \end{cases}$
12：利用梯度下降算法计算 $(y_j - Q(\phi_j, a_j; \theta))^2$ 的梯度,更新网络 Q 参数
13：**end for**
14：**end for**

2.4　深度确定策略梯度算法

深度确定策略梯度(deep deterministic policy gradient,DDPG)[20]算法基于 Sliver 提出的确定性策略理论,由是由 DeepMind 团队与 2015 年在论文 *Continuous Control with Deep Reinforcement Learning* 中提出。如图 2.5 所示,DDPG 算法基于前面所讲到的 Actor – Critic 框架,在动作输出方面采用 Actor 网络来拟合策略函数,直接输出动作,可以应对连续动作的输出极大的动作空间,同时采用 Critic 网络拟合值函数估计策略优势。此外,DDPG 还采用了类似 DQN 结构, Actor 和 Critic 网络都有相应的主网络和目标网络[21 – 24]。训练决策模型时,只需训练动作主网络和状态主网络的参数,而动作目标网络和状态目标网络的参数是由前面两个网络每隔一定的时间复制过去[25],如图 2.5 所示。

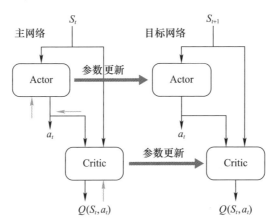

图 2.5　DDPG 算法示意图

首先就 Critic 网络而言,Critic 的学习过程与 DQN 类似。我们都知道 DQN 根据下面的损失函数来进行网络学习,即现实的 Q 值和估计的 Q 值的平方损失为

$$L = R + \gamma \max_{a'} Q(s',a') - Q(s,a) \qquad (2-16)$$

式(2 – 16)中 $Q(s,a)$ 是根据状态估计网络得到的,a 是动作估计网络传过来的动作。而前面部分 $R + \gamma \max_{a'} Q(s',a')$ 是现实的 Q 值,这里不一样的是,我们计算现实的 Q 值,不再使用贪心算法来选择动作 a',而是由动作现实网络得到这里的 a'。总的来说,Critic 的状态估计网络的训练还是基于现实的 Q 值和估计的 Q 值的平方损失,估计的 Q 值根据当前的状态 s 和动作估计网络输出的动作 a 输入状态估计网络得到,而现实的 Q 值根据现实的奖励 R,以及将下一时刻

的状态 S' 和动作现实网络得到的动作 a' 输入到状态现实网络而得到的 Q 值的折现值加和得到(这里运用的是贝尔曼方程)。

而对于 Actor,基于下面的式子进行动作估计网络的参数:

$$\nabla_{\theta\mu} J = E_{s_t \sim \rho^{\beta}} [\nabla_a Q(s, a \mid \theta^Q) \mid_{s = s_t, a = \mu(s_t)} \nabla_{\theta\mu} \mu(s \mid \theta^{\mu}) \mid_{s = s_t}] \quad (2-17)$$

假如对同一个状态,输出了两个不同的动作 a_1 和 a_2,从状态估计网络得到了两个反馈的 Q 值,分别是 Q_1 和 Q_2,假设 $Q_1 > Q_2$,即采取动作 1 可以得到更多的奖励,那么 Policy gradient 的思想是什么呢? 就是增加 a_1 的概率,降低 a_2 的概率,也就是说,Actor 想要尽可能地得到更大的 Q 值[26]。所以我们的 Actor 的损失可以简单地理解为得到的反馈 Q 值越大损失越小,得到的反馈 Q 值越小损失越大,因此只要对状态估计网络返回的 Q 值取个负号即可。

DDPG 算法的伪代码如下:

算法 3:DDPG 算法
1:随机初始化主网络 critic$Q(s, a \mid \theta^Q)$ 和 actor $\mu(s \mid \theta^{\mu})$ 参数 θ^Q 和 θ^{μ}
2:初始化目标网络 Q' 和 μ' 参数,$\theta^{Q'} \leftarrow \theta^Q$,$\theta^{\mu'} \leftarrow \theta^{\mu}$
3:初始化经验池 D
4:**for** 执行 M 次 **do**
5:初始化动作噪声函数 N
6:获取初始图像 s_1
7:**for** 执行 T 次 **do**
8:根据策略与动作噪声选择动作 $a_t = \mu(s_t \mid \theta^{\mu}) + N_t$
9:执行动作 a_t,获得奖励 r_t 以及下一个状态 s_{t+1}
10:将状态—动作序列存储入经验池 D
11:从经验池采样一个批次的样本,包含 N 个状态—动作序列
12:计算 $y_i = r_i + \gamma Q'(s_{i+1}, \mu'(s_{i+1} \mid \theta^{\mu'}) \mid \theta^{Q'})$
13:计算 $L = \dfrac{1}{N} \sum_i (y_i - Q(s_i, a_i \mid \theta^Q))^2$ 并更新主网络 critic
14:计算 $\nabla_{\theta\mu} J \approx \dfrac{1}{N} \sum_i \nabla_a Q(s, a \mid \theta^Q) \mid_{s = s_i, a = \mu(s_i)} \nabla_{\theta\mu} \mu(s \mid \theta^{\mu}) \mid_{s_i}$ 更新主网络 actor
15:更新目标网络 $\theta^{Q'} \leftarrow \tau\theta^Q + (1-\tau)\theta^{Q'}$,$\theta^{\mu'} \leftarrow \tau\theta^{\mu} + (1-\tau)\theta^{\mu'}$
16:**end for**
17:**end for**

根据上述伪代码,需要注意 DDPG 算法在实现过程中的两个小技巧。第一,在动作估计网络进行决策输出动作时对采取的动作增加一定的噪声。这是因为 DDPG 本身是确定策略的算法,即相同状态总是输出相同的策略动作,这样就丢

失了算法本身的探索潜在更优动作的能力,因此通过添加噪声扰动,增添了算法对环境的探索能力。第二,与传统的 DQN 不同的是,传统的 DQN 采用粗暴的 target – net 网络参数更新,即每隔一定的步数就将主网络中的网络参数复制到目标网络中,而在 DDPG 中,采用的是一种更为平滑的目标网络参数更新方式,即每一步都对目标网络中的参数通过指数平滑的方式更新一点点,这种参数更新方式经过试验表明可以大大地提高学习的稳定性。

2.5　异步优势演员评论家算法

Q – learning 和 DQN 算法都是基于值函数的方法,难以应对的是大的动作空间,特别是连续动作情况。因为网络难以有这么多输出,且难以在这么多输出之中搜索最大的 Q 值。根据当前的状态,计算采取每个动作的 Q 值,然后根据 Q 值贪心的选择动作,称为基于值的强化学习算法。如果省略中间的步骤,即直接根据当前的状态来选择动作。基于这种思想引出了强化学习中另一类很重要的算法,即策略梯度(policy gradient)。策略梯度算法直接将策略 $\pi(A_t|S_t;\theta)$ 参数化,为更新策略使得总回报最大化,对累积奖励期望计算梯度,即

$$
\begin{aligned}
\nabla J(\theta) &= E\left[\sum_a q_\pi(S_t,a)\, \nabla_\theta \pi(a \mid S_t;\theta) \right] \\
&= E\left[q_\pi(S_t,A_t) \frac{\nabla_\theta \pi(A_t \mid S_t;\theta)}{\pi(A_t \mid S_t;\theta)} \right] \\
&= E\left[G_t\, \nabla_\theta \log\pi(a \mid S_t;\theta) \right]
\end{aligned}
\tag{2 – 18}
$$

式中:$G_t = q_\pi(S_t,A_t)$ 为累积奖励期望。

因此,策略参数的更新公式为

$$
\theta \leftarrow \theta + \eta G_t\, \nabla_\theta \log\pi(A_t|S_t;\theta)
\tag{2 – 19}
$$

式中:θ 为策略模型的参数;η 为学习步长。

通过上面的介绍可知,策略梯度方法在更新策略时,基本思想就是增加奖励大的动作出现的概率,减小奖励小的策略出现的概率。假设现在有一种情况,我们的 reward 在无论何时都是正的,对于没有采样到的动作,它的奖励是 0。因此,如果一个比较好的动作没有被采样到,而采样到的不好的动作得到了一个比较小的正奖励,那么没有被采样到的好动作的出现概率会越来越小,这显然是不合适的,因此需要增加一个奖励的基线,让奖励有正有负。此时,我们称之为演员评论家(Actor – Critic)算法,即 Actor 不断地进行决策,而 Critic 计算着基线,以此衡量 Actor 动作的优劣。一般增加的基线是当前状态所能得到的累积奖励期望 $V(S_t)$,策略更新公式改为

$$\theta \leftarrow \theta + \eta \left[R_t + V(S_{t+1}) - V(S_t) \right] \nabla_\theta \log \pi (A_t | S_t ; \theta) \qquad (2-20)$$

式中：R_t 为 t 时刻的机器人获得的环境奖励；$V(\cdot)$ 为累积奖励期望函数。

异步优势演员评论家（Asynchronous Advantage Actor - critic，A3C）[17] 是 Google DeepMind 提出的一种解决 Actor - Critic 不收敛的算法。首先简单介绍一下 Actor - critic 算法，这个算法包括两个部分，Actor 负责与环境交互并根据策略函数产生动作，Critic 使用价值函数评估 Actor 的表现并指导 Actor 的下一阶段的任务。

A3C 实际上是将 Actor - critic 放在了多个线程中进行训练，如果将 Actor - critic 看作是一个人玩游戏，根据游戏获得的等级分来调整自己玩游戏的方法。那么 A3C 算法可以看作是这个人写了一个脚本，同时运行很多脚本自动来帮他打游戏升级，同时，这个人实时观察脚本的缺陷，每隔一段时间，对脚本进行更新。

图 2.6 是 A3C 算法架构图，A3C 包含一个 Global Network 和多个 worker 线程，每个线程都和 Global Network 有着一样的网络结构，这些线程会同时与不同的环境进行交互。Global Network 根据各个线程反馈回来的梯度更新自己参数。

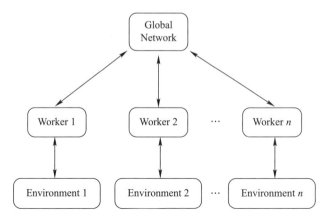

图 2.6　A3C 算法架构图

图 2.6 是其中的一个 Worker 的工作流程：Worker 线程复制 Global Network 的参数，随后 Worke 与环境进行交互，根据策略函数及计算出 Value 和 Loss，在与环境多次交互以后，Worker 线程根据 losses 计算出梯度传递给 Global Network，Global Network 根据梯度更新自己参数，随后循环此操作。

A3C 算法不仅解决了 Actor - critic 算法难以收敛的问题，而且运用了多个线程的框架，大大加快了强化学习的收敛速度，所提供的这种并发结构同样适用于其他学习算法，这是 A3C 的最大贡献。

由于 A3C 算法中并行的建立许多子网络,其训练机制是相同的,A3C 算法的伪代码如下:

算法 4:A3C 算法
1:初始化 Global Network 计数器 T 为 1,每个 worker 的交互计数器 t 为 1
2:**repeat**
3:重置网络参数梯度 $d\theta$ 和 $d\theta_v$ 为 0
4:将 Global Network 的参数 θ 和 θ_v 复制到各 Worker 的参数中
5:**repeat**
6:根据策略 $\pi(a_t \mid s_t;\theta')$ 选择动作 a_t,并执行
7:得到奖励 r_t 与下一个状态 s_{t+1}
8:$t = t + 1$
9:**until** s_{t+1} 到达目标或计数器 t 达到最大值 t_{max}
10:设置 $R = \begin{cases} 0 & s_t \text{ 到达目标} \\ V(s_t;\theta'_v) & s_t \text{ 未到达目标} \end{cases}$
11:**for** 遍历计数器次数 **do**
12:$R \leftarrow r_i + \gamma R$
13:计算梯度 $d\theta \leftarrow d\theta + \nabla_{\theta'}\log\pi(a_i \mid s_i;\theta')(R - V(s_i;\theta'_v))$
14:计算梯度 $d\theta_v \leftarrow d\theta_v + \partial(R - V(s_i;\theta'_v))/\partial\theta'_v$
15:**end for**
16:利用梯度 $d\theta$ 和 $d\theta_v$ 异步更新参数 θ 和 θ_v
17:**until** T 达到最大值 T_{max}

2.6 近端策略最优化算法

上面介绍的 A3C 算法是一种 on‐policy 的策略,即待训练的机器人和与环境进行交互的机器人是同一个机器人;与之对应的就是 off‐policy 的策略,即待训练的机器人和与环境进行交互的机器人不是同一个机器人。简单来说,就是拿别人的经验来训练自己。以下棋为例,如果你是通过自己下棋来不断提升自己的棋艺,那么就是 on‐policy 的;如果是通过看别人下棋来提升自己,那么就是 off‐policy 的。为让交互过程中得到的数据可以重复使用,从而提升决策模型的训练速度,近端策略最优化(proximal policy optimization,PPO)[18] 算法将 on‐policy 的策略方式转换为 off‐policy 的策略方式。通过这种改变,PPO 算法可以在学习步长过大(或过小)时克服模型收敛不稳定的问题,通过新旧策略的结合实现策略更新。

PPO 算法是 OpenAI 发表的置信策略优化(trust region policy optimization, TRPO)[19]发展而来的,它的决策模型参数更新公式为

$$\theta \leftarrow \theta + \eta \cdot \nabla_\theta \left[\frac{\pi_\theta(A_t \mid S_t)}{\pi_{old}(A_t \mid S_t)} \hat{A}_t - \beta \cdot D_{KL}(\pi_{old} \mid\mid \pi_\theta) \right] \qquad (2-21)$$

式中:$D_{KL}(\pi_{old} \mid\mid \pi_\theta)$为新旧策略分布之间的 KL 散度;$\beta$ 为 KL 散度的系数。

在式(2-21)中当新策略 π_θ 与旧策略 π_{old} 分布相差较大时,KL 散度有助于减小参数更新的步长,从而保证新旧策略尽可能稳健地更新。此外,PPO 算法还有另一种参数更新方式,不将 KL 散度直接放入似然函数中,而是进行一定程度的裁剪,公式如下式所示:

$$\theta \leftarrow \theta + \eta \cdot \nabla_\theta \min \left[\frac{\pi_\theta(A_t \mid S_t)}{\pi_{old}(A_t \mid S_t)} \hat{A}_t - \mathrm{clip}\left(\frac{\pi_\theta(A_t \mid S_t)}{\pi_{old}(A_t \mid S_t)}, 1-\varepsilon, 1+\varepsilon \right) \hat{A}_t \right] \qquad (2-22)$$

式中:ε 为超参数。

PPO 算法的伪代码如下:

算法 5:PPO 算法
1:随机初始化策略 π_θ
2:**for** 执行 N 次 **do**
3:执行策略 $\pi_\theta T$ 步,收集交互样本 $\{s_t, a_t, r_t\}$
4:计算策略优势 $\hat{A}_t = \sum_{t'>t} \gamma^{t'-t} r_{t'} - V_\phi(s_t)$ 和 θ_v 复制到各 Worker 的参数中
5:$\pi_{old} \leftarrow \pi_\theta$
6:**for** 执行 M 次 **do**
7:计算 $J_{PPO}(\theta) = \sum_{t=1}^{T} \frac{\pi_\theta(a_t \mid s_t)}{\pi_{old}(a_t \mid s_t)} \hat{A}_t - \lambda KL[\pi_{old} \mid \pi_\theta]$ 与下一个状态 s_{t+1}
8:利用 $J_{PPO}(\theta)$ 更新参数 θ
9:**end for**
10:**for** 执行 B 次 **do**
11:计算 $L_{BL}(\phi) = - \sum_{t=1}^{T} \left(\sum_{t'>t} \gamma^{t'-t} r_{t'} - V_\phi(s_t) \right)^2$
12:利用 $L_{BL}(\phi)$ 更新参数 ϕ
13:**end for**
14:**if** $KL[\pi_{old} \mid \pi_\theta] > \beta_{high} KL_{target}$ **then**
15:$\lambda \leftarrow \alpha\lambda$
16:**else if** $KL[\pi_{old} \mid \pi_\theta] \leq \beta_{high} KL_{target}$ **then**
17:$\lambda \leftarrow \lambda/\alpha$
18:**end if**
19:**end for**

第3章　机器人视觉感知理论与技术

随着信息技术的快速发展,数字图像、视频成为信息的重要载体。如何高效地处理和分析图像数据,理解图像内容已经成为当前的研究热点。众所周知,人类可以从复杂的场景中快速地找到我们感兴趣的区域,并且轻易地完成对场景的理解。这是因为人类视觉系统(human visual system,HVS)[27]的信息选择策略,利用视觉注意机制引导人眼在海量数据中注视到显著的区域,并分配资源对重要区域优先进行处理。在多数情况下,当我们的眼睛接收到来自外界的大量的视觉信息,大脑并不能同时对所有的视觉信息进行处理,而是删除大部分无用信息,筛选出少许感兴趣的重要信息,优先对这些视觉信息进行处理。

计算机作为目前处理信息最快的工具之一,在计算机图像处理中引入视觉注意机制,不仅可以提高数据筛选能力和计算机的运算速度,还在物体识别、目标跟踪、图像分析与理解等领域具有重要的应用价值。但是,目前的计算机视觉与人类的视觉在能力上存在着巨大的差异。视觉注意机制是涉及生物视觉处理等学科交叉领域,生物视觉与计算机视觉进行的学科交流为理论创新带来了新的思路:一个可行的方法是从研究人类的视觉系统(大脑)如何感知和识别外界视觉刺激出发,模拟人的视觉注意机制,建立一种有效的视觉注意计算模型,使计算机拥有人类所具备的观察和理解世界的能力,并将其应用于静态场景、动态场景的感兴趣区域检测及场景分类中。

3.1　视觉感知模型的发展

生物视觉机制主要通过神经生理学和解剖学等学科的发展,对生物视觉系统的机理进行研究[28]。生物视觉机制的研究成果是视觉研究的重要来源。早期的学者根据生物视觉系统的形成过程,分别可看成视网膜阶段、早期视觉处理和高层视觉处理,这一框架在许多机器模型中得到应用。本书中进一步根据视觉信息处理从人眼到人脑这一处理过程把目前的模型大致分为外周脑模型、脑皮层模型及知觉层模型。外周脑模型主要是模拟视觉信息在视网膜(retina)上的运行机理及视网膜和皮层之间的信息处理进行建模。视网膜是位于视觉系统最前端的具备感光功能并能对接收到的刺激信号进行初步处理的组织。视网膜包含大量的光感受器细胞,是外界视觉信息在人眼成像的主要部位,并对亮度、颜色、形状、运动等信息进行初步感知和处理。对人眼的研究主要集中在对视网膜皮层的研究。根据对视网膜机理的研究结果,一些视觉理论和模型被提出来,如基于视网膜中的视杆和视锥细胞的特性,两种最为常见颜色视觉模型(三刺激模型和对立色模型)被提出并被广泛使用。Weber 等发现,眼睛对光强的响应是非线性的,并且在一定范围内,物体的亮度和背景的差别的比值是相对不变的,这使得视网膜细胞对外界光强具有较好的自适应特性。根据这一特性,图像的单色对数模型和彩色对数模型被提出来,人眼对于对比度敏感而不是对于绝对亮度敏感的特性也被用于建立对比度模型实现对目标的检测。19 世纪马赫发现视觉侧抑制效应(lateral inhibition),并提出有关视网膜神经元相互作用原理。在视觉信号的预处理和传输阶段,侧抑制原理被认为起着关键性的作用,基于这一原理的模型常被用于图像增强。进一步结合视网膜和皮层的研究,Land 在颜色恒常性基础上提出模拟人类亮度和颜色感知的视觉模型——Retinex 模型。这一模型可在动态范围压缩、边缘增强和颜色恒常三个方面达到平衡,可对各类图像进行自适应增强,在很多方面得到广泛应用。Zaghloul 等提出一种模拟视网膜细胞机理的数学模型。该模型具有带通和时空滤波的功能,可实现亮度调节及对比度调节,他们在 CMOS 电路上实现这一模型,并系统地进行分析。

　　脑皮层是视觉信息处理的中心区域,其主要工作由视觉皮层(visual cortex)来完成。人类的视觉皮层包括初级视皮层(V1)及纹外皮层(V2~V5 等)。初级视皮层也是目前大脑皮层中被研究得最透彻的区域。Hubel 等在 20 世纪 50 年代末首次开展对视觉皮层细胞的研究,为生物视觉系统方面做出开拓性工作。他们在 20 世纪六七十年代提出视觉感受野(receptive field)理论。基于这一理论,Barlowd 等提出"利用感知数据的冗余"进行编码的理论,之后 Michison 等明确提出稀疏编码理论(sparse coding),数据经稀疏编码后仅有少数分量同时处于明显激活状态,具有存储能力大和联想记忆能力等特点,近年来受到较大关注。Rodieck 等在 1965 年进一步指出这不同感受野的直径方向上的截面对光信号的响应曲线都具有高斯分布的性质,彼此方向相反。他们采用两个高斯函数的差来表示这种特性,称为高斯差模型(difference of gaussians,DOG),这一模型作为滤波器模型已成功应用在图像预处理中。1980 年,Daugman 使用二维 Gabor 函数模拟视皮层中细胞感受野的空间性质,汪云九等也提出用一簇广义 Gabor 函数描述视觉系统各层次上感受野时空性质的模型。Gabor 滤波器已在模式识别尤其是生物特征识别方面得到广泛应用。1968 年,Campell 等进一步研究发现视觉系统具有空间频率通道,随后被用于真实感图形显示(Image Display)和彩色图像的增强和评估中,并结合彩色图像的感知特性对该模型进行扩展。Lowe 根据大脑皮层中下颞叶皮质(inferior temporal,IT)对于视觉刺激响应的特性,提出一种面向物体识别的旋转和尺度不变的计算模型(scale invariant feature transform,SIFT)。这一模型之后经过改进,成为模式识别中用于局部特征提取算法的经典模型。

Poggio 等在 1999 年首次建立完整的视觉处理模型(hierarchical model and X,HMAX),这是一个从生物学的角度上模拟的多层次模型。2007 年,Serre 等通过引入特征字典的学习过程,构造高层次的仿真生物视觉模型(biological inspired model,BIM),并在当时取得优于统计模式识别模型的结果,引起计算机视觉和生物视觉界的关注。这一模型通过改进在目标识别、场景分类等得到广泛应用。视知觉是更为高层的视觉机理的描述,涉及的现象更为复杂,如错觉现象、图像的二义性等难以解释。目前,大部分的解释还是存在于哲学家和心理学家所做的一些假想,至今还没有非常系统的认知模型。例如,格式塔学派强调人的视觉系统具有在对景物中的物体一无所知的情况下从景物的图像中得到相对的聚集(grouping)和结构的能力,这种能力被称为感知组织。以此为基础,一些学者在图像的组织方面尤其是图像分割方面提出相应的数学模型,取得一定效果。另一种值得一提的知觉层研究方面的工作是 Gibson 提出的生态知觉理论[29],他试图解决总体的视知觉问题。在这一理论中,Gibson 认为知觉不是对视网膜上降采样图像的解释,而是通过光学排列和流动直接和真实的体验。基于这一理论,光流模型(optical flow)被用于提出描述图像灰度模式的表面运动,即获取运动场。这一模型因为不需要预先知道场景的信息同时能获取丰富的运动和结构等信息,使得光流在计算机视觉、图像处理等得到较多应用。

视觉认知计算模型的另外一个重要的起源是视觉计算理论,即从计算机信息处理去描述视觉形成过程。相比于具有悠久历史、纷繁复杂的生物视觉机理的研究,视觉计算理论的研究主要从 20 世纪 60 年代开始,而且相对集中。主要的视觉计算理论可分为以马尔(Marr)理论为主的局部优先和拓扑理论为主的全局优先的理论。目前大部分的计算模型仍基于主流的 Marr 视觉计算理论,包括三维物体重建模型、双目立体视觉模型等。1987 年,Biederman[32] 在 Marr 理论的基础上提出成分识别理论(recognition by component theory)。该理论认为通过把复杂对象的结构拆分为简单的部件形状,就可进行视觉识别。在这一理论的指导下,Li 等提出词袋模型(bag of word)用于物体识别,成为目前物体识别中具有代表性的工作之一。根据特征整合理论(feature integration),一些学者认为视觉处理是一个以自下而上的加工为主要特征的、具有局部交互作用的过程。随后,许多研究者在这一理论的基础上先后提出了视觉注意机制模型、适用于自然图像的高斯金字塔模型和分层的注意视觉模型。

在 19 世纪 80 年代,McClelland 等提出相互作用激活理论,他们认为知觉系统是由许多加工单元组成的。这些节点(node)是最小的加工单元。每个节点通过兴奋和抑制两种连接方式与大量其他节点连接在一起。每个节点在某一时间都有一个激活值(activation value),它既受到直接输入的影响,也受到相邻各节点的兴奋或抑制的影响。这些同层次和不同层次的节点之间兴奋和抑制的各种关系,构成异常复杂的网络。相互激活理论也成为在语言学中风靡的连接主义理论的代表性理论。在这一理论的指导下,BP 神经网络(back propagation neural networks)模型[30]被提出并得到学术界的高度重视,成为应用最为广泛的神经网络模型之一,在文字识别等领域得到成功应用。在假设神经网络是多层的基础上,Hinton 等提出深度学习算法(deep learning)[31],目前已在图像、语音、文本等多个领域取得令人瞩目的成绩,成为大数据时代最为成功的学习模型之一。与传统的信息表达方式不同,基于深度学习模型构建的表达强调的是一种深层次、端到端、数据驱动的特征学习方式。整个模型的参数不是通过人工设定,而是通过输入大量的训练样本,采用无监督或有监督的方式,自动学习得到最佳参数。从函数论角度来说,深度学习模型可更有效地表达更复杂的函数,而这个也是深度学习模型强大表达能力的原因。值得一提的是,陈等[33]提出另一种和 Marr 视觉计算理论不同的拓扑理论,他们发现对大范围拓扑特征感知早于局部几何特性的感知。

3.2　人类视觉注意机制原理

关于人类的视觉感知系统,尤其是人类自身的视觉神经系统,心理学等相关领域专家已经进行了长期的探索和研究。通过深入研究探索,人们发现人类视觉神经系统中的视觉感官信息在人脑中是按照某一固定路径来进行传递的,其输入的是视觉刺激,输出的是视觉感知,主要是由视觉感官、视觉通路、视感觉中枢组织和视知觉中枢组织组成的,其分别负责视觉信息的生成、传送和分析。其中视觉信息分析过程可分为视感觉分析和视知觉分析,如图 3.1 所示。

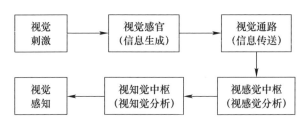

图 3.1　人类视觉感知系统信息感知流程

3.2.1　人类视觉系统生理结构

人类视觉系统的感觉器官是眼睛,一般人眼睛直径大约 24mm,近似球形,由眼球壁和眼球两部分组成,如图 3.2 所示。角膜和巩膜位于眼球壁的外层,其中角膜具有屈光作用,能够将光线折射到眼睛内,巩膜保护眼球。眼球壁的中间层由控制瞳孔大小的虹膜和吸收外来散光的脉络膜组成,内层有视网膜由视锥细胞和视杆细胞组成,有感光作用。视觉信息的传递过程如下:视觉刺激从光感受细胞出发,作用在视网膜引起视感觉,再经由视神经、视束以及皮层下中枢,最终到达视皮层,引起视知觉。所谓的视感觉,指光的明暗,视知觉指颜色、形状等特性。

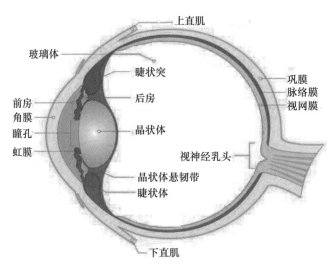

图 3.2　人眼结构示意图[34]

眼睛的角膜是透明的、高度弯曲的折射窗口,光线通过它进入人眼内,随后有部分被带色的不透明的虹膜表面所阻挡。瞳孔随光照强度而改变,光线暗时扩张,在正常的光照条件下它处于收缩状态,以限制眼内因球面像差引起的图像模糊。一只人眼视网膜中不均匀分布了大约有上亿个视杆细胞及 500 万个圆锥细胞。视网膜中心区域是黄斑,圆锥细胞密集程度密度特别高。视网膜上还有一个盲点,神经中枢细胞轴突从视网膜盲点中离开,组成视神经。

视网膜具有感光层、双极细胞层和节细胞层的三层生理结构,感光层中的感光细胞将视觉信号(光信号)转变为电信号,接着双极细胞分析处理这些转换的电信号,并进行分类成形状、深浅和色彩等信号。接着节细胞把传入视网膜分类过后不同的信号传输到大脑形成图像。除了上述细胞外,视网膜还有其他细胞:水平细胞和无长突细胞。

人眼是包含有限球壁、眼内容物和神经系统等,是一个前后直径大约24mm,垂直直径大约23mm 的近似球状体。眼睛的主要感光系统是眼球壁内层的视网膜,由视锥细胞和视杆细胞组成,其中,视锥细胞主要用于分辨颜色。我们会有对外界事物的色觉,其原因在于视网膜上有三种视锥细胞分别感受了蓝色、红色和绿色。另外,视杆细胞也是主要用于感受运动物体和弱光。晶状体富有弹性,中央厚边缘薄,像一块双面凸起的球镜,它的作用是聚焦光线和调节屈光,并且玻璃体充满晶状体和视网膜之间,占据眼内腔的 4/5,内含 99% 的水分,是眼球壁的主要支撑物。

3.2.2　视觉感知系统加工特点

人类视觉感知系统在视觉信息处理过程中,并不是原封不动的传送,而是结合输入信息进行相应的处理,再输出给其他神经元。人眼的视觉系统只能选择少数显著性信息进行处理,摒弃大部分无用信息。在视网膜上,每个神经元有不同形式的感受野,并呈现同心圆拮抗形式。这种形式根据刺激对细胞的影响分为"on 中心 - off 环绕"和"off 中心 - on 环绕"两种类型。"on 中心 - off 环绕"类型,当光照充满中央区域时,激活反应最强;当光照充满了周边的区域时,则产生最大的抑制作用。"off 中心 - on 环绕"由中央抑制区和周边兴奋区组成,与"on 中心 - off 环绕"相反。大脑皮层上的感受野分为简单细胞的感受野和复杂细胞的感受野。其中简单细胞的感受野也分为兴奋区与抑制区,对刺激的方向和位置有很强的敏感性;复杂细胞的感受野对刺激敏感性取决于刺激的形式,和刺激的位置无关。一般来说,不同的视觉信息要经过腹侧通路和背侧通路的加工处理操作。腹侧通路由 V1、V2、V3、V4 和颞下回组成,主要对刺激信息负责接收。视觉意识的产生须要腹侧和背侧这两条通路的共同参与。这两条通路之间相辅相成、互相依赖与作用:人眼调整视觉注意焦点可以通过目标识别来完成,而视觉焦点可以有效地对目标识别进行指导,两者相辅相成帮助人类理解场景中的事物。作为一种生理机制,视觉注意与个人主观因素有关,也与眼球感知到的物象、环境条件和心理感受等外部刺激有关,视觉注意流程如图3.3所示。

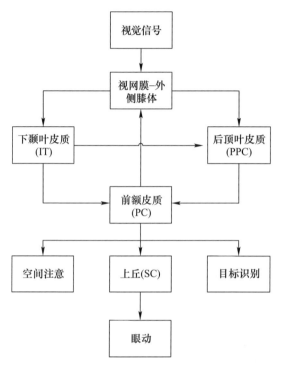

图3.3　人类神经视觉注意流程[35]

在视觉处理中,视皮层中腹侧通路和背侧通路对视觉刺激信号的输入和视觉信息的进一步处理起着重要作用。腹侧通路中接收的信息由初级视皮层 V1区经过 V2区和 V3区从腹侧延伸到 V4和 IT区直至颞叶,腹侧通路输入的信息来源主要是来源于视网膜的 P型神经节细胞,该通路主要负责的是物体的识别功能,这也是被称为"what通路"的缘由。背侧通路则由初级视皮层 V2和 V3区从背侧延伸向 MT和 MST区一直到顶叶后部,它的信息输入源主要由视网膜的 M型神经节细胞,也称为"Where"通路,主要负责空间位置的信息。

根据神经生理学的相关研究结果,通过串行和并行的加工机制,可以将形状、颜色、深度和运动的相关视觉信息分离出来,并且在 V2区以上层级的视皮层的分离趋向更为明显点。为比较快速完成不同的视觉任务处理,视通路各个层次上存在着基本互相独立的并行通道。在人类视觉处理机制中,视网膜读入的信息是存在着反馈的双向传输,大脑中更高层区域都有许多反馈通路到达初

级视皮层 V1 区和 V2 区,这些不同的反馈通路在一定程度与人类的意识行为有
关联。

3.2.3 视觉注意的显著性度量

视觉注意计算模型的关键环节是视觉显著性的度量,度量图像对象的视觉
显著性主要是通过提取图像的显著性特征来实现[36],目前的显著性特征提取方
法大致可以划分为两类。

(1)局部特征法:从候选对象内部提取显著性特征,基本思想是认为视觉显
著性的产生是由于视觉对象本身具有某种能够引起观察者注意的特殊属性,该
方法往往是针对某些特定的目标或图像提出来的,通用性较差。Reisfeld 将像元
邻域的对称性作为其显著性特征,通过基于梯度信息的离散对称性变换描述该
邻域的对称性;Gesu 通过离散对称性变换和离散矩变换的结合描述像元邻域的
显著性;Kadir 将像元邻域的复杂性作为其显著性特征,并通过该邻域的灰度直
方图的熵描述其复杂性;Dimai 将像元邻域的不一致性作为其显著性特征,并通
过 Gabo 滤波描述该邻域在亮度、颜色和纹理上的不一致性。

(2)视觉反差法:从候选对象与外界的比较中提取显著性特征,该方法大都
是根据视觉感知过程提取视觉反差,通用性较强。通过比较候选对象与周边范
围的差异来描述显著性,代表性的方法主要包括:Wai 通过 DOG 算子比较候选
对象与周边范围的亮度差;Milanese 通过 LOG 算子比较候选对象与周边范围在
亮度、梯度强度、梯度方向和曲率上的差异;Itti 通过中心 – 周边(Cenier – sur-
round)算子比较候选对象与周边范围在亮度、颜色和方向这些图像特征上的差
异。通过比较候选对象与整幅图像的差异来描述显著性,涉及的方法主要包括:
Bourque 比较候选对象与整幅图像的边缘差异来衡量显著性;Stentiford 通过进
化规划(evolutionary programming)比较候选对象与图像中其他对象的形态差异;
Walker 认为显著对象是那些被错分(miss – classify)为其他对象的概率较低的视
觉对象,可以将所有候选对象映射至一个特征空间,通过每个候选对象所对应的
空间密度描述其显著性。

Grossberg 的自适应共鸣理论(adaptive resonance theory)认为视觉对象与已
学习特征之间的共鸣是形成视觉注意的原因,可以通过候选对象与记忆模板库
(template bank)的匹配程度描述其显著性。许多研究者采用局部特征法和视觉
反差法相结合的方式来提取显著性特征。Osberger 通过尺寸、形状、方位这些自
显著特征和前景/背景的对比度等互显著特征描述分割区域的显著性;Luo 通过
分割区域在颜色、纹理、形状上的多种自显著特征和互显著特征描述其综合显著
性;Privitera 通过对称性、方向、边缘和对比度等特征描述像素的邻域显著性。

3.2.4 注意焦点的选择与转移

注意焦点的选择与转移是视觉注意模型的关键问题[37-38]。注意焦点的选择是指观察者通过注意的集中将注意指向对象的过程;注意焦点的转移是注意的动力特征和注意灵活性的表现。Koach 对视觉注意中感兴趣区域的选择和转移进行了深入的研究,提出注意焦点的选择具有单一性和缩放性,并指出注意焦点的转移遵循邻近优先和抑制返回(inhibition of return)的原则,即注意焦点转移时倾向于选择与当前注视内容接近的位置,并且抑制返回最近被选择过的注视内容。目前,视觉注意的转移方法主要包括阈值法和合并法等方法。

在通过单一特征描述候选对象显著性的算法中,通常采用阈值法得到注意焦点。可以根据显著度的最大值确定阈值,将大于该阈值的候选对象作为注意焦点;Dudek 选择显著度最大的无重叠的几个候选对象作为注意焦点;Kadir 通过设置阈值得到一组显著对象,然后对其聚类得到注意焦点。在使用多种特征来描述候选对象显著性的算法中,一般通过数据合并得到注意焦点。Itti 先通过尺度合并和特征合并将多尺度像元邻域的多种显著特征合并为一幅显著图,再采用胜者全取(winner take all,WTA)网络法则和抑制返回机制依次得到一组显著度逐渐下降的注意焦点;Dimai 先通过尺度合并和特征合并得到一幅显著图,再据此通过区域生长方法实现注意焦点的选择与转移;Milanese 先使用松弛迭代法将各种显著度信息合并为二值显著图,再据此直接得到注意焦点。

另外,有些研究者通过找到各个显著特征对应的显著对象,再将它们合并为注意焦点。在根据特征显著性搜索注意焦点的过程中,部分研究者为了提高搜索效率,采用层次处理法,通过逐步缩小搜索范围搜索注意焦点。

3.3 视觉注意机制模型

视觉注意实质上是一种生物机制,这种机制能够从外界复杂的环境中选出重要的和所需要关注的信息,逐步排除相对不重要的信息。通过这种方式能够将十分复杂的外界视觉场景进行简化和分解,进而对重要的信息进行进一步处理。这种机制的优势在于它能够使得我们在十分复杂的外界视觉场景环境中,可以十分迅速地注意所需要关注的重要的信息和物体。在图像理解和分析中,人类视觉系统的视觉注意使得人们可以在复杂的场景中选择少数的感兴趣区域作为注意焦点(focus of attention,FOA),并对其进行优先处理,从而极大地提高视觉系统处理的效率。在日常生活中,我们会常常感受到视觉注意机制的存在。比如说一幅图像,我们会轻易地发现墙壁上的小坑和黑点,白色打印纸上的纸张缺陷,蓝色车牌上的车牌号码等。列举几个关于视觉注意的示例图,如图 3.4 所示,当人们观察以下几张图片时,观察者会迅速将自己的注意力集中在图 3.4 (a)中的空心圆、图 3.4(b)中的实心圆以及图 3.4(c)中间部分的斜线,这种人眼的选择过程就是视觉注意,而被选中的对象或者区域就被称为注意焦点。

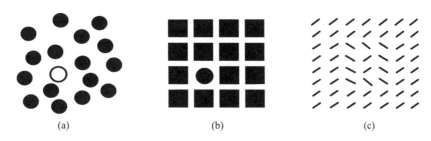

图 3.4　视觉注意机制示例图[39]

关于视觉注意机制,研究者们最初从生物神经科学、心理科学等方面进行了大量的探索。心理学家将视觉注意划分为两种:一种是以自底向上(数据驱动)的方式驱使的;另一种是以自顶向下(任务驱动)的信息来控制的。自底向上的视觉注意机制是基于刺激的、与任务无关的,比如在绿油油的草地上有一只白色的羊,大部人会第一时间注意到与周围环境不一样的羊。自顶向下的视觉注意机制是基于任务的,受意识支配。比如在机场接人时,我们会立刻看到我们要接的人,而对其他的人则视而不见。

3.3.1　数据驱动的视觉注意机制模型

数据驱动的视觉注意机制的初级计算模型的研究从 20 世纪 80 年代后就开始成为很热的研究点,Koach 等在 1985 年提出了这种计算模型的理论框架,其中的神经网络理论的焦点抑制机制为众多模型所参考和借鉴。Milaness 等学者也提出了特征显著图的理念并利用中央—周边差分算法进行特征的提取,数据驱动的注意模型原理是从输入图像提取多方面的特征,如图片颜色、图像朝向、光照亮度等,并形成各个特征维上的显著图,再对所得显著图进行分析和融合得到兴趣图。兴趣图中一般可能含有多个待注意的候选目标,通过竞争机制选出唯一的注意目标,并随后在注意焦点之间进行转移。

数据驱动的视觉注意机制模型,观察者从场景中的信息开始,外部场景信息源对人的眼睛对进行刺激,人眼对不同的场景信息进行重新组合加工进行信息并行处理,如图 3.5 所示,这种因此注意模型没有先验信息的指导,也没有特定的任务,操作比较简单,处理速度比较快。数据驱动注意模型也称为自底向上视

觉注意模型,对该模型的研究主要是基于 Koch 和 Itti 等提出的特征整合的理论[41],它具有两大特点:

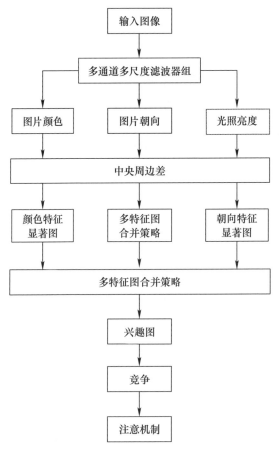

图 3.5　数据驱动注意模型的原理流程图[40]

（1）数据驱动。数据驱动注意模型的注意机制与高层知识的观察无关,与底层数据驱动有关,不需要运用人的意识来控制其处理过程。对输入的图像首先提取一些低级的诸如颜色、亮度、方向等视觉特征,并分别对每一类的特征构造生成相关的显著图。再采用特征融合的方式把不同的显著图进行特征图合并,在这幅整合的显著图中出现的目标就是引起人类注意的目标。

（2）自主加工。数据驱动的视觉注意模型是一种自动加工过程,不需要先验信息和预期期望,未加入主观意识,对视觉信息的处理速度相对较快,以空间并行方式在多个通道中同时处理视觉信息。

数据驱动注意机制模型通过图像采样、简单图像特征提取、注意焦点搜索与描述三个模块的协同操作从输入图像中找到注意目标,形成了可操作性较强且计算速度较快的数据驱动的注意焦点检测方法,如图 3.6 所示。通常我们是将图片信息的亮度、颜色和朝向等不同的特征进行简单的叠加,但是这种简单的叠加方式比较粗糙,和生物视觉处理机制不大相同;而且,为寻找那些仅在整幅图像中占据很小一块面积的期望目标而进行的匹配操作仍然需要进行全局处理,匹配过程比较复杂度,容易造成减少计算浪费。由于生物视觉系统中各种特征之间的关系更为复杂,目前基于注意机制的感知模型还没有较好的适应算法,特别是对注意机制的任务驱动的研究也不多,导致这种注意机制在目标检测和复杂场景下的跟踪等运用中受到限制。

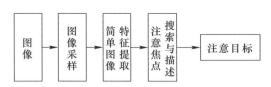

图 3.6　数据驱动的视觉注意流程[39]

3.3.2　任务驱动的视觉注意机制模型

任务驱动的视觉注意模型是根据来自具体任务的先验信息,预先建立视觉期望,将期望目标从图像中分离出来,完成图像或是视频场景的感兴趣区域选取,进而对该区域进行后续的处理,如图 3.7 所示。通常情况下,优先级较高的场景区域一般包含期望目标值内,这也符合人类视觉注意规律,自顶向下注意模型通常受人的主观意识、主观选择等因素影响,也是目标驱动的主动意识下的主动选择。这种模型主要在物体特征、场景先验信息和任务需求这三个方面来实现不同目标的注意。物体特征是指在注意机制模型中不加入颜色、亮度和方向等初级特征,而是加入所要识别的物体中有别于其他场景的特征,例如,在一个复杂街道场景中寻找汽车。众所周知汽车有 4 个轮子,因此在模型中加入轮子的特征后,就可以使模型在搜索汽车时提高效率,较快速的排除其他干扰项。

任务驱动视觉注意机制的场景先验信息是通过统计学得到或是预先给定场景中光流信息或是场景的背景特征;任务需求是指按人类要求加入特定信息等对注意产生影响。在这种机制下,人眼对注意焦点的选择是由观察任务控制、受意识支配的,视觉信息从观察任务出发,沿着自上向下的方向被处理,这也正是任务驱动(自上而下)注意机制命名的依据。不同于数据驱动注意机制,任务驱动注意机制的特点表现为以下两个方面。

(1)任务驱动。被作为高层知识的观察任务驱动,我们根据任务需求有意

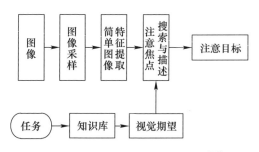

图 3.7　任务驱动的视觉注意流程[39]

识地控制其内部信息处理过程,从而获得符合视觉期望的注意目标。

(2)控制加工。任务驱动的注意机制是一种控制加工过程,相对于数据驱动,它对视觉信息的处理速度较慢,它是以空间并行方式在单一通道中处理视觉信息的。

任务驱动的视觉注意模型通过给定某个观察任务,能够迅速建立视觉期望,并在该期望的指导下按照一定的优先级顺序有选择地对各个场景区域进行局部验证,进而对其中经过验证确实包含期望目标的场景区域进行局部处理。通常情况下,那些包含期望目标的场景区域都会由于其符合视觉期望的视觉刺激分布模式而具有较高的优先级,这样可以大大减少匹配操作的计算量,计算效率更高效。但任务驱动的视觉模型视觉信息处理过程增加了高层知识驱动,包含任务、知识库和视觉期望的控制结构。知识库作为一种知识经验存储在长时记忆中,是对过去曾经处理过的外部视觉模式及其认知结果的记录和积累,它在任务驱动的注意机制中充当着信息服务中心的角色,不但处理视觉对象之间的联系,而且处理信息描述之间的转换,是连接语意层的当前知识和特征层的视觉期望的桥梁。视觉期望作为一种知识经验存储在短时记忆中,是对视觉信息处理预期结果的描述,它通过知识库的联系和映射功能获得,具体可能涉及观察尺度、观察范围、对象特征和对象尺寸等众多因素,对任务驱动的注意目标检测提供了直接的和明确的引导信息。这个过程中知识库中对观察任务的描述与处理是一个难点问题且不可回避,此外在图像信息处理领域并没有出现完善的自动处理方法,往往由于处理任务不明确而无所适从。

总体来说,数据驱动的优点是适用面广,缺点是针对性弱,当处理任务十分明确时,对数据处理仍然墨守成规。任务驱动的注意机制针对性较强,但适用面较窄,当处理任务不明确时,对数据处理会无所适从。目前,针对这两种模型的缺点亟需研究者进一步研究与创新。

第4章 机器人语音识别技术

4.1 语音识别原理

与机器进行语音交流,让机器明白你说什么,这是人们长期以来梦寐以求的事情。中国物联网校企联盟形象地把语音识别比作为"机器的听觉系统"。语音识别技术就是让机器通过识别和理解过程把语音信号转变为相应的文本或命令的高技术。语音识别技术主要包括特征提取技术、模式匹配准则及模型训练技术三个方面。语音识别技术车联网也得到了充分的引用,例如在翼卡车联网中,只需按一下"通客服人员口述"键即可设置目的地直接导航,安全、便捷。语音识别的应用领域非常广泛,常见的应用系统有:语音输入系统,相对于键盘输入方法,它更符合人的日常习惯,也更自然、更高效;语音控制系统,即用语音来控制设备的运行,相对于手动控制来说更加快捷、方便,可以用在诸如工业控制、语音拨号系统、智能家电、声控智能玩具等许多领域;智能对话查询系统,根据客户的语音进行操作,为用户提供自然、友好的数据库检索服务,如家庭服务、宾馆服务、旅行社服务系统、订票系统、医疗服务、银行服务、股票查询服务等。

根据识别的对象不同,语音识别任务大体可分为三类,即孤立词识别(isolated word recognition)[42]、关键词识别(或称关键词检出,keyword spotting)[43]和连续语音识别[44]。其中,孤立词识别的任务是识别事先已知的孤立的词,如"开机""关机"等;连续语音识别的任务则是识别任意的连续语音,如一个句子或一段话;连续语音流中的关键词检测针对的是连续语音,但它并不识别全部文字,而只是检测已知的若干关键词在何处出现,如在一段话中检测"计算机""世界"这两个词。

根据发音人的不同,可以把语音识别技术分为特定人语音识别和非特定人语音识别,前者只能识别一个或几个人的语音,而后者则可以被任何人使用。显然,非特定人语音识别系统更符合实际需要,但它要比针对特定人的识别困难得多。

4.1.1 语音识别技术的发展历史和现状

语音识别起源于20世纪50年代AT&T贝尔实验室的Audry系统,它第一次实现了 10 个英文数字的语音识别,这是语音识别研究工作的开端。1959 年,J. W. Rorgie 和 C. D. Forgie 采用数字计算机识别英文元音及孤立字,开始了计算机语音识别的研究工作。20 世纪 60 年代,计算机的应用推动了语音识别的发展。这时期的重要成果是提出了动态规划和线性预测分析技术(LP),其中后者较好地解决了语音信号产生模型的问题,对语音识别的发展产生了深远影响。70 年代,语音识别领域取得了突破。LP 技术得到进一步发展,动态时间归正技术(dynamic time warping,DTW)[45]基本成熟,特别是提出了矢量量化(vector quantization,VQ)和隐马尔可夫模型(hidden markov model,HMM)理论,并实现了基于线性预测倒谱和 DTW 技术的特定人孤立语音识别系统。

20 世纪 80 年代,实验室语音识别研究产生了巨大突破,一方面各种连接词语音识别算法被开发,如多级动态规划语音识别算法;另一方面语音识别算法从模板匹配技术转向基于统计模型技术,研究从微观转向宏观,从统计的角度来建立最佳的语音识别系统。隐马尔可夫模型(HMM)是其典型,能很好地描述语音信号的时变性和平稳性,使大词汇量连续语音识别系统的开发成为可能,并于 80 年代中期在实践开发中成功应用了 HMM 和人工神经网络。1988 年,Kai - FuLee 等用 VQ/HMM 方法实现了 997 个词汇的非特定人连续语音识别系统 SPHINX[46],它在有无文法限制的条件下识别率分别为 96% 和 82%。这是世界上第一个高性能的非特定人、大词汇量、连续语音识别系统,被认为是语音识别历史上的一个里程碑。

进入 20 世纪 90 年代以后,人工神经网络技术的应用成为语音识别的一条新途径,它具有自适应性、并行性、非线性、稳健性、容错性和学习特性,在结构和算法上都显示出了很大的潜力,而且还在细化模型的设计、参数提取和优化,以及系统的自适应技术上取得了关键进展。语音识别技术进一步成熟,语音识别系统从实验室走向实用。我国中国科学院自动化所研制的非特定人、连续语音听写系统和汉语语音人机对话系统,其准确率和系统响应率均可达 90% 以上。国外的 IBM、APPLE、MOTOROLA 等公司也投入了汉语语音识别系统的开发。IBM 公司于 1997 年正式推出中文听写机系统 Via Voice,该系统对新闻语音识别有较高的精度,是目前比较有代表性的汉语连续语音识别系统。

4.1.2　语音信号识别的基本原理

语音的模式要与已知语音的参考模式逐一进行比较,最佳匹配的参考模式被作为识别结果。图 4.1 是基于模式匹配原理的自动语音信号识别系统原理图,该图中待识别语音先经话筒变换成语音信号,然后从识别系统前端输入,再进行预处理。预处理包括语音信号采样、反混叠带通滤波,去除个体发音差异和设备、环境引起的噪声影响等,并涉及语音识别基元的选取和端点检测问题,有时还包括模数转换器。特征提取部分用于提取语音中反映本质特征的声学参数,常用的特征有短时平均能量或幅度、短时平均跨零率、短时自相关函数、线性预测系数、清音/浊音标志、基音频率、短时傅里叶变换、倒谱、共振峰等。

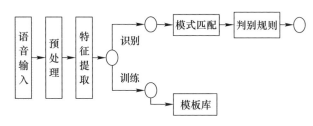

图 4.1　自动语音信号识别系统原理图

训练在识别之前进行,是通过让讲话者多次重复语音,从原始语音样本中去除冗余信息,保留关键数据,再按一定规则对数据加以聚类,形成模式库。模式匹配是整个语音信号识别系统的核心,是根据一定的准则以及专家知识(如构词规则、语法规则、语义规则等),计算输入特征与库存模式之间的相似度,判断出输入语音的语意信息。

4.1.3　常用的声学特征

声学特征的提取与选择是语音识别的一个重要环节。声学特征的提取既是一个信息大幅度压缩的过程,也是一个信号解卷过程,目的是使模式划分器能更好地划分。由于语音信号的时变特性,特征提取必须在一小段语音信号上进行,也即进行短时分析。这一段被认为是平稳的分析区间称为帧,帧与帧之间的偏移通常取帧长的 1/2 或 1/3。通常要对信号进行预加重以提升高频,对信号加窗以避免短时语音段边缘的影响。我们通常所使用的声学特征有以下几种。

1. 线性预测编码

线性预测编码(linear predictive coding,LPC)分析从人的发声机理入手,通过对声道的短管级联模型的研究,认为系统的传递函数符合全极点数字滤波器的形式,从而 n 时刻的信号可以用前若干时刻的信号的线性组合来估计。通过使实际语音的采样值和线性预测采样值之间达到均方差最小均方误差(LMS),即可得到线性预测系数 LPC。对 LPC 的计算方法有自相关法(德宾(Durbin)法)、协方差法等。计算上的快速有效保证了这一声学特征的广泛使用。与 LPC 这种预测参数模型类似的声学特征还有线谱对(LSP)、反射系数等。

2. 倒谱

倒谱(cepstrum,CEP)方法是利用同态处理方法,对语音信号求离散傅里叶变换（DFT）后取对数，再求反变换（iDFT）就可得到倒谱系数。对 LPC 倒谱（LPCCEP），在获得滤波器的线性预测系数后，可以用一个递推公式计算得出。实验表明，使用倒谱可以提高特征参数的稳定性。

3. Mel 倒谱法

不同于 LPC 等通过对人的发声机理的研究而得到的声学特征，Mel 倒谱系数（mel frequncy cepstral coefficients，MFCC）和感知线性预测（PLP）是受人的听觉系统研究成果推动而导出的声学特征。对人的听觉机理的研究发现，当两个频率相近的音调同时发出时，人只能听到一个音调。临界带宽指的就是这样一种令人的主观感觉发生突变的带宽边界，当两个音调的频率差小于临界带宽时，人就会把两个音调听成一个，这称之为屏蔽效应。Mel 刻度是对这一临界带宽的度量方法之一。

4. Mel 频率倒谱系数

Mel 频率倒谱系数法首先用快速傅里叶变换（FFT）将时域信号转化成频域，之后对其对数能量谱用依照 Mel 刻度分布的三角滤波器组进行卷积，最后对各个滤波器的输出构成的矢量进行离散余弦变换（DCT），取前（N）个系数。PLP 仍用德宾法去计算 LPC 参数，但在计算自相关参数时用的也是对听觉激励的对数能量谱进行 DCT 的方法。

4.1.4　语音识别系统

语音识别系统的模型通常由声学模型和语言模型两部分组成。

1. 声学模型

语音识别系统的模型通常由声学模型和语言模型两部分组成，分别对应于语音到音节概率的计算和音节到字概率的计算。本节和 4.1.5 节分别介绍声学模型和语言模型方面的技术。

HMM 声学建模：马尔可夫模型的概念是一个离散时域有限状态自动机，HMM 是指这一马尔可夫模型的内部状态外界不可见，外界只能看到各个时刻的输出值。对语音识别系统，输出值通常就是从各个帧计算而得的声学特征。用HMM 刻画语音信号需做出两个假设：一是内部状态的转移只与上一状态有关；二是输出值只与当前状态（或当前的状态转移）有关。这两个假设大大降低了模型的复杂度。HMM 的打分、解码和训练相应的算法是前向算法、Viterbi 算法和前向后向算法。

语音识别中使用 HMM 通常是用从左向右单向、带自环、带跨越的拓扑结构来对识别基元建模，一个音素就是一个 3~5 状态的 HMM，一个词就是构成词的多个音素的 HMM 串行起来构成的 HMM，而连续语音识别的整个模型就是词和静音组合起来的 HMM。

上下文相关建模:协同发音,指的是一个音受前后相邻音的影响而发生变化,从发声机理上看就是人的发声器官在一个音转向另一个音时其特性只能渐变,从而使得后一个音的频谱与其他条件下的频谱产生差异。上下文相关建模方法在建模时考虑了这一影响,从而使模型能更准确地描述语音,只考虑前一音的影响的称为 Bi – Phone,考虑前一音和后一音的影响的称为 Tri – Phone。英语的上下文相关建模通常以音素为基元,由于有些音素对其后音素的影响是相似的,因而可以通过音素解码状态的聚类进行模型参数的共享。聚类的结果称为 senone。决策树用来实现高效的 triphone 对 senone 的对应,通过回答一系列前后音所属类别(元/辅音、清/浊音等)的问题,最终确定其 HMM 状态应使用哪个 senone。分类回归树(CART)模型用以进行词到音素的发音标注。

2. 语言模型

语言模型主要分为规则模型和统计语言模型两种。统计语言模型是用概率统计的方法来揭示语言单位内在的统计规律,其中 N – Gram[47] 简单有效,被广泛使用。

N – Gram:该模型基于这样一种假设,第 n 个词的出现只与前面 $N-1$ 个词相关,而与其他任何词都不相关,整句的概率就是各个词出现概率的乘积。这些概率可以通过直接从语料中统计 N 个词同时出现的次数得到。常用的是二元的 Bi – Gram 和三元的 Tri – Gram。

语言模型的性能通常用交叉熵和复杂度(perplexity)来衡量。交叉熵的意义是用该模型对文本识别的难度,或者从压缩的角度来看,每个词平均要用几个位来编码。复杂度的意义是用该模型表示这一文本平均的分支数,其倒数可视为每个词的平均概率。平滑是指对没观察到的 N 元组合赋予一个概率值,以保证词序列总能通过语言模型得到一个概率值。通常使用的平滑技术有图灵估计、删除插值平滑、Katz 平滑和 Kneser – Ney 平滑。

4.1.5　语音识别基本方法

语音识别方法主要有动态时间归正(DTW)、矢量量化(VQ)、隐马尔可夫模型(HMM)、基于段长分布的非齐次隐含马尔可夫模型(duration distribution based hidden markov model,DDBHMM)和人工神经元网络(ANN)。

1. 动态时间归正技术和矢量量化技术

DTW 是较早的一种模式匹配和模型训练技术,它应用动态规划方法成功解决了语音信号特征参数序列比较时时长不等的难题,在孤立词语音识别中获得了良好性能。但因其不适合连续语音大词汇量语音识别系统,目前已被 HMM

和 ANN 代替。VQ 技术从训练语音提取特征矢量,得到特征矢量集,通过 LBG 算法生成码本,在识别时从测试语音提取特征矢量序列,把它们与各个码本进行匹配,计算各自的平均量化误差,选择平均误差最小的码本,作为被识别的语音。但同样只适用孤立词而不适合连续语音大词汇量语音识别。

2. 隐马尔可夫模型

HMM 是语音信号时变特征的有参表示法,它由相互关联的两个随机过程共同描述信号的统计特性,其中一个是隐蔽的(不可观测的)具有有限状态的 Markov 链,另一个是与马尔可夫链的每一状态相关联的观察矢量的随机过程(可观测的)。隐蔽马尔可夫链的特征要靠可观测到的信号特征揭示。这样,语音时变信号某一段的特征就由对应状态观察符号的随机过程描述,而信号随时间的变化由隐蔽马尔可夫链的转移概率描述。模型参数包括 HMM 拓扑结构、状态转移概率及描述观察符号统计特性的一组随机函数。

对于 HMM,首先假设 Q 是所有可能的隐藏状态的集合,V 是所有可能的观测状态的集合,Q 的表示式为

$$Q = \{q_1, q_2, \cdots, q_N\}, V = \{v_1, v_2, \cdots, v_M\} \qquad (4-1)$$

式中:N 为可能的隐藏状态数;M 为所有的可能的观察状态数。

对于一个长度为 T 的序列,I 对应的状态序列,O 是对应的观察序列,I 的计算方式为

$$I = \{i_1, i_2, \cdots, i_T\}, O = \{o_1, o_2, \cdots, o_T\} \qquad (4-2)$$

HMM 做了两个很重要的假设如下:

(1)齐次马尔可夫链假设。即任意时刻的隐藏状态只依赖于它前一个隐藏状态。当然这样假设有点极端,因为很多时候我们的某一个隐藏状态不仅仅只依赖于前一个隐藏状态,可能是前两个或者是前三个。但是这样假设的好处就是模型简单,便于求解。如果在时刻 t 的隐藏状态是 $i_t = q_i$,在时刻 $t+1$ 的隐藏状态是 $i_{t+1} = q_j$,则从 t 时刻到 $t+1$ 时刻的 HMM a_{ij} 状态转移概率的表示方法为

$$a_{ij} = P(i_{t+1} = q_j | i_t = q_t) \qquad (4-3)$$

这样 a_{ij} 可以组成马尔可夫链的状态转移矩阵 $\boldsymbol{A}$ 计算方式为

$$\boldsymbol{A} = [a_{ij}]_{N \times N} \qquad (4-4)$$

(2)观测独立性假设。即任意时刻的观察状态只仅仅依赖于当前时刻的隐藏状态,这也是一个为了简化模型的假设。如果在时刻 t 的隐藏状态是 $i_t = q_j$,而对应的观察状态是 $o_t = v_k$,则该时刻观察状态 v_k 在隐藏状态 q_j 下生成的概率 $b_j(k)$ 满足下式:

$$b_j(k) = P(o_t = v_k | i_t = q_j) \qquad (4-5)$$

这样 $b_j(k)$ 可以组成观测状态生成的概率矩阵:

$$\boldsymbol{B} = \left[\, b_j(k) \,\right]_{N \times M} \qquad\qquad (4-6)$$

除此之外,需要一组在时刻 $t = 1$ 的隐藏状态概率分布

$$\boldsymbol{\varPi} = \left[\, \pi(i) \,\right]_N, \boldsymbol{\pi}(i) = P(i_1 = q_i) \qquad\qquad (4-7)$$

一个 HMM,可以由隐藏状态初始概率分布 $\boldsymbol{\varPi}$,状态转移概率矩阵 $\boldsymbol{A}$ 和观测状态概率矩阵 $\boldsymbol{B}$ 决定。$\boldsymbol{\varPi}$、$\boldsymbol{A}$ 决定状态序列,$\boldsymbol{B}$ 决定观测序列。因此,HMM 可以由一个三元组 λ 表示 $\lambda = (A, B, \varPi)$。

按照随机函数的特点,HMM 可分为离散隐马尔可夫模型(采用离散概率密度函数,DHMM)和连续隐马尔可夫模型(采用连续概率密度函数,CHMM)以及半连续隐马尔可夫模型(SCHMM)。一般地,在训练数据足够的情况下,CHMM 优于 DHMM 和 SCHMM。HMM 模型统一了语音识别中声学层和语音学层的算法结构,以概率的形式将声学层中得到的信息和语音学层中已有的信息完美地结合在一起,极大地增强了连续语音识别的效果。

3. 基于段长分布的非齐次隐含马尔可夫模型

王作英教授提出了一个基于段长分布的非齐次隐含马尔可夫模型(DDB-HMM)[48],以此理论为指导所设计的语音识别听写机系统在 1998 年的全国语音识别系统评测中取得冠军,从而显示了这一新模型的生命力和在这一研究领域内的领先水平。语音学的研究表明,语音单位在词中的长度有一个相对平稳的分布。正是这种状态长度分布的相对平稳性破坏了 HMM 的齐次性结构,而王作英教授提出的 DDBHMM 解决了这一缺陷。它是一个非齐次的 HMM 语音识别模型,从非平稳的角度考虑问题,用状态的段长分布函数替代了齐次 HMM 中的状态转移矩阵,彻底抛弃了"平稳的假设",使模型成为一种基于状态段长分布的隐含 Markov 模型。段长分布函数的引入澄清了经典 HMM 语音识别模型的许多矛盾,这使得 DDBHMM 比国际上流行的 HMM 语音研究与开发音识别模型有更好的识别性能和更低的计算复杂度(训练算法比流行的 Baum 算法复杂度低两个数量级)。由于该模型解除了对语音信号状态的齐次性和对语音特征的非相关性的限制,因此为语音识别研究的深入发展提供了一个和谐的框架。

在 DDBHMM 中假设 $P(y_1, \cdots, y_N / \tau_1, \cdots, \tau_N)$ 是一个马尔可夫矢量,其表示方法为

$$
\begin{aligned}
P(y_1, y_2, \cdots, y_N / \tau_1, \cdots, \tau_N) &= P(o_1, \cdots, o_T / \tau_1, \tau_2, \cdots, \tau_N) \\
&= P(o_1 / \tau_1, \tau_2, \cdots, \tau_N) P(o_2 / \tau_1, \tau_2, \cdots, \tau_N; o_1) \cdot \\
&\quad P(o_3 / \tau_1, \tau_2, \cdots, \tau_N; o_1 o_2) \cdots \\
&\quad P(o_T / \tau_1, \tau_2, \cdots, \tau_N; o_{T-m}, \cdots, o_{T-1}) \qquad (4-8)
\end{aligned}
$$

设输出 $o(k) = o_k$,则

$$o(k) = \prod_{i=1}^{m} \beta_i o(k-i) + \mu(k) + \nu(k) \qquad (4-9)$$

式中:$\mu(k)$为理想分段常矢量特征序列;$\nu(k)$为噪声。

4. 人工神经元网络

ANN 在语音识别中的应用是现在研究的又一热点。ANN 本质上是一个自适应非线性动力学系统,模拟了人类神经元活动的原理,具有自学、联想、对比、推理和概括能力。这些能力是 HMM 不具备的,但 ANN 又不具有 HMM 的动态时间归正性能。因此,人们尝试研究基于 HMM 和 ANN 的混合模型,把二者的优点有机结合起来,从而提高整个模型的鲁棒性,这也是现在研究的一个热点。

4.1.6 语音信号识别过程

不同的语音信号识别系统,虽然具体实现细节有所不同,但所采用的识别过程基本相似,具体过程如图 4.2 所示。

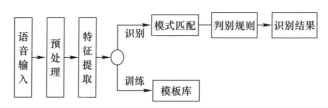

图 4.2　语音信号识别过程

首先确定语音信号识别单元的选取,语音识别单元有单词(句)、音节和音素 3 种。单词(句)单元广泛应用于中小词汇语音识别系统,但不适合大词汇系统,原因在于模型库太庞大,训练模型任务繁重,模型匹配算法复杂,难以满足实时性要求。因为汉语是单音节结构的语言,音节数量相对较少,因此音节单元多用于大词汇量汉语语音识别。音素单元以前多见于英语语音识别的研究中,现在也开始用于大词汇量汉语语音识别。

然后进行特征提取,通过特征提取去除语音中对识别无关紧要的冗余信息,目前广泛应用的有基于线性预测分析技术提取的倒谱,Mel 参数和基于感知线性预测分析提取的感知线性预测倒谱。实验证明,采用后者,语音识别系统的性能有一定提高。

接着采用适当的语音识别方法,通过对确定的语音特征进行模型训练得到模板库,然后将输入的待识别的语音信号特征与模板库进行模式匹配,从而实现识别的目标。

4.2　语音合成

语音合成和语音识别技术是实现人机语音通信,建立一个有听和讲能力的口语系统所必需的两项关键技术。使计算机具有类似于人一样的说话能力,是当今时代信息产业的重要竞争市场。和语音识别相比,语音合成的技术相对说来要成熟一些,并已开始向产业化方向成功迈进,大规模应用指日可待。

语音合成,又称文语转换(text to speech,TTS)技术[49],能将任意文字信息实时转化为标准流畅的语音朗读出来,相当于给机器装上了人工嘴巴。它涉及声学、语言学、数字信号处理、计算机科学等多个学科技术,是中文信息处理领域的一项前沿技术,解决的主要问题就是如何将文字信息转化为可听的声音信息,也即让机器像人一样开口说话。我们所说的"让机器像人一样开口说话"与传统的声音回放设备(系统)有着本质的区别。传统的声音回放设备(系统),如磁带录音机,是通过预先录制声音然后回放来实现"让机器说话"的。这种方式无论是在内容、存储、传输或者方便性、及时性等方面都存在很大的限制。而通过计算机语音合成则可以在任何时候将任意文本转换成具有高自然度的语音,从而真正实现让机器"像人一样开口说话"。

语音合成技术有多种用途,其中最主要的是用于计算机口语输出。即制造一种会说话的机器,并最终与语音识别技术相结合,形成全新的人机对话系统。而 TTS 系统实际上是个人工智能系统,同时也具有跨学科的性质。为了合成出高质量的语音,除了依赖于各种规则,包括语义学规则、词汇规则、语音学规则外,还必须对文字的内容有很好地理解。它首先接受键盘或文件按一定格式所输入的文本信息,然后按照给定的语言学规则决定各自的发音基元序列以及基元组合时的韵律特性,从而决定了为合成整个文本所需的言语码;再用这些代码控制机器在语音库中取出相应的语音参数,进行合成运算,得到语音输出。这个过程包含从输入文本到语音信号的各种计算,要满足这些计算需求,TTS 系统必须具备从对话结构的抽象语言学分析到语音编码的众多功能组件。国内外对语音合成技术的研究已有几十年的历史。近十多年来,微软、IBM、Motorola 等国际巨头纷纷看好语音市场,投入巨大的人力和财力进行研究,陆续出现了英语、日语、西班牙语和法语等语种的 TTS 商品,尤其是英语 TTS 系统的研究开发时间较长,其成果已应用在多语种语音翻译系统中。例如,IBM 公司开发的智能词典2000,采用了 IBM 公司先进的 TTS 技术对英文单词、短语、句子乃至整篇文章进行准确发音;美国 AT&T 开发的真人 TTS 系统,它模拟的英文发音几乎让用户无法分辨出真假;微软公司开发的 SAPI SDK 语音应用开发工具包,对英语和汉语的语音合成提供了强有力的支持。而近些年,国内在汉语语音合成方面也取得了令人瞩目的成就,研发出了一些基于汉语语音的 TTS 系统,例如:炎黄新星网络科技有限公司在国内首创以时域合成方法实现的汉语 TTS 系统;金山公司出品的金山词霸中的朗读系统;万科数据电子出版社出版的汉语电子大百科;捷通华声公司研究出版的 TTS 掌上计算机;华建机器翻译有限公司出品的华建多语译通 V3.0 等。但实际上这些产品的语音输出质量和自然语音仍有一定的差距,还有待于进一步提高。

4.2.1 汉语语音特点及语音合成的基本原理

汉语自成独立语系,具有独特的规则结构和鲜明的特性,汉语为单音节字,并且由若干独立音节形成句子,每个音节由声母、韵母相拼且先声后韵。而在语音合成技术中,选择不同的合成基元,基元组合时的韵律特性以及相应的合成规则也不同。针对以上汉语的规则特点,一般认为,采用声母和韵母为合成基元最为恰当。因为如果选择音素为基元,虽然其存储量可以很小,但是汉语中音素的音位变体有非常复杂的规律,不存在一套全面的音变规则。所以,汉语不能像英语一样采用音素或双音作为合成基元。另外,如果采用音节或单字作为合成基元,库存的存储量会大大增加。所以,如果采用声韵母为合成基元,则存储容量不大,所需的规则大体上只需要辅音到元音和元音到元音的转换规则,再加上多字词中各自的声调变调规则就够用了。一个成功的语音信号合成系统应当包括文本分析、合成语音以及韵律控制模块,最终输出音质清晰,自然流畅的语音。其框架结构如图 4.3 所示。

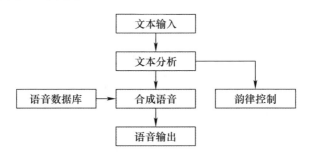

图 4.3　语音信号合成系统框架结构

文本中输入模块的功能是判断文本是否结束,如果没有结束,则判断句缓冲区是否空,如果为空则读一句文本到缓冲区。文本分析模块即文本的预处理模块,主要完成自动分词、多音字处理、特殊符号的转换、文本的切分等,然后将处理好的数据送入韵律控制模块和语音合成模块。韵律控制模块根据各项合成规则规划出目标音高、音长、音强、停顿及语调等,将规划的结果参数送入合成语音模块。合成语音模块利用合成算法合成出满足目标要求的音节波形数据,将其拼接成语音流数据送入语音输出模块,再由语音输出模块输出语音。

4.2.2　TTS 结构中的两大部分

1. 文本分析

传统的文本分析主要是基于规则的实现方法,这种方法是在计算语言学中发展起来的一种语言学分析方法。其主要思路是尽可能地将文字中的分词规范、发音方式罗列起来,并总结出规则,依靠这些规则进行文本处理,以获得需要的参数。最终,文本分析模块将输入的文字转换成计算机能够处理的内部参数,便于后继模块进一步处理并生成相应的信息。具体的工作过程是:提取句子,自动分词,多音字处理,声调调整,轻音处理,特殊符号处理和停顿处理(图 4.4)。其中,在提取句子,多音字处理和声调调整,一般都依赖汉语语言学规则并配合系统词库、多音字词库进行处理。

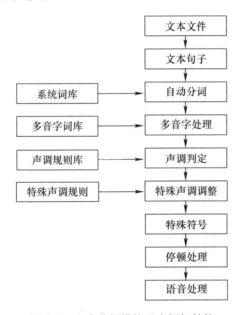

图 4.4　文本分析模块基本框架结构

笔者分析的主要技术在于自动分词,在汉语中,词与词组是具有固定形式并能独立运用的最小语义结构单位,以词或词组作为语音流的基本单位有助于提高语音合成的自然度和可理解度,因此文本分词结果的精度和交叉歧义的正确率直接影响到合成语音的质量。所以分词是理解汉语句子最重要的步骤。然而,尽管汉语自动分词已经取得了重大进展和突破,但仍有大量的问题困扰着这一领域的学者们。因为在汉语中,词、词素、词组无明显的区分界限,也没有统一的标准,许多东西都需要凭经验和语感来划分,并且汉语中存在歧义现象,某些歧义依靠现有的知识,计算机仍然很难做出最精确的处理,这给自动分词的同一性带来了很大困难。归纳起来,当前较有代表性的分词法主要有正向最大匹配法、逆向最大匹配法、逐词遍历法、词频统计法、邻接约束法、最少分词法、专家系统法和 Viterbi 算法等。

(1)正向最大匹配法。该切分算法执行简单,不需要任何词法、句法、语义知识。没有繁杂的数据结构,需要一个功能很强大的匹配字典(自动分词词典)。但不能很好地解决歧义问题,不能认识新的词汇。但它具有很低的匹配错误率,一般在 6‰ 左右。

(2)逆向最大匹配法。与 HMM 算法一样,实现简单,同样需要一个功能强大的匹配字典。但不能很好地解决歧义问题,不能切分新词汇。统计表明,RMM 算法比 HMM 算法有更高的切分正确率,切分错误减小到 4‰。以上两种算法是最基本的切分算法,虽然有较高的切分正确率,但这仅是理论上的数据,因为要有一个功能强大的分词词典,把汉语词汇都包含进来,这实际上无法做到。很多后继改进的切分算法都是以这两种为基础,外加一些消除歧义的算法而形成的。

(3)Viterbi 算法。该分词算法可动态地生成分词词典,占用系统存储空间小,处理效率高,提高查询的精确率,同时可以在一定程度上消除分词歧义。综上所述,衡量一个自动分词系统的指标主要有 3 个:切分速度、切分精度和系统的可维护性。切分精度则直接反映系统的正确性与科学性,是 3 个指标中最重要的一个。如今每个自动分词法在这 3 个指标上都存在自己的优缺点,所以,应当根据具体情况选择不同的方法进行分词。近些年,在语音合成技术中,一般多采用 HMM + RMM + 统计消歧分词法,可得到较高的切分正确率,但在时间和空间上所需资源相对较多。

从 20 世纪 80 年代后期以来,随着计算机领域中数据挖掘技术的发展,许多统计学的方法以及人工神经网络技术在计算机数据处理领域也获得了成功的应用,在这些背景下,国内外已经出现了基于数据驱动的文本分析方法。如 HMM 和 ANN 等,这些方法不会像基于规则方法那样丢失小概率事件,而且不会导致由于新词的加入而使"知识库"非线性膨胀的问题。但这些算法需要足够大的"知识库"和需要很多人为因素;需要经过大量的测试,才能得到较好的切分结果。目前,计算语言学发展趋势是逐步去除手工建造、基于规则的方法,而转向统计的、基于语音库和知识库的方法。

2. 合成算法及韵律控制

语音合成技术[50]的研究包括合成算法和韵律模型两大模块,前者构成了合成系统的骨架,后者是合成系统的思想,它们对于完善的合成系统都是必不可少的。现代语音合成技术的发展是和计算机、数字信号处理、人工智能技术的发展是分不开的。用计算机研究语音合成,大大缩短了研究周期,增强了研究手段,降低了研究成本。

基于对合成单元的处理方式的不同,合成算法可以分为三类:发音参数合成(articulatory parameter synthesis)、参数分析合成(parametric analysis synthesis)和波形编码合成(waveform coding synthesis)。前两种方法基本上都是建立在 Fant 所建立的语音产生的声源—滤波器模型的基础上,分别用不同的物理或数学模型代表语音产生的声源、声道滤波、辐射三个部分,后一种方法本质上属于基于语言学规则的统计模型。

1)发音参数合成。语音合成的研究始于发音参数合成。该方法是对发音生理机制进行分析,用仪器记录发音器官在发不同语音单元时的各种生理参数,从中归纳出控制合成模型所需的参数系列。本质上讲,这是一种最能反映语音合成本质的系统,但由于对人类发音器官的生理和物理机制以及控制发音器官运动的神经系统并没有完全透彻了解,因此基于发音参数的合成系统仍然处于摸索阶段。

2)参数分析合成。参数分析合成是对合成单元(多以音节、半音节或音素)的自然语音按一定的方法进行分析,得到该单元的特征参数并存储起来,成为音库;合成时,调用相应合成单元的特征参数并根据一定的规则进行变换后送入合成器,得到合成语音的输出。该类方法由于其灵活有效在无限词汇的合成系统中得到了广泛的应用,有如下几种方法。

共振峰合成(formant synthesis)是对发音生理机制的物理模拟。它通过设置若干个共振峰来模拟声道的响应,并设置单独的滤波器来模拟鼻腔和气管的共振,用滤波器的不同连接方式分别产生元音、浊辅音、清辅音;对声源激励可做各种选择和调整,以模拟不同的嗓音。在对语音合成单元进行滤波器参数分析的基础上,精心调整合成参数,合成器都能合成非常自然的语音。共振峰合成器的参数都有直观的物理意义,是对发音参数合成的一种理性的抽象归纳。通过改变各种参数,就能达到改变音色、韵律等特性的目的。故被认为是最有潜力的合成器,但是经过多年的实验后,发现共振峰合成参数很难准确得到,而且难以找到调节这些参数的精确规律。这些问题影响了共振峰合成器输出语音的音质和应用。

线性预测编码(LPC)合成是建立在对语音信号进行线性预测编码的基础

上。对于一个线性非时变系统,任何时刻输出信号的值受系统特性的制约是确定的,因而也是可以预测的,即信号的当前值可以由它的一系列过去的值的线性组合来表示。特别地,语音信号作为一个准周期性的信号,适宜用 LPC 技术来处理。它是用简单的白噪声/准周期脉冲分别产生清/浊激励源,用全极点滤波器模型表示声道模型滤波器。激励脉冲的位置和幅度以及滤波器模型参数的确定以合成语音与原始语音的均方误差达到最小为准则。改进的多脉冲激励 LPC (multipulse excited LPC,MPE – LPC)模型则一律用多脉冲序列作为激励源,大大提高了合成语音的清晰度。由于 LPC 参数没有共振峰参数那样具有直观的声学意义,因此改变 LPC 参数来调节合成语音的声学特性比较困难。

基音同步叠加(pitch synchronous over lapAdd,PSOLA)[51]方法的提出使语音合成技术又有了很大的进展。该技术既能保持原始发音的主要音段特征,又能在拼接时灵活调节其音高和时长等超音段特征,从而使合成语音自然度大大提高。该算法分三个步骤进行:①基音同步分析。将原始语音信号与一系列基音同步的窗函数相乘,得到一系列有重叠的短时分析信号;②对短时信号进行适当的时域或频域变换,得到相应的与目标韵律特征一致的一系列短时合成信号;③将短时合成信号重叠相加得到合成语音。该方法得到的合成系统的自然度要高,并且合成器结构简单易于实时实现。其缺点是基音周期的准确探测很难实现,且其韵律参数的改变程度有限。

谐波加噪声(harmonic plus noise model,HNM)是把语音信号逐帧分解为谐波和噪声部分的同步迭加,然后利用准基音同步的方式对语音谐波部分的参数进行改变,以达到韵律调整的目的。HNM 假设语音信号由谐波部分和噪声部分组成,谐波部分认为是语音信号的准周期部分,而噪声部分认为是语音信号的非周期部分(摩擦噪声,周期与周期之间由于声门激励所形成的噪声等)。这两个部分由随时间变化的参数最大浊音频率 F_m 分开。低于 F_m 的部分认为是纯谐波部分,高的则由模型化的噪声来表示。根据合成分析准则,求得谐波和噪声部分模型的各个参数,作为语音合成单元的音库存储起来。在韵律调整时,需要对合成时刻、谐波幅度和相位进行重新估计,基频和音长的改变与 PSOLA 方法类似。在进行声学合成单元的逐帧拼接时,可以直接对基频的不连续性和频谱间的不匹配进行平滑处理,从而保证了合成音质的自然。尽管这种假设从语音信号的产生机理的观点来看并不十分准确(例如,浊音信号实质是准周期的,且低频部分其实也包含了噪声的成分;而高频部分则包括了噪声和准周期的成分。),但从感知的角度看是这种假设有道理的,它利用了一个相对简单的模型生成了高质量的合成语音并实现了对语音信号超音段参数的有效改变。

另外,正弦模型(sinusoidal model)是把语音合成单元信号分解成不同频率正弦波的叠加,在此基础上做时长和基频变换。基于对数幅度近似(log magnitude approximate,LMA)声道模型的语音合成方法是由语音信号的倒谱系数构成的滤波器组来模拟人的声道,用类三角波来模拟声门激励中的准周期部分。

3)波形编码合成。基于大语料库的波形编码合成方法正得到越来越多的关注。合成语句的语音单元从一个预先录制的、经过编码压缩的语音数据库中挑选出来。只要语音数据库足够大,包括了各种可能语境下的所有语音单元,理论上就有可能通过高效的搜索算法拼接出任何高自然度的语句。由于合成的语音基元都是来自自然的原始发音,合成语句的清晰度和自然度都将会非常高。但该方法的缺点就是语料库过于庞大,因此语音库的构建耗时费力不灵活,且所占存储空间过大,韵律调整的程度极其有限。最优合成单元的选择需要高效率算法才能使系统很流利。随着计算机技术和数字信号处理技术的进步,这些算法的效率都得到了很大的提高。许多学者对这些方法也进行了对比。选择最适合于某种语言的合成方法是提高合成质量的关键所在。

3. 合成系统的韵律研究

韵律研究[52]是一个复杂的系统工程,涉及语言学、语音学、心理学、语用学等学科的综合知识。一个语音单元除了由元音和辅音按时间顺序排列的音段成分之外,还必须包括一定的超音段成分,否则这个音节就不可能成为有区别意义的有声语言。目前对韵律研究的重点是音高、音长、音强三个超音段参数在连续语流中的分布规律及其相互的作用,而研究的基本方法仍是基于对生理特征的分析(如音高下倾理论、一致性理论等)及大语料库的统计分析。音高一直是韵律研究的焦点。研究表明,音高曲线对于不同的音节或音节组合,有其基本的规律,有相对稳定的变化模式,这些为进一步的连续语流的音高曲线(语调)的研究奠定了基础。连续语音的音高曲线融入了发音人的生理特征、感情、语义、语境以及很多的个人特征信息。赵元任先生的"大波浪小波浪"学说以及"橡皮带"理论是语调研究的奠基学说,初步说明了语调的本质规律。沈炯则进一步扩充了这种思想,提出了语调调节的"双线模型"。Fujisaki、Kochansaki 等结合发音生理机制及表面现象,提出了控制语调的具体模型。这些认识及相应的模型都基本上能够反映连续语流音高曲线的基本规律,提高了语音合成的自然度。时长也是被关注的热点。文献中详细地总结了不同的研究人员对不同的语料做时长统计分析的结果,并对不同的时长模型进行了总结。总体而言,连续语流中的音节时长取值受很多因素的影响,如声韵结构、声调、音节所在词的结构、重音模式、音节在语流中的位置影响等。重音对于抑扬顿挫的语调的产生也是很重要的。文献中详细归纳了不同学者在重音研究方面的成果,认为重音并不是通过提高语音的强度来表达,而首先是基频和音长的变化。而且,基频域的扩展,特别是高音线(基频域的上限)向上扩张是汉语重音的主要表现形式。因此,音高控制是合成系统中重音的主要实现方式。目前,韵律是合成系统的薄弱环节,所用韵律模型都是对韵律普遍规律的单一应用。把韵律的共性与个性有机地结合起来,是提高语音合成系统自然度的关键。

4.2.3　合成技术

1. 线性预测编码技术

波形拼接技术的发展与语音的编、解码技术的发展密不可分,其中 LPC 技术的发展对波形拼接技术产生了巨大的影响。LPC 合成技术本质上是一种时间波形的编码技术,目的是为了降低时间域信号的传输速率。

LPC 合成技术的优点是简单直观。其合成过程实质上只是一种简单的解码和拼接过程。另外,由于波形拼接技术的合成基元是语音的波形数据,保存了语音的全部信息,因而对于单个合成基元来说能够获得很高的自然度。

但是,由于自然语流中的语音和孤立状况下的语音有着极大的区别,如果只是简单地把各个孤立的语音生硬地拼接在一起,其整个语流的质量势必是不太理想的。而 LPC 技术从本质上来说只是一种录音加重放,对于合成整个连续语流 LPC 合成技术的效果是不理想的。因此,LPC 合成技术必须和其他技术相结合,才能明显改善 LPC 合成的质量。

2. 基音同步叠加技术

20 世纪 80 年代末提出的基音同步叠加合成技术(pitch synchronous overlap add,PSOLA)给波形拼接合成技术注入了新的活力。PSOLA 技术着眼于对语音信号超时段特征的控制,如基频、时长、音强等的控制。而这些参数对于语音的韵律控制以及修改是至关重要的,因此,PSOLA 技术比 LPC 技术具有可修改性更强的优点,可以合成出高自然度的语音。

PSOLA 技术的主要特点是:在拼接语音波形片断之前,首先根据上下文的要求,用 PSOLA 算法对拼接单元的韵律特征进行调整,使合成波形既保持了原始发音的主要音段特征,又能使拼接单元的韵律特征符合上下文的要求,从而获得很高的清晰度和自然度。

PSOLA 技术保持了传统波形拼接技术的优点,简单直观,运算量小,而且还能方便地控制语音信号的韵律参数,具有合成自然连续语流的条件,得到了广泛的应用。

但是,PSOLA 技术也有其缺点。首先,PSOLA 技术是一种基音同步的语音分析/合成技术,需要准确的基因周期以及对其起始点的判定,基音周期或其起始点的判定误差将会影响 PSOLA 技术的效果;其次,PSOLA 技术是一种简单的波形映射拼接合成,这种拼接是否能够保持平稳过渡以及它对频域参数有什么影响等并没有得到解决,因此,在合成时会产生不理想的结果。

3. 基于 LMA 声道模型的方法

随着人们对语音合成的自然度和音质的要求越来越高,PSOLA 算法表现出对韵律参数调整能力较弱和难以处理协同发音的缺陷,因此,人们又提出了一种基于 LMA 声道模型的语音合成方法。这种方法具有传统的参数合成可以灵活调节韵律参数的优点,同时又具有比 PSOLA 算法更高的合成音质。

这两种技术各有所长,共振峰技术比较成熟,有大量的研究成果可以利用,而 PSOLA 技术则是比较新的技术,具有良好的发展前景。过去这两种技术基本上是互相独立发展的。

4.3　对话系统

4.3.1　背景概述

对话系统[53]:用于实现人机口语对话的系统称为对话系统。受目前技术所限,对话系统往往是面向一个狭窄领域、词汇量有限的系统,其题材有旅游查询、订票、数据库检索等。其前端是一个语音识别器,识别产生的 N – best 候选或词候选网格,由语法分析器进行分析获取语义信息,再由对话管理器确定应答信息,由语音合成器输出。由于目前的系统往往词汇量有限,也可以用提取关键词的方法来获取语义信息。

近十年来,计算机技术和信息技术在全球范围内的迅猛发展,对人类社会的进步、生活质量的提高、文化教育的普及和人际关系的改善产生了极其重大的推动作用。大力发展信息技术是我国把握知识经济时代到来的发展机会的重要战略。随着全球化信息高速公路的形成,在各种以人为中心,以多媒体、互联网、计算机为依托的信息交互环境中,人与计算机之间的信息交互量正呈爆炸性的增长。这就要求人与计算机之间能以最方便、最自然、最迅速的方式进行交互。由键盘和文字屏幕显示到鼠标和图形框显示的人机交流方式,在一定程度上使用户摆脱了生硬的计算机术语的困扰。但人们习惯的最自然、最简捷的交互方式是语言。实现人机语音对话,可以彻底改善人机界面,从而使更多的人能更方便地与计算机交朋友。正是看到言语工程技术的重要性,美国、日本和西欧各国都在这个领域有庞大的研究计划和大量的资金投入。AT&T 的语音拨号系、MIT 和 CMU 的航空公司自动订票系统等都是人机语音对话系统在特定领域的应用系统过渡的阶段。汉语言语工程技术虽然起步较晚,但在近 20 年中,同样取得了长足的进步。在汉语识别方面,从早期的孤立节和小词表的识别发展到大词汇和连续语音识别,从特定发音人到非特定发音人,展现出一个循序渐进而又蒸蒸日上的发展过程。汉语合成方面,在尝试各种合成算法(LPC 合成、共振峰合成、PSOLA 合成等)的同时,致力于汉语本身韵律特征的研究。汉语文语转换系统的清晰度、自然度和文本处理能力等指标都达到了较高的水准。中国科学院声学所、自动化所、中国科技大学等单位承担的中科院"八五"重大科研项目"汉语人—机语音对话系统工程"的科研成果,在很大程度上代表了我国言语工程技术的发展水平。该项目完成的"北京旅游信息咨询系统"是第一个较完整的汉语人机对话系统。

4.3.2　人机对话系统的基本框架

理想的人机对话系统是人与计算机能像人与人一样进行交谈。其基本框架结构如图 4.5 所示。

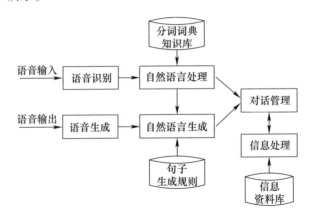

图 4.5　人机对话基本框架结构

人机对话系统主要包括语音处理、自然语言处理、信息处理和对话管理四大模块。语音处理模块包括语音识别技术和语音生成技术。语音识别部分是将用户输入的语音信息转化成文本序列;而语音生成部分则是将系统反馈的文本转变为语音信息。自然语言处理模块包括自然语言理解和自然语言生成两部分。自然语言理解部分将语音识别后的文本序列转化成计算机能够理解的结构,以便后续分析、推导以及搜索等操作;自然语言生成部分将系统反馈的信息转换成用户可以看懂的语言形式。信息处理模块属于应用功能部分,主要实现信息语料库建立和信息搜索算法。对话管理模块是整个系统对话流程的控制部分,它可以引导用户提供有效的信息输入,使对话能友好地进行下去。

在近五到十年中,人机对话系统的三大核心技术都有了很大的发展,但离理想人机对话的要求还有较大距离。目前演示的人机对话系统的词汇量一般控制在 1000 ~ 2000,应用领域也限制在较小的范围,如航空公司的订票系统、某地区的旅游咨询系统等。

通道(modality)的概念往往指用户的行为或通信方式,通道技术是将信号转换为编码的技术。作为"对话"的天然载体,语音信号转换为文本编码一直是人机对话系统的主要通道形式。语音通道的核心是语音识别(输入)和合成(输出)技术。

对话系统中的语音识别通常是非特定人、非特定环境的大词汇连续语音识别,这类语音识别系统涉及特征提取、声学模型、语言模型和解码算法等关键技术,其目标是找到一个文本序列,使得它在给定音频上的后验概率最大。这个过程中,声学系统负责将声音转成基础发音单元(音素),而语言系统则运用语言知识纠正声学系统的识别错误。目前的前沿主流技术是采用 HMM 结合深度神经网络作为声学模型,大规模 N 元文法(N – gram)作为语言模型,利用加权有限状态机(we weighted finite state transducer,WFST)构造搜索空间进行解码操作,这些技术及其不断改善导致了可以大规模商用的通用语音识别系统的出现。语音合成从概念上是语音识别的逆过程,目标是将文本转换为语音。传统拼接式语音合成已经完全商用,可以合成具有高自然度和可懂度的语音。近年来,基于"源—滤波器"机理的参数化统计合成受到越来越多的关注,这种方法在模型大小、个性化程度方面较拼接方法具有优势,尤其是在声学模型训练、基频建模、深度学习等方面产生一系列新技术,促进了它的成熟和广泛使用。下面简单介绍人机对话技术与系统对话管理。

1. 人机对话技术

人机对话技术在实际应用中的主要形式为面向特定领域的人机对话系统。一个典型的人机对话场景演示如图 4.6 所示。

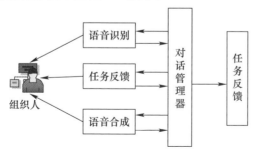

图 4.6　人机对话场景演示图

它通常包括语音识别、对话管理器、语音合成、任务反馈四个主要部件。语音识别单元将来自各种介质的输入语音转化为文本,输出给对话管理器;对话管理器是人机对话系统的核心单元,它的功能是分析得到的文本,并根据当前的对话状态给出反馈,反馈包括任务反馈和语言反馈;任务反馈指任务执行后,用户可感知任务执行的结果;语音合成模块的作用是将对话管理器的语言反馈,即文本合成为语音。

2. 系统对话管理

对话管理的作用是帮助用户高效、自然地完成对话的意图或目的,因此需要在效率和自然度之间找到一个很好的、用户可接受的折中点,这就是对话策略。对话策略分为三类:系统主导、用户主导和混合主导。系统主导的会话是指由系统向用户提出一系列的问题,根据用户的回答来提供信息。用户主导方式是指在对话过程中,用户是对话的主导者,可以非常自由地按照自己的意愿来提问。本系统采用混合主导方式,即系统可以提问要求用户回答,用户可以回答问题,也可以按照自己的意愿提出问题,要求系统回答。该方式具有更大的灵活性,可以处理更加复杂的用户输入,与用户的交流更加流畅,因此是较好的对话策略。

4.4　智能语音发展前景

目前已有实用的人机口语对话系统取得了很大的发展,但也面临着许多挑战,需要研究人员继续做出不断的努力。汉语是世界上使用人数最多的语言之一,中文信息处理研究领域孕育着巨大的消费市场和经济效益。正是看中了这一点,国外许多大公司纷纷涉足中文信息处理的研究,并依靠其强大的经济实力,大力推出汉语语音产品。1995—1996 年 APPLE 公司和 IBM 公司先后推出了汉语语音识别系统。特别是 IBM 推出 VOVOICE,在识别率和产品化程度方面都有较强优势,加之强大的广告攻势,对国内语音处理的研究造成了很大的压力。面对这些压力,我国的言语工作技术该何去何从。如果甘拜下风,将汉语这个领地拱手让给这些国外大公司,不论在经济效益上还是政治影响上的损失都是惨重的。而与这些公司抗衡,进而超过他们的难度也是相当大的。分析目前的处境,在经济实力和技术条件方面,国内研究单位处于劣势。但汉语毕竟是我们的熟悉的母语,我们有多年的研究基础和积累,加之一个年轻有生气的研究队伍也逐渐形成,可以说,我们占据着天时、地利、人和,完全有可能转弱势为强势。汉语语音处理的问题终究应当由中国人自己来解决。

在市场需求和科技发展的联合推动下,语音合成未来的发展得到了越来越多的关注。国际语音交流协会对未来的研究方向和 2008 年后的研究热点做了

深入的探讨,其着眼点是语音合成的高质量及未来广阔的应用前景。Beutnagel
等介绍了 AT&T 的下一代合成系统的特点,其着眼点是系统的合成质量及灵活
性和鲁棒性,并给出了下一代合成系统的具体框架。从这些现状和归纳中,我们
可以得到高质量语音合成系统发展目标:确保可懂度、提高清晰度、完善自然度、
丰富表现力、增加智能性、减少音库容量和降低计算复杂度。现阶段,自然度的
完善是高质量合成系统需要解决的迫切问题。语音合成研究的这些目标,也反
映了高质量语音合成系统的一些基本属性,即可训练性,系统能像人类一样能够
接受训练,不断地学习新的知识和融入新的思想,适应新的环境。多用性,计算
机在某些方面比人类有大得多的优势,不但可以发出语音,也可以用来帮助我们
了解生理机制,进行医疗辅助治疗。另外,也可以用以进行多语种合成、语音转
换、说话人识别研究等;易封装性,意味着可以对合成系统的各个部分、各个模块
灵活的改进和更新。这样,便于各个方法、各种模型的合成结果的比较和系统的
各个版本之间的比较,从而优化出最佳的合成内核和韵律模型。而且,在不同的
系统平台之间移植时将会有更好的适应性。为了实现这些目标及其属性,最根
本的就是从语音生成的生理机制出发,探讨出最适合语音合成的方法和完善的
韵律模型。就目前合成技术的发展来看,HNM 技术最有可能成为高质量合成系
统的内核。因为它能够在韵律参数较大程度改变的基础上,既能够保持语音单
元的音质参数,又能保持超音段参数的连续性和渐近性。就韵律研究的状况看,
需要在对韵律的静态规律深入研究的同时,融合人工智能等学科的知识,实现韵
律的动态特性,得到完善的韵律模型。随着计算机技术、信号处理技术、生理学、
语音学等学科的发展,人类对于合成系统的研究也越来越充分,正逐步实现人类
期望的合成"人"声的梦想。不远的未来,随着高质量合成系统的完善,再加上
言语工程其他学科的发展,人类言语交际的"3A"时代必将成为现实。语音识别
技术是非常重要的人机交互技术,应用语音的自动理解和翻译,可消除人类相互
交往的语言障碍。国外已有多种基于语音识别产品如声控拨号电话、语音记事
本等已经应用,基于特定任务和环境的听写机也已经进入应用阶段,这预示着语
音识别技术有着非常广泛的应用领域和市场前景。随着语音技术的进步和通信
技术的飞速发展,语音识别技术将为网上会议、商业管理、医药卫生、教育培训等
各个领域带来极大的便利。

第5章 机器人情感感知模型与计算方法

情感是指人对客观事物是否满足自身需要而产生的态度体验,情感是体现人类社会性的重要机能。社会机器人作为能够融入人类社会的机器人,是否能够实现识别使用者的情感也是其智能化程度的重要标准。表情是人类情绪主动体验外部表现形式,是人类表达情感的主要途径。社会机器人通过表情合成技术,并结合情感识别技术,虚拟面部情感表达,能大幅提高社会机器人的使用体验,并使社会机器人真正拥有社会性。

社会机器人运用情感识别技术和表情合成技术实现人机交互的基本流程如下:首先通过机器人的传感器接收用户的各类信息并转化为数字信号进行预处理;然后通过情感识别技术分析接收到的语音、视觉信息中包含的情感;最后做出相应的反馈并运用表情合成技术提供拟人化的用户界面。

计算机对从传感器采集来的信号进行分析和处理,从而得出对方(人)正处在的情感状态,这种行为称为情感识别。从生理心理学的观点来看,情绪是有机体的一种复合状态,既涉及体验又涉及生理反应,还包含行为,其组成分至少包括情绪体验、情绪表现和情绪生理三种因素。事实上,人与人之间进行情感识别与情感交流存在着一定的客观动机,分工与合作是人类提高社会生产力最有效的方式,人们为了更好地进行分工合作,一方面必须及时地、准确地通过一定的"情感表达"方式向他人展现自己的价值关系;另一方面必须及时地、准确地通过一定的"情感识别"方式了解和掌握对方的价值关系,才能够在此基础上,分析和判断彼此之间的价值关系,才能做出正确的行为决策。因此,可以认为情感识别的客观本质或客观动机就是人为了了解和掌握对方的价值关系。

1997年,美国麻省理工学院的 Picard 教授提出了情感计算(affective computing)[54]的概念。她指出"情感计算是指关于情感、情感产生以及影响情感的计算",它试图创建一种能感知、识别和理解人的情感,并对人的情感做出智能、灵敏、友好反应的计算机系统。情感计算的目标是通过获取由人的情感所引起的生理及行为特征信号,建立"情感模型"[55],从而创建具有感知、识别和理解人类情感的能力,并能针对用户的情感做出智能、灵敏、友好反应的个人计算系统,缩短人机之间的距离,营造真正和谐的人机环境。情感计算作为计算机科学、神经科学、心理学等多学科交叉的新兴研究领域,已成为人工智能的重要发展方向之一。

人类可以通过视觉、味觉、听觉、嗅觉和触觉 5 个器官来认识世界,而对他人进行情感识别则主要是通过视觉和听觉来完成的,即通过对人脸表情和肢体动作以及语音的声调和语义完成的。社会机器人通过传感器接收用户的各类信息并转化为数字信号进行预处理,然后通过情感识别技术分析接收到的语音、视觉信息中包含的情感,可以极大地提高社会机器人的实际体验,因此本章接下来介绍社会机器人相关的情感计算技术。

5.1 情感描述模型

情感描述模型的选择和确定是研究者们在展开情感识别研究前必须慎重考虑和决定的一个重要问题,它不仅关系着情感识别系统的内在实现机制,还关系着情感识别系统输出的情感状态的外在形式。目前,语音情感识别领域用到的情感描述方式大致可分为离散情感描述和维度情感描述两种形式。

离散情感描述[56],主要把情感描述成离散的形式,是人们日常生活中广泛使用的几种情感,也称为基本情感。在当前情感相关研究领域使用最广泛的六大基本情感是生气、厌恶、恐惧、高兴、悲伤和惊讶。

维度情感描述则将情感状态描述为多维情感空间中的点。这里的情感空间实际上是一个笛卡儿空间,空间的每一维对应着情感的一个心理学属性(例如,表示情感激烈程度的激活度属性,以及表明情感正负面程度的效价属性),并且各维坐标值的数值大小反映了情感状态在相应维度上所表现出的强弱程度,理论上该空间的情感描述能力能够涵盖所有的情感状态。换句话说,任意的、现实中存在的情感状态都可以在情感空间中找到相应的映射点。由于维度情感模型使用连续的实数值来刻画情感,因此在有些文献中又被称作连续情感描述模型。一些既简单又能被广泛使用的维度情感描述模型有二维的效价度—激活度空间理论(valence – activation space)[57]、三维的激活度—效价度—控制度空间理论(arousal – valence – power space)和情感伦理论(emotion wheel)[58]等。其中被广为认可的三维连续情感空间模型是激活度—效价度—控制度空间理论(arousal – valence – power space)。在这三维模型中,"激活度"反映的是说话者生理上的激励程度或者对采取某种行动所做的准备,是主动的(active)还是被动的(passive),"效价度"反映的是说话者对某一事物正面的(positive)或负面的(negative)评价,"控制度"反映的是说话者的力量和控制欲望的强弱。在这种理论模型中,每种情感被看成是一个连续体的一部分,不同的情感被映射三维空间上的一点,该点的空间坐标对应标识某一情感。

在实际应用中,常用的是激活度—效价度二维情感空间理论[59],其模型如图 5.1 所示,垂直轴是激活度,表示个体的神经生理激活水平,水平轴是效价度,是对情感正负面程度的评价。情感状态的日常语音标签和该坐标空间可以进行相互转化,通过对情感状态语言描述的理解和估计,就可以找到它在情感空间中的映射位置。

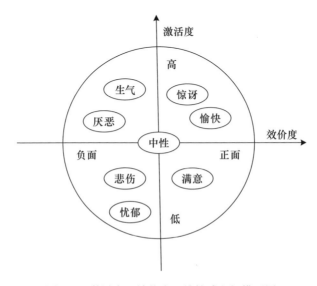

图 5.1　激活度—效价度二维情感空间模型图

同样两种表达模型各有千秋:从模型复杂度而言,离散情感描述模型较为简洁、易懂,利于相关研究工作的入门和开展,而维度模型却要面对定性情感状态到定量空间坐标之间如何相互转换的问题;从情感描述能力的角度而言,离散情感描述模型的情感描述能力则显示出较大的局限性,多数情况下它只能刻画单一的、有限种类的情感类型,然而人们在日常生活中所体验的情感却是微妙而多变的,甚至是复杂而模糊的(例如,人们在受到惊吓时所表现出的情感不仅有吃惊,往往还包含害怕甚至恐惧的成分,又比如人们对愉悦的表达可呈现出若干的程度,可以从喜上眉梢,到眉飞色舞,再到手舞足蹈),可以说离散描述方式和自发情感的描述之间还存在着较大的障碍,然而维度情感模型从多侧面、连续的角度进行情感的描述,很好地化解了自发情感的描述问题,并且以精确的数值很大程度上回避了离散情感标签的模糊性问题。表 5.1 列出了两种情感描述模型的区别和优缺点。

表 5.1　离散情感描述模型和维度情感描述模型对比表

考察点	离散情感描述模型	维度情感描述模型
情感描述方式	形容词标签	笛卡儿空间中的坐标点
情感描述能力	有限的几个情感类别	任意情感类别
优点	简洁、易懂、容易着手	无限的情感描述能力
缺点	有限的情感描述能力无法满足 对自发情感的描述	主观情感到客观实数值的量化 过程繁重且困难

目前,在情感识别领域,采用离散的情感类别表示理论进行情感识别研究,占据主流方向。例如,研究者普遍使用了人类主要的几种基本类情感类型,如生气、高兴、悲伤、害怕、惊奇、讨厌和中性等,甚至更简单的就只有正面(positive)和反面(negative)两大类情感。尽管使用这些离散的情感类型容易满足多数场合的需要。但是,当要考虑人类情感表达的连续性变化时,这种离散表示的情感类型用来进行情感识别,就不适用了。在实际生活当中,普遍存在着说话者说话时的语音,可能前半句包含了某一种情感,而后半句却包含了另外一种情感,甚至可能相反。例如,某人说话刚开始很高兴,突然受到外界刺激,一下子就生气了。对这种情感表达的连续性变化语音,采用上述离散表示的情感类型进行情感识别,就不合理了。因为此时的语音,已不再完完全全属于具体的某一种情感类型。对于这种情况,使用情感维度表示的方式,即某种情感可被认为是多维情感连续空间中的一个坐标点表示,就可以方便地实现对语音情感的连续性变化的跟踪。目前,对于二维情感空间坐标的连续性测量,可以使用"Feeltrace"工具实现,但是对于三维及以上情感空间坐标的连续性测量方法至今仍是一个开放的课题。

5.2　语音情感识别

语音情感识别[60]就是计算机对人类情感理解过程的模拟,它的任务就是从采集到的语音信号中提取表达情感的声学特征,并找出其与人类情感的关联。一般说来,语音情感识别系统主要由三个部分组成:语音信号采集、情感特征提取和情感识别,系统流程图如图 5.2 所示。

语音信号采集模块通过语音传感器(例如,传声器等语音录制设备)获得语音信号,并传递到下一个情感特征提取模块,对语音信号中与话者情感关联紧密的声学参数进行提取,最后送入情感识别模块完成情感的判断。在完成上述语音情感识别系统之前,需要首先建立情感空间描述模型和语料库。

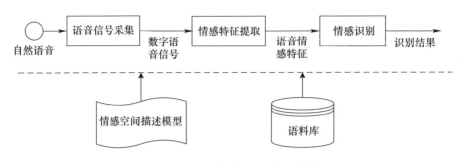

图 5.2　语音情感识别系统流程图

5.2.1　情感语音数据库

情感语音数据库是进行语音情感识别研究的基础,而且情感语音数据库的好坏直接影响到最后的情感识别效果的可靠性。一个高质量的情感语音数据库的建立必须符合以下四个条件。

(1) 真实性:语音情感素材应能够反映人们真实的情感感受。

(2) 丰富性:语音情感素材应包含载有丰富情感信息的语音等多媒体信息。

(3) 交互性:情感素材应取之于人与人之间交互过程中产生的样本。

(4) 层次性:情感素材应包含以日常生活中的方式产生的各种典型情感。

根据情感素材的情感自然度程度的不同,目前研究者们所建立的情感语音数据库的方法可分为三种,它们有着各自的优缺点。

(1) 自然语音:从现实生活中采集真实的自然情感语料,通过人工筛选获得可用的语料。自然语音来自于现实生活,是人们在现实生活中表现出最真实情感的语音。研究者普遍认为这是最真实的情感语音来源,但由于这种方法获得自然情感语音数据库非常困难,因为理想的情况下要求参加录音的人必须不知道自己正在被录音,这同时也涉及很多社会道德等问题,因此目前还没有存在这种理想的自然情感语音数据库。一种建立这种自然情感语音数据库的可替代方法是从一些广播,电视等媒体材料收集一些非常自然的情感对话片段。但用这种方法获得数据库的工作量比较大,而且大部分媒体材料除了语音之外,对话还伴有背景音乐等杂音,从而影响语音情感分析的效果。

(2) 模拟语音:由专业或非专业人士进行情感模仿进行语料录制。大多数语音情感识别采用了模拟情感语音数据库进行语音情感识别的研究,这种模拟情感语料有两个显著优点:一是可操作性很强,只需要一些简单的录音设备,在一个安静的录音环境里就可以短时间内获取所需的语料;二是这样录制的语料符合性别要求、文字要求和情感要求,而且情感可区分性也较好。尽管使用这种简易录制的模拟情感语音数据库通常能够获得较高的情感识别性能,但这种模拟情感语料中的情感成分通常被夸大,其情感自然度与真实情感还有较大差距,并不能真正体现出人类自然环境中的真实情感。

(3)诱导语音:营造恰当的环境氛围刺激专业或非专业人士,然后进行语料的录制。诱导情感语音数据库可操作性也比较强,并且可以获得比使用第二种方法更为接近真实情感的情感语料,但是这种方法无法确认环境对录音者的刺激是否有效,刺激所起的作用有多大。

目前,国内外已建立起各个语言的情感语音数据库,如英语、汉语、德语、西班牙语、俄语等,下面介绍几个典型的情感语音数据库。

(1)Belfast 情感数据库:Belfast 情感数据库由 Queen 大学的 R. Cowie 和 E. Cowie 录制,由 40 位录音人(18~69 岁,20 男 20 女)对 5 个段落进行演绎得到。每个段落包含 7 到 8 个句子,且具有某种特定的情感倾向,分别为生气、悲伤、高兴、恐惧、中性。

(2)柏林 EMO-DB 德语情感语音库:DMO-DB 是由柏林工业大学录制的德语情感语音库,由 10 位演员(5 男 5 女)对 10 个语句(5 长 5 短)进行 7 种情感(中性、生气、害怕、高兴、悲伤、厌恶、无聊)的模拟得到,共包含 800 句语料,采样率 48kHz(后压缩到 16kHz),16bit 量化。语料文本的选取遵从语义中性、无情感倾向的原则,且为日常口语化风格,无过多的书面语修饰。语音的录制在专业录音室中完成,要求演员在演绎某个特定情感前通过回忆自身真实经历或体验进行情绪的酝酿,来增强情绪的真实感。

(3)ACCorpus 系列汉语情感数据库:该系列情感数据库由清华大学和中国科学院心理研究所合作录制,包含 5 个相关子库:①ACCorpus MM 多模态、多通道的情感数据库;②ACCorpus SR 情感语音识别数据库;③ACCorpus SA 汉语普通话情感分析数据库;④ACCorpus FV 人脸表情视频数据库;⑤ACCorpus FI 人脸表情图像数据库。其中 ACCorpus SR 子库共由 50 位录音人(25 男 25 女)对 5 类情感(中性、高兴、生气、恐惧和悲伤)演绎得到,16kHz 采样,16bit 量化。每个发音者的数据均包含语音情感段落和语音情感命令两种类型。

(4)VAM 数据库:VAM 数据库是一个以科学研究为目的的无偿数据库,通过对一个德语电视谈话节目"Vera am Mittag"的现场录制得到,语音和视频被同时保存,因此数据库包含语料库、视频库、表情库三个部分。谈话内容均为无脚本限制、无情绪引导的纯自然交流。以 VAM-audio 库为例,该子库包含来自 47 位节目嘉宾的录音数据 947 句,wav 格式,16kHz 采样,16bit 量化。所有数据以句子为单位进行保存(1018 句),标注在激励、评估和控制空间理论的三个情感维度上,标注值处于 -1~1 之间。标注工作由多个标注者共同完成,最终的情感值是相关标注者的平均值。

5.2.2 语音情感特征分析

语音情感特征分析[61]主要包括声学特征提取和声学特征选择、声学特征降维。采用何种有效的语音情感特征参数用于情感识别,是语音情感识别研究最关键的问题之一,因为所用的情感特征参数的优劣直接决定情感最终识别结果的好坏。

当前用于语音情感识别的语音特征大致可归纳为韵律学特征、基于谱的相关特征和音质特征三种类型。通常以帧为单位提取这些特征,却以全局特征统计值的形式参与情感的识别。全局统计的单位一般是听觉上独立的语句或者单词,常用的统计指标有极值、极值范围、方差等。下面分别介绍以上三种语音情感特征。

(1)韵律学特征[62]:韵律是指语音中凌驾于语义符号之上的音高、音长、快慢和轻重等方面的变化,是对语音流表达方式的一种结构性安排。它的存在与否并不影响我们对字、词、句的听辨,却决定着一句话是否听起来自然顺耳、抑扬顿挫。韵律学特征又被称为"超音段特征"或者"超语言学特征",它的情感区分能力已经得到语音情感识别领域研究者们的广泛认可,使用非常普遍,其中最为常用的韵律特征有时常、基频、能量等。

(2)基于谱的相关特征:基于谱的相关特征被认为是声道形状变化和发声运动之间相关性的体现,已经在包括语音识别、话者识别等在内的语音信号处理领域有着成功的运用。研究人员通过对情感语音的相关谱特征进行研究发现,语音中的情感内容对频谱能量在各个频谱区间的分布有着明显的影响,例如,表达高兴情感的语音在高频段表现出高能量,而表达悲伤的语音在同样的频段却表现出差别明显的低能量。近年来,有越来越多的研究人员将谱相关特征运用到语音情感的识别中来,并起到了改善系统识别性能的作用,相关谱特征的情感区分能力是不可忽视的。

(3)音质特征:声音质量是人们赋予语音的一种主观评价指标,用于衡量语音是否纯净、清晰、容易辨识等。对声音质量产生影响的声学表现有喘息、颤音、哽咽等,并且常常出现在说话者情绪激动、难以抑制的情形之下。语音情感的听辨实验中,声音质量的变化被听辨者们一致认定为同语音情感的表达有着密切的关系。语音情感识别研究中用于衡量声音质量的声学特征,一般有共振峰频率及其带宽、频率微扰和振幅微扰、声门参数等。

为了尽量保留对情感识别有意义的信息,研究者通常都提取了较多的与情感表达相关的不同类型的特征参数,如韵律特征、音质特征、谱特征等。任一类型特征都有各自的侧重点和适用范围,不同的特征之间也具有一定的互补性、相关性。此外,这些大量提取的特征参数直接构成了一个高维空间的特征矢量。这种高维性质的特征空间,不仅包含冗余的特征信息,导致用于情感识别的分类器训练和测试需要付出高昂的计算代价,而且情感识别的性能也不尽如人意。因此,非常有必要对声学特征参数进行特征选择或特征降维处理,以便获取最佳的特征子集,降低分类系统的复杂性和提高情感识别的性能。

特征选择是指从一组给定的特征集中,按照某一准则选择出一组具有良好区分特性的特征子集。特征选择方法主要有两种类型:封装式(Wrapper)和过滤式(Filter)。Wrapper 算法是将后续采用的分类算法的结果作为特征子集评价准则的一部分,根据算法生成规则的分类精度选择特征子集。Wrapper 算法精度高,但运行速度慢。而 Filter 算法是将特征选择作为一个预处理过程,直接利用数据的内在特性对选取的特征子集进行评价,独立于分类算法。Filter 算法运行速度快,但精度不如 Wrapper 算法。常见的 Wrapper 特征选择技术,如前向选择(Forward Selection,FS)、序列前向选择(sequential forward selection,SFS)、序列后向选择(sequential backward selection,SBS)、序列浮动前向选择(sequential floating forward selection,SFFS)等,都已经成功用于语音情感识别领域。常见的 Filter 算法有基于关联规则的特征选择(correlation – based feature selection,CFS)、卡方 chi – square、一致性(consistency)、增益比率(gain ratio,GR)、信息增益(information gain,IG)、对称不确定性(symmetrical uncertainty,SU)以及 Relief 方法等。此外,一种结合 Wrapper 和 Filter 两种方法的优点的最小二乘边界特征选择法(least square bound feature selection,LSBFS)也被成功应用于语音情感识别中的特征选择。

特征降维是指通过映射或变换方式将高维特征空间映射到低维特征空间,已达到降维的目的。特征降维算法分为线性和非线性两种。最具代表性的两种线性降维算法:主成分分析(principal component analysis,PCA)[63]和线性判别分析(linear discriminant analysis,LDA)[64],已经被广泛用于对语音情感特征参数的线性降维处理。也就是说,PCA 和 LDA 方法将提取到的高维情感声学特征数据嵌入到一个低维特征子空间,然后在这个降维后的低维子空间实现情感识别,提高情感识别性能。

5.2.3　语音情感识别方法

语音情感识别本质上是一个模式识别问题,所以几乎所有的模式识别方法都可以应用到语音情感识别。目前,常用于语音情感识别的方法包括线性判别分类器(linear discriminant classifier,LDC)、K 最近邻法(k – nearest neighbor,

KNN)、人工神经网络(ANN)[65]、支持矢量机(support vector machines,SVM)、隐马尔可夫模型(HMM)、高斯混合模型(gaussian mixture models,GMM)等。下面分别简单介绍这几类语音情感识别方法。

LDC 是一种基于线性判别函数的模式分类器。这种分类器计算简单,不要求估计特征矢量的类条件概率密度,是一种非参数分类方法;KNN 是一种基于样本学习的非参数化模式分类器,分类时直接从训练样本中找出与测试样本最接近的 K 个样本,以判断测试样本的类属,该分类器计算也简单,容易实现。

ANN 是由大量相连的神经元构成的大规模并行计算系统,通过训练过程来学习复杂的非线性输入输出关系。常见的 ANN 主要有三种:多层感知器(multi - layer perceptron,MLP)、循环神经网络(recurrent neutral network,RNN)和径向基神经网络(radial basis function neutral network,RBFNN)。目前,这三种神经网络都已经被应用于语音情感识别。

SVM 是一种基于统计学习理论的机器学习方法,其基本思想是将原始的数据空间通过一个核函数映射到一个高维特征新空间,从而在这新的空间构建最优分类超平面实现数据的最优分类。由于 SVM 是在结构风险最小化原则上建立起来的,从而保证其学习具有良好的泛化能力,即使对小样本训练数据也可以得到较好的性能。近年来,SVM 已经被广泛应用于语音情感识别中,成为一种有效的语音情感识别分类器。

HMM 是一种基于转移概率和传输概率的随机模型。由于 HMM 能够很好地描述语音信号的整体非平稳性和局部平稳性,HMM 被广泛应用于基于时序特征的语音情感识别模型中。按照 HMM 的状态转移概率矩阵,HMM 可分为遍历型和从左到右型。一般而言,遍历型 HMM 适合于文本无关的语音情感识别,而从左到右型 HMM 适合于文本有关的语音情感识别。按照 HMM 的输出概率分布,HMM 可分为离散型、连续型和半连续型。离散型 HMM 模型简单,计算量较少,但必须对语音情感特征参数进行矢量量化处理。这就容易造成部分信息的丢失,从而影响系统的情感识别精度。连续性 HMM 可以直接处理语音情感特征参数,不需要矢量量化,但使用时需要较多的概率密度函数和训练数据样本,从而导致模型复杂,运算量大,训练时间较长。半连续型的特点介于离散型和连续型之间。

GMM 可以看成只有一个状态数的连续性 HMM,它使用一组加权的高斯分布来逼近特征矢量的实际分布,并根据最大似然准则进行分类决策。GMM 比较适合于基于全局特征的语音情感识别。GMM 的优点是可以平滑地逼近任意形状的概率密度函数,模型比较稳定,参数比较容易处理,但 GMM 模型的阶数较难确定,一般需要通过训练样本的多次试验才能确定。

　　尽管各种模式分类器都能应用到语音情感识别中,但每种分类器都有其自身的优缺点。为了充分利用每种分类器的优势,因此可以采用多分类器组合的方法来进一步提高语音情感识别的性能。多分类器组合方法可分为三种类型:串联、并联和层联。串联组合的思想是将前面分类器的输出作为后面分类器的输入,最终决策结果由后面分类器决定。并联组合的思想是各个分类器都相互独立工作,然后通过决策融合规则将各个分类器的输出结果进行综合得到最终决策结果。层联组合的思想是将各个分类器组成树状层次结构,每个树结点处的分类器融合其下属层次的所有分类器的输出结果。

第6章　人机行为交互与意图识别

人类通过使用身体的感知器官来获得他人的信息，并且通过将表情、手势或声音等多种信号向他人传递自己想要表达和传递的信息，这些方式构成了基本的人与人之间的信息交互。实现"人机交互"是人类长久以来的梦想，同时也是人工智能领域研究人员孜孜不倦追求的目标。

实际上，人与外部的事物进行交互也是信息的传递。人机交互主要通过人与机器人之间的信息编码、传输和解码，达到操作、控制甚至相互交流等目的。所以目前的人机交互主要致力于人和机器人之间的信息交换方式的研究，实现该过程主要依靠交互设备。传统的人机交互设备有鼠标、键盘、触摸屏幕和简易的语音识别器件等，人们按照预先已经设定好的操作方法与机器进行简单交互，"高级"一些的语音识别也只是不断匹配特定的部分语句，从而让机器识别出简单的话语，但机器始终处于被动接受信息的状态，谈不上"交互"。随着近年来的研究，人机交互的形式已逐渐从机器被动接受转为主动获取、转换和输出信息。随着人工智能的快速发展，人机智能交互技术将成为发展的趋势。

感知计算是指通过听觉、视觉和触觉等人类的多种感知方式，使得机器能够感知人类行为的想法和意图，从而实现人与各种智能设备之间更为有效、协调和自然的信息交互。感知计算的目的是摆脱键盘鼠标和遥控器等传统交互设备，通过模仿人类在现实世界中与其他个体的交互模式，利用人与机器的感知能力使得人能够在各种生活场景下用更为高效、自然的方式与机器进行信息传递和互动。

如果能让机器自主地识别人的行为动作，让机器和智能设备"读懂"人的行为意图，进一步决策和做出反馈，提供更加人性化服务和智能互动，那么机器将会变得更加"聪明"。而手势和人体姿态在人际交互中都具有特定意义的动作肢体语言，在人与人的交互中很常见，因此有很大的研究价值。其中手势是通过手掌中心和手指的各个关节点位置来得到当前的人体想要表达的信息，人体姿态是通过人体的各个骨骼关键点的位置来表达人体的动作和行为。

手势和人体姿态在人机交互应用上是比较有效的两种人体特征。手势是非语音传递的信息媒介，无论是否存在口头交流，手势都能表达有意义的信息，甚至有时可以表达出语音无法表达的信息。这些手势也可以与身体任何部位或其中多个的组合来表达。根据手势是否是静止的,手势可分为静态手势和动态手势。顾名思义,静态手势指的是手的位置和形状被固定为在没有任何变化的一段时间内的方向和空间位置,静态手势只包括单个手形并且没有运动,如用手掌卡住拇指和食指以形成"OK"符号。动态手势由一系列连续的手部动作组成,如手挥动表示再见等。

　　进一步扩大机器的识别范围,让机器能识别整个人体的动作和行为,就诞生出了人体姿态估计。人体姿态估计是计算机视觉的基础性算法之一,在计算机视觉的相关领域的研究中都起到了基础性的作用,如人物跟踪、行为识别、步态识别等相关应用领域,在生活场景中的应用如图 6.1 所示。人体姿态估计具体应用也可以集中在智能视频监控、病人监护系统、人机交互、虚拟现实、人体动画、智能家居、运动员辅助训练等。除了这些,目前人体检测和识别技术已经应用到了安防系统了,一方面可以给警察提供便利,减少工作负担;另一方面可以给罪犯一定的约束力,从而降低犯罪率。

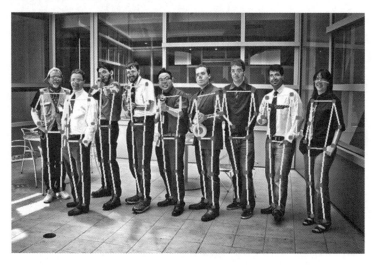

图 6.1　人体姿态估计

　　但是由于人体具有较大的柔性,在自然场景里会出现各种姿态和形状,与手势识别不同,人体任何一个部位的微小变化都会产生一种新的姿态,同时其关键点的可见性受穿着、姿态、视角等影响非常大,而且还面临着遮挡、光照、雾等环境的影响,使得人体骨骼关键点检测成为计算机视觉领域中一个极具挑战性的课题,目前仍处于大量研究阶段,要想在现实生活中得到广泛应用还是要经过一定的研究周期才行。然而这种现状在不久的将来会改变,通过 5G 的发展应用和互联网的高速发展，我们可以获得大量的人体手势和人体姿态照片和视频，以此作为大量的训练数据，这是深度学习的必要条件之一，随着图形图像计算能力的不断提高，我们可以使用更复杂的神经网络来进行学习。另外，近几年的模型相关轻量化工作如 MobileNet[66] 等的发布，使深度学习的模型能够应用在嵌入式设备上。手势识别和人体姿态识别也会像人脸识别、指纹识别等技术一样完美和成熟。

6.1　手势识别发展概述

早期的机械式手势感知依靠机械装置来跟踪和测量手部的状态的运动轨迹，例如装有各种感知硬件传感器的手套，如图 6.2 是 Immersion 公司推出的 CyberGlove Ⅱ手套。该设备能获取每个手部关节的精准角度精度较高，但是硬件成本高、使用非常不方便，且机械结构对动作的阻碍和限制较大。

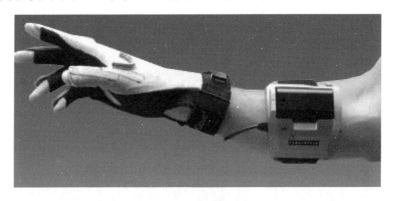

图 6.2　CyberGlove Ⅱ手套

随着计算机视觉、模式识别、人工智能等技术的不断进步和各种计算机的制作水平及制作工艺不断提高，人机交互技术将进入一个飞速发展的阶段。而以手势控制为代表的新一代人机交互技术也越来越受到研究机构和商业企业的关注，这类更自然、更方便的交互方式将成为未来人机交互方式的发展方向。

21 世纪开始流行的手势检测方法的研究，普遍的研究方法是使用手部视觉图像的底层特征，如肤色等信息，将手势区域预先分割出来再进行识别，实现方法如图 6.3 所示。所以基于肤色的特征提取手势识别，其研究内容主要集中在如何从包含手掌的图像中把手掌区域分离出来。因此，如果使用此方式，在复杂背景情况下，各种手势分割算法受到背景环境的复杂度、光照变化以及其他遮挡物的影响会比较大。根据实现方法的不同，具体的手势分割与识别算法主要可以分为以下几类：

（1）对手势采集图像通过简化背景，加深存在手势的区域，进一步增加手势区域与图片背景区域的差异。比如使用纯色的背景，以及要求用户佩戴纯色的手套等方式。

（2）使用大容量手势数据库进行匹配的方法。通过预先标注，建立起包含各种姿态的大容量手势数据库，将输入的图像与数据库中的手势模板进行模板匹配识别，从而找出最接近的手势。

（3）使用立体视觉变换的方法。利用两个或两个以上摄像头，或者使用深度摄像头，通过立体视觉空间关系，可以计算出手掌各点与摄像头的距离，从而确定手掌各个关节点的位置，便能变换得到手势。

（4）使用运动信息与肤色模型联合方法。其中肤色模型用于提取图像中的存在肤色的区域，如手、脸、其他类肤色干扰区域等。为了消除其他肤色的干扰，使用运动信息对位置进行严格的限制条件，如要求用户在识别过程中，保持背景几乎不变，另外也有通过肤色候选区域使用特定判断的方式。

肤色检测算法流程如图 6.3 所示。在使用肤色模型进行手势识别时，存在的最大难点是色温变化、光照不均时肤色模型参数漂移需要继续调整，因此，在静态手势的识别任务中，常用的方式是引入手势群图来增强模型的鲁棒性，但这样也有缺点，对每个手势都需要手动的建立手势群图，算法复杂度高，可推广性不强。除此之外，还有另外两种做法：

图 6.3　肤色检测算法流程

（1）在利用肤色模型进行分割之前就对图像颜色进行校正，如使用自动白平衡、基于已经统计过的先验知识的进行白平衡调整等。

（2）在原有基础上定义新的颜色空间，在新的颜色空间上对肤色进行分析，从而进行算法的改进。例如，现有的工作在大量的实际环境的实验中发现。

在大量的实际环境的实验中发现，肤色模型进行检测除了受到光照条件影响外，还与使用者的衣着颜色、形状有关。另外，在摄像头采集的图像中，因为已经做了自动白平衡处理，反而会丢失一些与肤色分布相关的信息，经常在手掌等出现高光区域，影响分割和识别。所以，如果能通过已经采集到的未经自动白平衡的图像统计、分析出当前光照条件,从而有计划地进行肤色模型参数的自适应调整,是接下来的手势识别的研究中新的方向。这种方式与之前的肤色检测识别模型相比,对光照条件的变化将会有更高的鲁棒性。

在基于肤色的手势识别算法研究中,不同方向的研究中提出了使用不同颜色空间的肤色识别算法。由以上分析可知,基于肤色分割的方法在常规环境下能取得相抵不错的效果,但外界光照条件变化时,效果可能会变得较差。为了解决光照变化的稳健性,Baltzakis[67]等提出了在实时视频序列中检测忍受手势的一种新方法,他们对普通的肤色分割识别算法进行了进一步扩展,使他们的算法不但能应用肤色信息,还能融合特定背景条件下与时间序列先后信息等,将所有的这些获取到的信息融合到预先建立好的概率模型的框架下。使用他们的算法可以把人手,甚至人脸等区分出来,因此取得了相对比较好的效果。

尽管以上常规方法获得一定效果,从无到有取得很大的进步,但传统的方法在效率或精度方面存在较大局限性。通常而言,机器学习研究人员需要相当多的专业领域知识,设计对应的特征提取器,对需要进行的任务数据进行复杂的预处理,将原始数据图像信息转换为特征矢量,然后将得到的特征矢量输入对应的分类器来输出目标类别。而深度机器学习可以通过组合简单非线性的模块,通过学习逐步将原始数据表示为高层特征。通过这种方式,深度学习可以学习出非常复杂的特征表示。随着近年来深度学习技术的发展与深度卷积神经网络(CNN)的出现,尤其是VGGNet、GoogLeNet、ResNet、DenseNet[68-71]等卷积网络模型的提出,针对图像的分类和识别任务均取得重大突破。并且,由于深度学习在处理端到端问题时的强大学习能力。近年来,已经有相当多的工作使用深度学习方法进行手势的识别。

6.2 人体姿态估计与行为识别发展概述

人体姿态估计的核心是人体姿态的恢复,也被称为动作捕捉、动作跟踪。作为计算机视觉和人机交互的核心问题之一,已经有大量相关研究,并且相关的技术已经广泛在电影和游戏特效中使用。根据图像输入信号的方向,可以将姿态估计划分为主动式人体姿态估计以及被动式人体姿态估计两种。其中,主动式人体姿态估计基于机械结构的传感器感知和惯性导航等,被动式人体姿态估计计算机视觉设备,如摄像头、深度相机等。

早期的人体姿态估计方式主要基于使用机械结构的传感器来感知姿态和运动情况,从而测量运动轨迹。该方法成本较低,精度也较高,但是使用起来非常不方便,常常需要佩带笨重的机械结构,而且机械结构对人体的动作也存在阻碍,造成测量不准。由于上述缺点,基于惯性传感器(IMU)的人体姿态估计方法便诞生了,其使用绑定在使用者身体上的多个惯性传感器来计算出每个关节点朝向,通过方向的运动累计,计算关节点位置。使用此方法做得比较完善的是Xsens MVN 的惯性动作捕捉系统(图6.4)。相对来说,该方法成本比较低,对用户的动作妨碍也比较小,但是精度相比机械结构、基于计算机视觉的方案较低,惯性传感器也存在测量漂移,数据测量误差的问题。

图 6.4　Xsens MVN 惯性动作捕捉系统

　　随着神经网络的研究和发展,越来越多的可学习任务用上了神经网络姿态估计也不例外。在人体姿态估计初期,基于自学习网络的人体骨骼关键点检测算法在几何先验的基础上使用模板匹配的思路来进行,其核心问题在于如何去用模板表示整个人体结构、人体的关键点、肢体结构以及不同肢体结构之间的关系的表示等。找出一个好的模板匹配模板和思路,可以模拟出更多的姿态空间,从而便能够更好地匹配并检测出对应的人体姿态。

　　图结构模型(pictorial structures)是其中一个较为经典的算法思路,其主要包含两个部分:一是使用单元模板(unary templates);二是模板之间的关系(pairwise springs)。对于模板关系,有著名的弹簧形变模型,弹簧形变模型即对整体模型与部件模型的相对空间位置关系进行表示和建模,利用了物体存在的一些空间信息先验知识,再约束了整体模型和部件模型的空间相对位置,这可以在空间表达上保持一定的灵活性。

随着深度相机的出现和智能手机等便携设备的普及,人们对于廉价和实时的人体姿态的需求越来越多。现有的被动人体姿态估计方法发展于单目相机、多视角相机获取图像序列以及深度相机。20世纪70年代提出的图结构模型用于将糊体表示为可变型的多个部位的集合。后来该模型在人体动作跟踪、识别和姿态估计等问题中都被广泛,其主要基于人体关节结构的表示。

随着近年来深度卷积神经网络的出现,以及各种卷积网络模型的提出,图像的分类、检测和识别任务均得到革命性的突破。目前,已经有相当多的工作使用深度学习方法进行人体的姿态估计。深度学习虽然需要较高的学习成本和大量的数据集,但不可否认的是深度学习目前是人体姿态估计最有效的方式,以下我们将会针对深度学习详细展开叙述。其中,以上提到的几种方式优缺点对比如表6.1所列。

表6.1 人体姿态估计方法对比

方式	IMU	机器学习	深度单目相机	深度学习
精准度	一般	一般	较高	很高
局限性	无	较高	低	低
光照和遮挡问题	无	一般	高	一般
设备成本	一般	低	较高	高
训练成本	无	一般	无	高

6.3 基于卷积深度学习方法的人体姿态估计

人体姿态估计是计算机视觉的基础性算法之一,在计算机视觉的其他相关领域的研究中都起到了基础性的作用,如行为识别、人物跟踪、步态识别等相关领域。具体可以应用在智能视频监控、病人监护系统、人机交互、虚拟现实、人体动画、智能家居、智能安防、运动员辅助训练等。近年来,已经有相当多的工作使用深度学习方法进行手势和人体姿态的识别。虽然手势和人体姿态的任务不一样,但基于卷积深度学习方法的两种任务实现过程基本一致。目前的卷积神经网络方法都将手势任务和人体姿态任务看成关键点的检测,通过检测到手部或人体的关键点坐标,再根据关键点坐标行为识别,即可得到手势和姿态动作,如

图 6.5 所示。由于原理基本一致,本章主要介绍人体姿态估计的基本概念和相关算法。其中算法部分着重介绍基于深度学习的人体姿态估计算法的两个方向,即自上而下(Top – Down)的检测方法和自下而上(Bottom – Up)的检测方法,如图 6.6 所示。

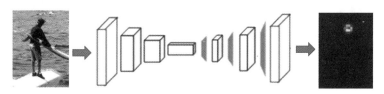

图 6.5　基于卷积神经网络的人体姿态估计

人体骨骼关键点检测主要有两个方向:一种是自上而下,另一种是自下而上,如图 6.6 所示。其中自上而下的人体骨骼关键点定位算法主要包含两个部分:人体检测和单人人体关键点检测,即首先通过目标检测算法将每一个人检测出来,然后在检测框的基础上针对单个人做人体骨骼关键点检测,其中代表性算法有 G – RMI[72]、Mask R – CNN[73]、CPN[74] 和 HRNet[75] 等,目前在微软通用物体分析(MSCOCO)数据集上最好的效果是 78.9% ;自下而上的方法也包含两个部分:关键点检测和关键点聚类,即首先需要将图片中所有的关键点都检测出来,然后通过相关策略将所有的关键点聚类成不同的个体,其中对关键点之间关系进行建模的代表性算法有 PAF、Associative Embedding、Part Segmentation、Mid – Range 偏移量,目前在 MSCOCO 数据集上最好的效果是 68.7% 。

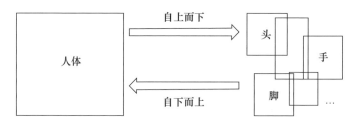

图 6.6　人体姿态估计的两种方向

6.3.1　自上而下方式

由于目标检测技术已经取得很大的发展,速度和精准度都能满足生活中的需要,甚至轻量级的深度卷积神经网络已经可以再移动设备使用,如 Volo – V3、MobileNet 等。基于以上考虑,自上而下方式先利用已经很强大的检测器,获取到人物的检测结果,再将检测结果传输到姿态估计的卷积神经网络深度学习之中,如图 6.7 所示。

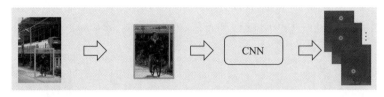

图 6.7　自上而下方式的人体姿态估计

在介绍多人人体骨骼关键点检测算法之前,首先介绍一下深度学习的关键点回归的真实标签的构建问题,与目标分类中用 one - hot 作为训练标签一样,人体姿态估计模型也需要一个标签来表示人体的关节点坐标,从而监督学习的代价函数才能在训练过程中量化。目前关键点回归有两种主要方式:一种是直接使用关键点的坐标作为标签直接回归,理解上更为直观,速度较快但性能较差,这是由于这种表示形式缺乏空间的上下文语义信息;另一种是使用热图,热图上的响应值表示原图对象像素点是否是关键点的概率。与图像分类的数据标注不同,关键点的数据标注存在一定的误差,比如一个坐标点标注为脚踝,但可能该坐标点向一个方向移动 10 个像素的距离得到的点在视觉上还是脚踝。因此,关键点位置具有固定的视觉模糊性。

在 2014 年,CPM[76] 网络模型开始把关键点的空间信息建模成热图,每个关节都生成一个可能性热图,并将该关节定位为图中最大可能点。热图携带更多的空间信息,有利于模型学习,有效地解决了上述坐标点表示的缺陷,后续二维的人体姿态估计方法几乎都是围绕热图这种形式来做的。但是普遍的解码方式都是从热图取离散极值点作为最终的坐标点输出,如下式所示:

$$J = \arg\max_p H(p) \tag{6-1}$$

这样输出得到的精度往往是像素级别的,热图其余的信息没有被充分利用。

对于两种真实标签的差别,坐标位置网络在本质上来说,需要回归的是每个关键点的一个相对于图片的偏移(offset),而长距离 offset 在实际学习过程中是很难回归的,误差较大,同时在训练中的过程,提供的监督信息较少,整个网络的收敛速度较慢;热图网络直接回归出每一类关键点的概率,在一定程度上每一个点都提供了监督信息,网络能够较快地收敛,同时对每一个像素位置进行预测能够提高关键点的定位精度,在可视化方面,热图也要优于坐标位置。

但这种热图表示方式带来了误差:网络中下采样环节会造成量化误差。提高网络的分辨率,虽然能减少相对误差、提升精度,但是对计算和存储的要求将会更高,网络的感受野也会变小。

于是,Google 在 CVPR 2017 上提出的 G－RMI 对于热图联合偏移量的 Ground Truth 构建思路,与单纯的热图不同的是,Google 的热图指的是在距离目标关键点一定范围内的所有点的概率值都为 1,在热图之外,使用偏移量,即偏移量来表示距离目标关键点一定范围内的像素位置与目标关键点之间的关系。目前还没有在公开的论文看到有人比较过这两种 Ground Truth 构建思路的效果差异,但是个人认为热图和偏移量不仅构建了与目标关键点之间的位置关系,同时偏移量也表示了对应像素位置与目标关键点之间的方向信息,应该要优于单纯的热图构建思路,如图 6.8 所示。

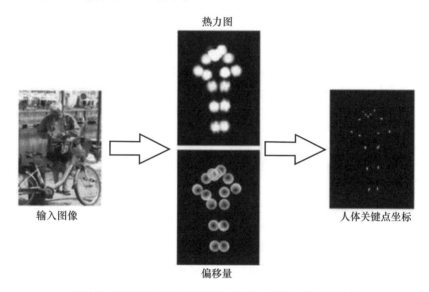

图 6.8　基于热图和偏移量回归的 G－RMI 人体姿态估计

在 ICCV 2019 年 COCO 人体姿态估计竞赛中,张锋等[77]提出了分布感知的坐标解码、无误差的热图编码,大幅度减少了上述的量化误差,并获得当年竞赛第二名。

方法流程如图 6.9 所示,在用离散数据表示的热图分布上,离散分布的最大值并不是该分布的极大值。人体姿态估计模型输出为离散的二维热图,简单地取热图最大的响应位置,并不能找到相应关键点的准确位置。

先假设输出的热图符合如下二维高斯分布,如下式所示:

$$G(x;u,\vartheta) = \frac{1}{2\pi |\vartheta|^{\frac{1}{2}}} e^{\left(-\frac{1}{2}(x-u)^T \vartheta^{-1}(x-u)\right)} \qquad (6-2)$$

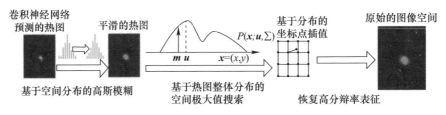

图 6.9　分布感知的坐标解码、无误差的热图编码

式中:$x = [x_1, x_2]$ 为像素的坐标位置;u 为二维高斯分布的中心,即要寻找的极大值位置;ϑ 为高斯分布的协方差矩阵。

为了更加方便计算,在式(6-2)两边同时进行对数变换,由于对数 $\ln(\cdot)$ 在定义域单调递增,并不影响极值点的分布,如下式所示:

$$P(x; u, \vartheta) = -\ln(2\pi) - \frac{1}{2}\ln(|\vartheta|) - \frac{1}{2}(x - u)^T \vartheta^{-1}(x - u) \quad (6-3)$$

将式(6-3)在离散最大值点 m 上二阶泰勒展开,如下式所示:

$$P(u) = P(m) + D'(m)(u - m) + \frac{1}{2}(x - u)^T D''(m)(x - u) \quad (6-4)$$

式中:m 为图像的二维坐标,$D'(m)$ 和 $D''(m)$ 分别是 $P(u)$ 在 m 点上的对 x 的一阶偏导数和二阶偏导数,再令其二阶导数为 0,即可得到离散的二维高斯分布极值点,如下式所示:

$$u = m - D''(m)^{-1} D'(m) \quad (6-5)$$

显然自上而下的人体骨骼关键点检测算法包含了两个部分,计算量比较大,即使目标检测的模型和姿态估计的模型都轻量化,两个模型加起来也很大,很难在移动设备中使用。目标检测和单人人体骨骼关键点检测,对于关键点检测算法,首先需要注意的是关键点局部信息的区分性很弱,即背景中很容易会出现同样的局部区域造成混淆,所以需要考虑较大的感受卷积神经网络野区域;其次人体不同关键点的检测的难易程度是不一样的,对于腰部、腿部这类关键点的检测要明显难于头部附近关键点的检测,所以不同的关键点可能需要区别对待;最后自上而下的人体关键点定位依赖于检测算法的得到的人体检测框,会出现检测不准和重复检测等现象。

6.3.2　自下而上方式

由于自上而下检测算法上述的缺点,目前大部分学者在其他实现方法做了大量探究,于是自下而上方式便被提出来了。自下而上的人体姿态估计算法主要包含两个步骤,人体关键点检测和关键点聚的类,其中人体关键点检测和自上而下的方法上是一样的,区别在于这里的人体关键点检测需要将图片中存在的全部类别的所有关键点全部提取出来,然后接下来对全部的关键点进行聚类处理,将同一个同人的不同关键点连接到一起,于是便得到图片中所有个体的关键点。

其中自下而上的最经典方式便是 OpenPose[78],这是一个基于卷积神经网络和图像监督学习并以 caffe 为基础框架开发的开源库。其可以实现人的面部边检点、姿态关键点和四肢甚至手部关键点的检测和跟踪,不但适用于图片中的单人,也适用于输入图片存在多人的担任情况。同时具有较好的鲁棒性,可以检测到不同环境的人体。OpenPose 是世界上第一个基于深度学习的实时多人二维姿态估计,也是人机交互上的一个里程碑,这为机器理解人提供了一个高质量的信息维度。

与自上而下方式不同,OpenPose 使用了另一种思路,首先将图片中需要的所有的关键点都检测出来,然后通过相关策略将所有的关键点聚类成不同的个体,用匹配的方法拼装成一个个人体骨架[79-80]。OpenPose 将网络框架的输出分为两部分,一部分生成热图进行关键点预测,另一部分使用额外的卷积神经网络获得每个关节点的匹配信息。对于匹配方式,OpenPose 使用的是部分关联字段(PAF)。PAF 记录是记录每个肢体部位,如手臂、大腿的位置和二维方向矢量。训练时两个部分进行联合学习,预测时将人体部位的匹配问题转换为图论问题,将这些节点和部位两两连接而不重复。最后得出最好的连接结果,输出预测出来的姿态,如图 6.10 所示。

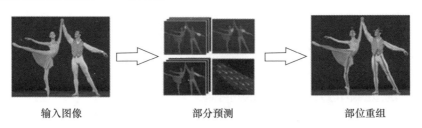

输入图像　　　　　　　　部分预测　　　　　　　　部位重组

图 6.10　基于 OpenPose 的人体姿态估计

第7章　机器人智能感知与导航定位

即时定位与地图构建(simultaneous localization and mapping,SLAM)最早被应用在机器人领域,其目标是在没有任何先验知识的情况下,根据传感器数据实时构建周围环境地图,同时根据这个地图推测自身的定位。SLAM 技术对于机器人或其他智能体的行动和交互能力至为关键,因为它代表了这种能力的基础:知道自己在哪里,知道周围环境如何,进而知道下一步该如何自主行动。

一般地,SLAM 系统通常都包含多种传感器和多种功能模块。而按照核心的功能模块来区分,目前常见的机器人 SLAM 系统一般具有两种形式:基于激光雷达的 SLAM 和基于视觉的 SLAM。

近年来,随着深度学习的兴起以及深度学习在各个方面都取得了巨大的成绩。研究者将深度学习和强化学习结合在一起,于是有了深度强化学习。深度强化学习是一种通过奖励来驱动智能体实现目标的算法。它通过端到端的方式,将环境状态直接映射到智能体的决策行为,在基于视觉的导航领域显示出巨大的潜力。

本章详细列举了一些常用的 SLAM 方法,主要讲述它们的方法和创新点,然后讲述基于深度强化学习的视觉导航方法。

7.1　激光即时定位与地图构建

基于激光雷达的 SLAM 采用二维或三维激光雷达(也称单线或多线激光雷达),二维激光雷达一般用于室内机器人上(如扫地机器人),而三维激光雷达一般使用于无人驾驶领域。激光雷达的出现和普及使得测量更快更准,信息更丰富。激光雷达采集到的物体信息呈现出一系列分散的、具有准确角度和距离信息的点,被称为点云。通常,基于激光雷达的 SLAM 系统通过对不同时刻两片点云的匹配与比对,计算激光雷达相对运动的距离和姿态的改变,完成对机器人自身的定位。

激光雷达测距比较准确,误差模型简单,在强光直射以外的环境中运行稳定,点云的处理也比较容易。同时,点云信息本身包含直接的几何关系,使得机器人的路径规划和导航变得直观。基于激光雷达的 SLAM 理论研究也相对成熟,落地产品更丰富。目前,激光雷达的发展趋势是有机械扫描雷达向固态扫描雷达的升级。相比于机械雷达,固态扫描雷达采用了连续扫描的方式,其垂直和水平角分辨率在低帧率(如5Hz)下可以做到 0.03°,即可以生成"图像级"的效果。此外,基于同光路及焦平面复用原理的激光雷达目前也逐渐成为科研界与工业界的关注热点。这种设计使得激光雷达与摄像头使用共同光路,不仅从原理上实现高精度同视场效果,而且可以进一步压缩设备成本和封装效率。

7.1.1　网格映射激光即时定位与地图构建

网格映射(grid mapping,gmapping)[81]是目前二维激光雷达 SLAM 使用最广的方法,同时也是移动机器人中使用最多的 SLAM 算法。Gmapping 是基于滤波 SLAM 框架的,采用 RBPF 粒子滤波算法,并在此基础上提出两个主要改进:改进提议分布和选择性重采样。

在 Gmapping 中,粒子滤波器的计算公式为

$$P(x_{1:t},m|z_{1:t},u_{1:t-1}) = p(m|x_{1:t},z_{1:t}) \cdot p(x_{1:t}|z_{1:t},u_{1:t-1}) \qquad (7-1)$$

式中:$x_{1:t}=x_1,x_2,\cdots,x_t$ 为机器人的策略;m 为地图;$z_{1:t}=z_1,z_2,\cdots,z_t$ 为机器人的观察数据;$u_{1:t-1}=u_1,u_2,\cdots,u_{t-1}$ 为测量的距离。

即通过改进算法,将定位和建图进行了分离,实现了先进行定位然后再进行建图。

Rao – Blackwellized 粒子过滤器(rao – blackwellized particle filters,RBPF)是一种解决 SLAM 问题的一个有效算法,它把定位和建图分离,并且每个粒子都包含一幅地图信息。在理论上 RBPF 是完全可行的,但是在实际却没法用。这是因为 RBPF 主要存在以下两个缺点:

(1)建图对于机器人位姿的要求很高。对于任意一个粒子,使用运动模型采样的结果构建地图,得到的误差将非常大。如果粒子数量足够多,可能会有一些粒子能得到准确的地图,但是总体上看,通过运动模型得到的提议分布过于分散,与真实分布相差过大。因此想要提高真实分布的粒子数,就必然增加粒子数,导致计算量和内存消耗上升。

(2)频繁的重采样导致粒子耗散。每个粒子都包含历史上所有的位姿和全部地图,频繁的重采样使得久远历史的位姿失去多样性,因为重采样更多地依赖于当前观测。

Gmapping 在 RBPF 基础上提出了改进提议分布和选择性重采样,从而使粒子数量减少和防止粒子退化。

Gmapping 的优势主要体现在可以实时构建室内地图,在小的室内环境构建

场景地图时所需计算量较小且精确度较高。Gmapping 有效地利用了车轮里程计信息，使得 Gmapping 对于激光雷达频率要求较低。但是，Gmapping 同样也存在缺点，由于 RBPF 算法的精确度严重依赖于粒子数量，随着构图场景增大，所需粒子数量增加，因为每个粒子都包含一幅地图信息，所以在构建大地图时需要的计算量和内存大幅增加，因此，Gmapping 在大场景构建地图时并不比适用。并且 Gmapping 严重依赖于历程计，无法适应地面不平坦的区域，无回环检测。Gmapping ROS 算法流程如图 7.1 所示。Gmapping 建图效果如图 7.2 所示。

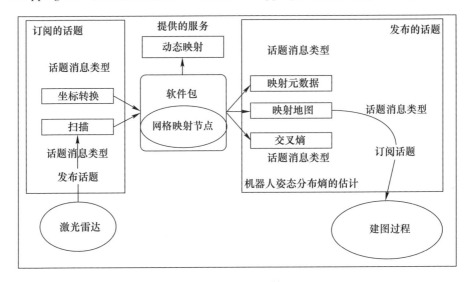

图 7.1 Gmapping ROS 算法流程

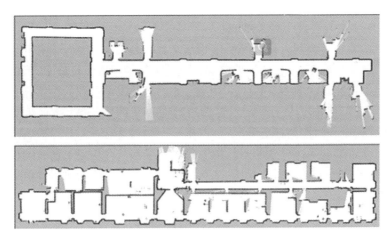

图 7.2 Gmapping 建图效果[81]

7.1.2　赫克托耳激光即时定位与地图构建

Hector SLAM[82]通过将激光雷达系统和基于惯性传感器的三维姿态估计系统相结合,实现了一种鲁棒性的扫描匹配算法。一般基于优化思想的 SLAM 算法,通常前端采用扫描匹配使用实时在线机器人在地图中的位姿,后端通过位姿优化进行优化。然后,Hector SLAM 只有采用基于优化思想的前端,后端没有基于图优化思想的回环检测。Hector SLAM 方法通过结合基于激光雷达的平面地图上的二维 SLAM 系统和基于惯性测量单元以及融合 SLAM 子系统二维信息的三维导航系统,实现了灵活、可靠的 SLAM 系统。

Hector SLAM 主要的贡献提出了一种快速在线学习占用网格地图的系统,该系统通过使用快逼近的地图梯度和多分辨率网格,实现了在各种具有挑战性的环境中可靠的定位和建图功能。

Hector SLAM 构建地图主要包含地图获取和扫描匹配两个阶段。

1. 地图获取

为了能够表示任意的环境,系统采用了占有网络图,这是一种在实际环境中使用 LIDRs 激光雷达进行移动机器人定位的有效方法。由于占用网格图的离散性限制了可以达到的精度,也不允许直接计算插值值或导数,于是,Hector SLAM 提出了一种允许子网格单元精度通过双线性滤波来估计占用网络的占用概率和导数,直观地说,网格映射单元格值可以看作底层连续概率分布的样本。

其线性插值计算公式为

$$M(P_m) \approx \frac{y - y_0}{y_1 - y_0}\left(\frac{x - x_0}{x_1 - x_0}M(P_{11}) + \frac{x_1 - x}{x_1 - x_0}M(P_{01})\right) +$$

$$\frac{y_1 - y}{y_1 - y_0}\left(\frac{x - x_0}{x_1 - x_0}M(P_{10}) + \frac{x_1 - x}{x_1 - x_0}M(P_{00})\right) \qquad (7-2)$$

式中:P_m为网格内单元格值的坐标;P_{00}、P_{01}、P_{10}、P_{11}为网格 4 个顶点坐标;x_0和x_1为网格横坐标值;y_0和y_1为网格纵坐标值。

其梯度$\nabla M(p_m) = \left(\frac{\partial M}{\partial x}(P_m), \frac{\partial M}{\partial y}(P_m)\right)$的计算,如下:

$$\frac{\partial M}{\partial x}(P_m) \approx \frac{y - y_0}{y_1 - y_0}(M(P_{11}) - M(P_{01})) + \frac{y_1 - y}{y_1 - y_0}(M(P_{10}) - M(P_{00})) \qquad (7-3)$$

$$\frac{\partial M}{\partial y}(P_m) \approx \frac{x - x_0}{x_1 - x_0}(M(P_{11}) - M(P_{10})) + \frac{x_1 - x}{x_1 - x_0}(M(P_{01}) - M(P_{00})) \qquad (7-4)$$

2. 扫描匹配

扫描匹配是将激光扫描彼此对齐或与现有地图对齐的过程。现代激光扫描

109

仪具有较低的测距噪声和较高的扫描速度。由于这个原因,扫描记录的方法可能会产生非常准确的结果。

Hector SLAM 提出基于到目前为止学习的地图光束端点的对齐的优化方法。其算法如图 7.3 所示。通过采用高斯 – 牛顿法,这样就不需要在波束端点之间进行数据关联搜索或穷举搜索。当扫描与现有地图映射对齐时,将使用所有先前扫描隐式执行匹配。

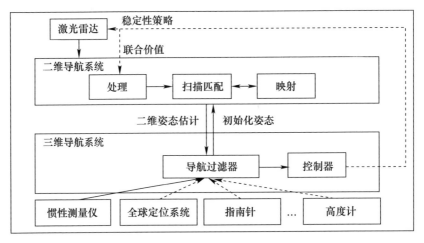

图 7.3　Hector SLAM 算法流程图

Hector SLAM 主要的优点:不依赖于里程计,能够运用在空中无人机以及地面小车在地面不平坦的区域建图;使用多分辨率地图,避免了局部最优能够得到全局最优。

Hector SLAM 主要的缺点:需要雷达的更新频率较高,也就是对雷达要求高;没有回环检测,不能有效地利用到历程计;在建图过程中要求在低速,这样建图效果才理想。

Hector SLAM 效果图如图 7.4 所示。

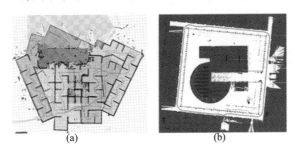

(a)　　　　　　　　　　(b)

图 7.4　Hector SLAM 效果图[82]

7.2　传统视觉即时定位与地图构建

眼睛是人类获取外界信息的主要来源。视觉 SLAM 也具有类似特点,它可以从环境中获取海量的、富于冗余的纹理信息,拥有超强的场景辨识能力。常见的视觉传感器如图 7.5 所示。早期的视觉 SLAM 基于滤波理论,其非线性的误差模型和巨大的计算量成为了它应用的障碍。近年来,随着具有稀疏性的非线性优化理论(bundle adjustment)以及相机技术、计算性能的进步,实时运行的视觉 SLAM 已经不再是梦想。

图 7.5　常见的视觉传感器

目前对于稀疏视觉即时定位与地图构建,主要存在以下两个研究课题。

1. 并行跟踪与映射即时定位与地图构建

并行跟踪与映射(parallel tracking and mapping,PTAM)[83] 在视觉 SLAM 领域是一个开创性的项目(图 7.6)。PTAM 是第一个使用非线性优化作为后端的方案。提出了关键帧机制,即不用细致地处理每一幅图像,而是把几个关键图像串起来优化其轨迹和地图。PTAM 首次提出了跟踪和建图的并行化的架构,跟踪线程逐帧更新相机位置姿态,可以经行实时计算;建图线程不需要逐帧更新。PTAM 采用基于优化的算法比滤波算法在单位时间内得到更高的精度。

在跟踪线程中,地图是已知并且固定的,由地图点和关键帧组成。PTAM 为了加速计算,使用了从粗到细两轮求解过程,粗测阶段只提取金字塔最高层图片上的少量特征点作为精测阶段的初值。精测阶段将包含更多的配点和金字塔所有层。PTAM 假设当前帧的相机初始位置姿态,将地图点投影到当前帧,建立当前帧和关键帧的对应关系。然后在匹配点附近找一小块区域,通过计算当前帧和关键帧的 Patch 相似度,更新相机的姿态。

在建图线程中,优化的目标是地图点位置和关键帧位置姿态。当测量输入帧和一个关键帧之间的大差异时,选择输入帧作为关键帧。PTAM 使用五点算法重建初始地图。判断当前来自跟踪线程的每帧图片是否是关键帧,如果是,将所有地图点投影到新的关键帧,生成新的地图点,然后等待下一轮图片输入。如

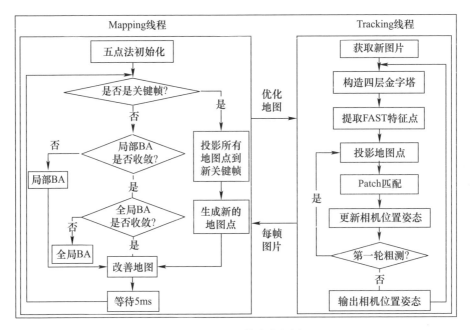

图 7.6　PTAM 算法流程图

果不是关键帧,则作束调整优化。PTAM 将束调整优化划分为局部优化和全局优化两个部分,这于跟踪线程从粗到细两轮求解是同一个思路,都是为了降低计算量和加速求解。在局部束调整阶段,只考虑滑动窗口内的关键帧,以及它们能够观测到的地图点。全局束调整阶段,优化所有的关键帧和地图点(图 7.7)。

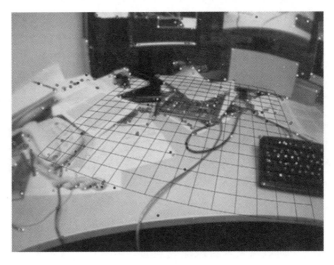

图 7.7　PTAM 效果图[83]

总的来说,PTAM 由以下四个部分组成:

(1) 地图用五点算法初始化。

(2) 根据地图点和输入图像之间的 FAST 特征点估计相机姿势。

(3) 根据地图点和输入图像之间的 FAST 特征点估计相机姿势。

(4) 通过三角测量估计特征点三维位置,并且通过束调整优化估计的三维位置。

(5) 通过随机的基于树的搜索来恢复跟踪过程。

2. 特征提取和描述即时定位与地图构建

特征提取和描述(oriented FAST and rotated BRIEF,ORB)[84] 是一种基于特征的三维定位和地图构建算法。该算法融合了 PTAM 算法的主要思想以及 Strasdat 提出的闭环修正方法并采用 ORB 特征点进行跟踪、构图、重定位、闭环修正以及初始化,并且算法的环境适应力强,对剧烈的运动也有很好的稳健性。正因为 ORB – SLAM 是基于特征点的 SLAM 系统,因此其能够实时地计算出相机的运动轨迹,并且生成稀疏的场景三维重建结果(图 7.8)。

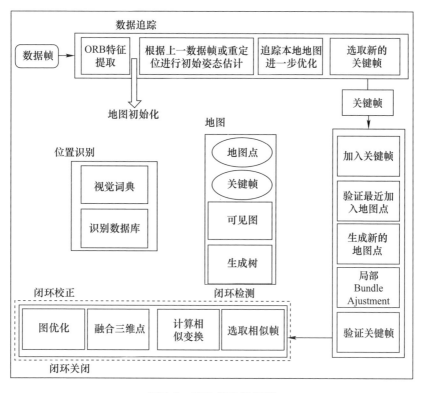

图 7.8　ORB 算法流程图

113

ORB – SLAM 算法的一大特点是在所有步骤统一使用图像的 ORB 特征。ORB 特征是一种非常快速的特征提取方法,具有旋转不变性,并可以利用金字塔构建出尺度不变性(图 7.9)。使用统一的 ORB 特征有助于 SLAM 算法在特征提取与追踪、关键帧选取、三维重建、闭环检测等步骤具有内生的一致性。

ORB 是一种快速特征点的提取与描述的算法。ORB 算法通常分为两部分,分别是特征点提取和特征点描述。ORB 的特征点检测法则是将 FAST 特征点检测法同 BRIEF 特征描述算法相互结合起来并加以改进与优化。其算法流程如图 7.8 所示,效果图如图 7.9 所示。

图 7.9　ORB 算法效果图

ORB – SLAM 算法通常利用三个线程分别进行追踪、地图构建和闭环检测。

(1) 追踪阶段。

(2) ORB 特征提取。

(3) 初始姿态估计(速度估计)。

(4) 姿态优化,利用邻近的地图点寻找更多的特征匹配,优化姿态。

(5) 选取关键帧。

(6) 加入关键帧(更新各种图)。

(7) 验证最近加入的地图点(去除 outlier)。

(8) 生成新的地图点(三角法)。

(9) 局部 Bundle adjustment(该关键帧和邻近关键帧,去除 outlier)。

(10) 验证关键帧(去除重复帧)。

(11) 闭环检测。

(12) 选取相似帧。

(13) 检测闭环(计算相似变换,采用随机抽样一致(random sample consensus,RANSAC)算法计算内点数)。

第 7 章 机器人智能感知与导航定位

（14）融合三维点，更新各种图。

（15）图优化（传导变换矩阵），更新地图所有点。

7.3 稠密视觉即时定位与地图构建

1. 稠密跟踪与映射即时定位与地图构建

Newcombe 等[85] 提出了一种对关键帧的稠密深度映射的方法，称为稠密跟踪与映射（dense tracking and mapping，DTAM）。在 DTAM 中，通过将输入图像与从重建的地图生成的合成视图图像进行比较来完成跟踪。这简单地等同于图像和地图的三维模型之间的配准，并且在 DTAM 中在 GPU 上有效地实现。通过使用多基线立体完成映射，然后通过考虑空间连续性来优化地图，从而可以计算所有像素的三维坐标。使用像 PTAM 这样的立体测量来创建初始深度图。

总之，DTAM 由以下三个组件组成：

（1）通过立体测量完成地图初始化。

（2）通过从重建的地图生成合成视图来估计相机运动。

（3）通过使用多基线立体声估计每个像素的深度信息，然后通过考虑空间连续性来优化它。

2. 实时密集地表测绘和跟踪即时定位与地图构建

KinectFution[86] 使用了 Kinect 相机的深度数据进行实时三维重建的技术（图 7.10）。KinectFusion 用来描述三维空间的方法称为体积表示（volumetric representation）。它将大小固定的空间（如 256m × 256m × 256m）均匀地分割成一个又一个小方块（如 5m × 5m × 5m），每个一个块是一个 Voxel，储存 TSDF 值和权重，最后获得的三维重建就是对这些 Voxel 块进行线性插值（图 7.11）。

图 7.10 KinectFusion 算法流程

图 7.11 KinectFusion 效果图[86]

KinectFusion 的流程可以分为四个部分:

(1) 表面测量,通过采集到的原始深度图,得到稠密的顶点坐标(vertex map)和法矢量坐标(normal map);矢量之间的叉乘可以得到法矢量,具体运算为

$$N_k(u) = v[(V_k(u+1,v) - V_k(u,v)) \times (V_k(u,v+1) - V_k(u,v))] \quad (7-5)$$

(2) 估计相机的位置姿态,根据当前帧的点云信息和上一帧预测出的点云信息,计算当前相机的位置姿态;全局的截断符号距离函数(truncated signed distance function, TSDF)是由每一帧单个的 TSDF 加权平均得来的,计算如下式所示:

$$F_k(p) = \frac{W_{k-1}(p) F_{k-1}(p) + W_{R_k}(p) F_{R_k}(p)}{W_{k-1}(p) + W_{R_k}(p)} \quad (7-6)$$

(3) TSDF 更新,通过跟踪获取相机姿态,将表面测量的点云信息,融合到 TSDF 表示的全局场景模型中。

(4) 表面估计,最后根据 TSDF 获取表面估计。

7.4 半稠密视觉即时定位与地图构建

1. 大型单目直接即时定位与地图构建

单目直接法 SLAM(large - scale direct monocular SLAM, LSD - SLAM)[87] 是一种基于直接法的单目 SALM 算法。直接法视觉里程计(VO)是直接利用图像像素点的灰度信息来构图与定位,克服了特征点提取方法的局限性,可以使用图像上的所有信息。该方法在特征点稀少的环境下仍能达到很高的定位精度与稳健性,而且提供了更多的环境几何信息,这在机器人和增强现实应用中都非常有意义。

LSD - SLAM 主要的两个创新点:

(1) 一种基于相似变换空间对应的李群代数上的直接跟踪法,从而能够很准确地检测到尺度漂移。

(2) 使用基于概率的方法,在图像跟踪过程中,减少噪声对深度图像信息的影响。

LSD - SLAM 通过使用基于滤波的图像光度配准和概率模型来表示半稠密深度图,生成具有全局一致性的地图。其效果如图 7.12 所示。

算法主要由三个主要组成部分,分别是图像跟踪、深度图估计和地图优化。

(1) 图像跟踪:连续跟踪从相机获取到的新"图像帧"。也就是说用前一帧图像帧作为初始姿态,估算出当前参考关键帧和新图像帧之间的刚体变换。图

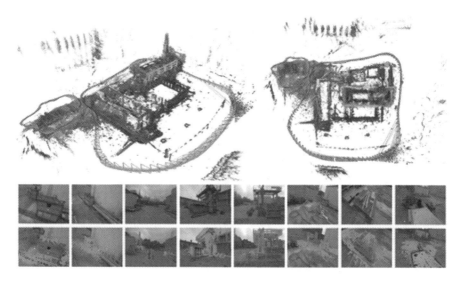

图 7.12　LSD – SLAM 效果图[87]

像跟踪计算,如下式所示:

$$E_p(\xi ji) = \sum_{p \in \Omega_{D_i}} \left\| \frac{r_p^2(p, \xi ji)}{\sigma_{r_p}^2(p, \xi ji)} \right\|_\delta \qquad (7-7)$$

（2）深度图估计:使用被跟踪的"图像帧",要么对当前关键帧深度更新,要么替换当前关键帧。深度更新是基于像素小基线立体配准的滤波方式,同时耦合对深度地图的正则化。如果相机移动足够远,就初始化新的关键帧,并把现存相近的关键帧图像点投影到新建立关键帧上。构建关键帧,如下式所示:

$$\mathrm{dist}(\xi_{ji}) := \xi_{ji}^{\mathrm{T}} W \xi_{ji} \qquad (7-8)$$

（3）地图优化:一旦关键帧被当前的图像替代,它的深度信息将不会再被进一步优化,而是通过地图优化模块插入到全局地图中。为了检测闭环和尺度漂移,采用尺度感知的直接图像配准方法来估计当前帧与现有邻近关键帧之间的相似性变换。地图优化计算,如下式所示:

$$E(\xi w_1 \cdots \xi w_n) = \sum (\xi_{ji} \cdot \xi_{Wj}^{-1} \cdot \xi wj)^{\mathrm{T}} \sum_{ji}^{-1} (\xi_{ji} \cdot \xi_{Wi}^{-1} \cdot \xi wj) \qquad (7-9)$$

LSD – SLAM 算法流程如图 7.13 所示。

2. 直接稀疏里程表即时定位与地图构建

基于直接稀疏里程表的 SLAM(direct sparse odometry,DSO – SLAM)[88]属于稀疏直接法的视觉里程计。它不是完整的 SLAM,因为它不包含回环检测、地图复用的功能。因此,它不可避免地会出现累计误差,尽管很小,但不能消除。

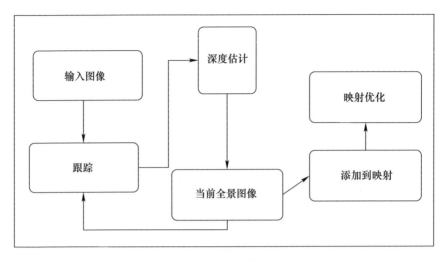

图 7.13　LSD – SLAM 算法流程图

DSO – SLAM 是少数使用纯直接法计算视觉里程计的系统之一。

直接法相比于特征点法,有两个非常不同的地方:

(1) 特征点法通过最小化重投影误差来计算相机位姿与地图点的位置,而直接法则最小化光度误差。所谓光度误差是说,最小化的目标函数,通常由图像之间的误差来决定,而非重投影之后的几何误差。

(2) 直接法将数据关联与位姿估计放在了一个统一的非线性优化问题中,而特征点法则分步求解,即先通过匹配特征点求出数据之间关联,再根据关联来估计位姿。这两步通常是独立的,在第二步中,可以通过重投影误差来判断数据关联中的外点,也可以用于修正匹配结果。

DSO – SLAM 会一直求解一个比较复杂的优化问题,我们很难将它划分为像特征点法那样一步一步的过程。DSO – SLAM 甚至没有"匹配点"这个概念。每一个三维点,从某个主导帧出发,乘上深度值之后投影至另一个目标帧,从而建立一个投影残差。只要残差在合理范围内,就可以认为这些点是由同一个点投影的。主导帧中一个像素点在目标帧上的投影,如下式所示:

$$\rho_T^{-1} x_T = K T_{TW} T_{HW}^{-1} K^{-1} \frac{1}{\rho_H} x_H \qquad (7-10)$$

从后端来看,DSO – SLAM 使用一个由若干个关键帧组成的滑动窗口作为它的后端。这个窗口在整个 VO 过程中一直存在,并有一套方法来管理新数据的加入以及老数据的去除。具体来说,这个窗口通常保持 5~7 个关键帧。前端追踪部分,会通过一定的条件,来判断新来的帧是否可作为新的关键帧插入后端。同时,如果后端发现关键帧数已经大于窗口大小,也会通过特定的方法,选择其中一个帧进行去除。请注意被去除的帧并不一定是时间线上最旧的那个帧,而是会有一些复杂条件的。

DSO – SLAM 的算法流程(图 7.14):

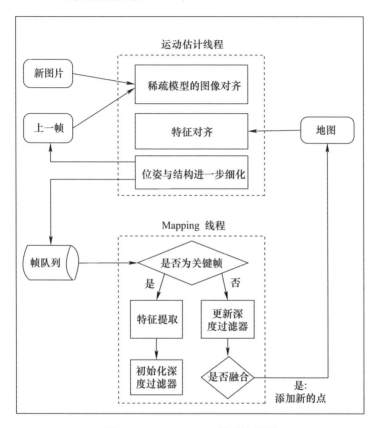

图 7.14　DSO – SLAM 算法流程图

(1)对于非关键帧,DSO – SLAM 仅计算它的位姿,并用该帧图像更新每个未成熟点的深度估计。

(2)后端仅处理关键帧部分的优化。除去一些内存维护操作,对每个关键帧主要做的处理有增加新的残差项、去除错误的残差项、提取新未成熟点。若干关键帧,与它们关联的地图点组成的残差项,构成了整个滑动窗口中的内容。为了优化这些帧和点,我们会利用高斯 – 牛顿或麦夸特方法进行迭代。在迭代中,所有的残差项可以拼成一个大型的线性方程,如下式所示:

$$J^{\mathrm{T}} W J \delta_x = -J^{\mathrm{T}} W_r \tag{7-11}$$

整个流程在一个线程内,但内部可能有多线程的操作(图 7.15)。

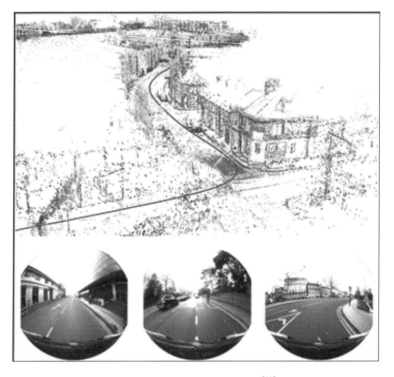

图 7.15　DSO – SLAM 效果图[88]

7.5　路径规划

　　路径规划技术是扫地机器人研究的核心内容之一,机器人定位与环境地图构建就是为路径规划服务的。所谓机器人路径规划技术,就是机器人根据自身传感器对环境的感知,自行规划出一条安全的运行路线,同时高效完成作业任务。移动机器人的路径规划需要解决三个问题:

　　(1) 使机器人能从初始位置运动到目标位置。

　　(2) 用一定的算法使机器人能绕开障碍物,并且经过某些必须经过的点完成相应的任务。

　　(3) 在完成以上任务的前提下,尽量优化机器人的运动轨迹。

　　移动机器人的路径规划根据目的可以分为两种:一种是传统的点到点的路径规划;另一种是完全遍历路径规划。

　　点到点的路径规划是一种从起始点到终点的运动策略,它要求寻找一条从始点到终点的最优(如代价最小、路径最短、时间最短)并且合理的路径,使移动机器人能够在工作空间顺利地通行而不碰到任何障碍物。完全遍历路径规划是一种在二维工作空间中特殊的路径规划,指在满足某种性能指标最优或准优的前提下,寻找一条在设定区域内从始点到终点且经过所有可达到点的连续路径。

例如,对于扫地机器人而言,其作业任务是清扫房间,它的路径规划属于完全遍历路径规划,需满足两个指标:遍历性和不重复性。所谓遍历性是指扫地机器人运动轨迹需要最大程度的遍布所有可大空间,它反映的是机器人的工作质量问题。所谓不重复性是指扫地机器人的行走路线应尽量避免重复,反映的是机器人的工作效率问题。

机器人的自主寻路主要可以分为两种:随机覆盖法和路径规划式(图 7.16)。

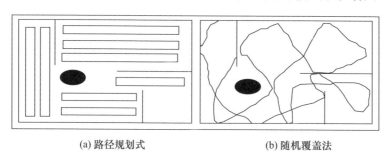

(a) 路径规划式　　　　　　　　　(b) 随机覆盖法

图 7.16　机器人自主寻路

7.5.1　随机覆盖法

随机覆盖法,有人也称为随机碰撞式导航,但这并非是指机器人真正与环境中的物体产生碰撞,也非毫无章法地在地板上随机移动,换言之在工程操作中"随机"也是一个难以达到要求。随机覆盖法是指机器人根据一定的移动算法,如三角形、五边形轨迹尝试性的覆盖作业区,如果遇到障碍,则执行对应的转向函数。这种方法是一种以时间换空间的低成本策略,如不计时间可以达到100% 覆盖率。随机覆盖法不用定位,也没有环境地图,也无法对路径进行规划,所以其移动路径基本依赖于内置的算法,算法的优劣也决定了其清扫质量与效率的高低。

如图 7.17 是美国 iRobot 公司研发的 iRobot Roomba 3~8 系列采用的是随机覆盖法技术。其采用 iAdapt 智能化清扫技术的专利技术,这是一种软、硬件相结合的智能化 AI 清扫系统,硬件由 Roomba 前方的若干红外探测器、底部灰尘侦测器和落差传感器、清洁刷模块等组成,通过 Roomba 的硬件传回的信息,iRobot 自身的软件可以对回传信息进行分析,根据红外回传信息的强度、范围、高度、转速、电流大小、阻力等参数,计算出前方障碍物大致形状,再经过软件的处理运算,得出的结果就是 Roomba 下一步清洁方式,Roomba 以 60 次/s 的速度计算周边障碍物的情况,同时根据所处环境做出 40 余种清扫动作,如围绕、折返、螺旋、贴边、转身等。

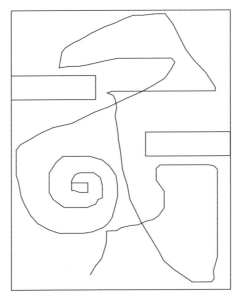

图 7.17　随机覆盖法

其次 iRobot 采用面积模糊判定算法,根据房间面积自动设定清扫时长。和路径规划不同的是,Roomba 开始收集算法估算所需的两个重要参数:单次行进距离和单位时间碰撞频率。单次行进距离越长则间接代表房间面积越大,走几步就调头则间接代表房间面积较小。每次碰撞 Roomba 都能收集到相关信息,单位时间内碰撞频率越高代表房间面积越小,碰撞频率低则表示需要清扫的面积较大。

市面上大多数扫地机器人虽都采用随机碰撞寻路方式,然而清洁效率却差异很大,归根到底还是软件算法上的问题,这也是为什么同样大家买的都是随机碰撞寻路方式的扫地机器人,在覆盖率与效率上面却有天壤之别。

7.5.2　路径规划式导航

规划式导航需要建立起环境地图并进行定位。对路径规划的研究已经持续很多年了,也提出了很多种类的方法。不同的方法有各自的优缺点,适用范围各不相同,没有一种路径规划方法能适用于所有的环境信息。其中的人工势场法、栅格法、模板模型法、人工智能法等是路径规划中很典型的方法,并且受到越来越多的关注。下面将分别介绍上述这些典型的路径规划方法。

1. 人工势场法

人工势场法是机器人导航中提出的一种虚拟方法,其基本方法是将机器人在周围环境中的运动设计成一种势场中的运动,是对机器人运动环境的一种抽象描述。机器人在场中具有一定的抽象势能,势能源有两种:斥力极和引力极。

机器人在不希望进入的区域和障碍物属于斥力极:目标及机器人系统建议通过的区域为引力极。在极的周围产生相应的势,在任何一点的势为该点产生的势之和。该势的负梯度称为势力。势场的建立主要用于动态避障,此时的引力极是局部环境中的中间目标,斥力极则是局部环境中的障碍物。引力和斥力的合力作为机器人的加速力,来控制机器人的运动方向和计算机器人的位置。该方法结构简单,便于低层的实时控制,在实时避障和平滑的轨迹控制方面,得到了广泛的应用。但对存在的局部最优解的问题,容易产生死锁现象,因而可能使机器人在到达目标点之前就停留在局部最优点。

2. 栅格法

设定移动机器人实际几何形状可用方形区域表示。规划过程中将机器人缩为一个点,而环境中的障碍物边界做相应的扩展及模糊化处理。采用网格表示工作空间,即把工作空间划分为一个个大小相同的方格,方格大小与机器人几何外形相同。

用栅格法表示环境:使用大小相同的栅格划分机器人的工作空间,并用栅格数组来表示环境,每个栅格是两种状态之一,或者在自由空间中,或者在障碍物空间中。这种方法的特点是简单,易于实现,从而为路径规划的实现带来了很多方便,具有表示不规则障碍物的能力;其缺点是表示效率不高,存在着时空开销与精度之间的矛盾,栅格的大小直接影响着环境信息存储量的大小和规划时间的长短。栅格划分大了,环境信息存储量就小了,规划时间短,分辨率下降,在密集环境下发现路径的能力减弱;栅格划分小了,环境分辨率高,在密集环境下发现路径的能力强,但环境的存储量大。因此,栅格的大小直接影响着控制算法的性能。

3. 模板模型法

另外一种常用的方法是模板模型。DeCaravalh 提出了一种依靠二维清洁环境的地图并且是基于完全遍历路径规划的模板。为了完成完全遍历路径规划,DeCaravalh 定义了 5 种模板,分别是前进模型(towards model)、沿边转向模型(side shift)、回逆跟踪(backtracker),U 转弯模型、U 转弯交替模型。模板模型法是基于先验知识和先前的环境地图遍历机器人让得到的环境信息来匹配事先定义的模板。因此,整个路径就是一系列的模板组成的。在这个方法中,为了简化路径规划过程,环境事先扩大,这样这种小巧灵活的机器人就可以考虑成一个质点。基于模板的模型完全遍历路径规划,它要求事先定义环境模型和模板的记忆,因此对于变化着的环境就不好处理了,如在遍历机器人的工作过程中突然出现一个障碍等。

4. 人工智能法

近年来有许多学者利用模糊逻辑、人工神经网络、遗传算法等现代计算智能技术来解决机器人的路径规划问题,并取得了一些可喜的成果。

1)模糊控制法应用与路径规划

模糊控制法是在线规划中通常采用的一种规划方法,包括建模和全局规划。它用若干个传感器探测前方道路和障碍物的状况,依据驾驶员的驾车经验制定模糊控制规则,用于处理传感器信息,并输出速度、加速度、转角等控制量,指导小车的前进。该方法最大的优点是参与人的驾驶经验,计算量不大,能够实现实时规划,可以做到克服势场法易产生的局部极点问题,效果比较理想。模糊控制的路径规划方法特别适用于局部避碰规划,具有设计简单、直观、速度快、效果好等特点。

2)神经网络路径规划

神经网络已经被应用到很多的工程领域,机器人领域当然也不例外。神经网络在路径规划中的应用也很多。避障的完全遍历路径规划能够通过离线学习达到,并且有运动行为,路线规划和全局路径规划三个步骤。在运动行为阶段机器人通过各种传感器采集三维环境信息,然后把这些信息输入到 BP 神经网络中,机器人可以清扫周边的区域直到周边没有未清扫区域。在路线规划阶段,清洁机器人要决定一条最短的路径通向工作空间中其他未清扫区域,在全局路径规划中,产生一个全局环境地图,然后机器人从起始点开始,清扫整个工作空间。

3)遗传算法

遗传算法是由 JohnH oland 在 20 世纪 70 年代早期发展起来的一种自然选择和群体遗传机理的搜索算法。它模拟了自然选择和自然遗传过程中发生的繁殖、交配和突变现象。它将每个可能的解看作是群体(所有可能解)中的一个个体,并将每个个体编码成字符串的形式,根据预定的目标函数对每个个体进行评价,给出一个适合值。开始时总是随机地产生一些个体(即候选解),根据这些个体的适合度利用遗传算法(选择、交叉、变异)对这些个体进行交叉组合,得到一个新的个体。这一群新的个体由于继承了上一代的一些优良性质,因而明显优于上一代,这样逐步朝着更优解的方向进化。遗传算法对于复杂的优化问题无须建模和进行复杂的运算,只要用遗传算法的三种算子就能找到优化解,因而在各种领域中得到了广泛的应用。在机器人相关领域研究中,遗传算法已被应用于机械手的轨迹生成、多机器人的路径规划、冗余机械手的障碍避碰。

另外,当遗传算法与模糊逻辑、人工神经网络等技术相结合,组合成一个智能学习和进化系统时,便显示了它的强大威力。有很多学者综合运用上述智能方法作了路径规划的尝试。如 Toshio Fukuda 等提出了一个具有"结构化智能"的机器人导航系统。它以模糊控制器为核心。路径规划的一种分层决策机构,并且根据反馈得到的奖赏,惩罚信息进行学习和进化。其优点是系统自学习能力,这也是其研究的侧重点,然而他们把系统做的比较复杂,效率较低。

7.6　基于深度强化学习算法的导航算法

强化学习是机器学习的一个重要分支,算法主要描述智能体不断地和环境交互过程中通过学习策略获得最大化回报。强化学习主要地研究对象主要包含以下几个对象。

智能体:可以是游戏里面玩家控制角色,也可以是现实中的机器人;

动作:智能体能够做出的行为;

奖励:来自环境评价智能体动作好坏的标准;

环境:和智能体交互的环境;

状态:智能体在环境中所处的位置;

目标:智能要到达的目标位置或者获得的分数。

深度强化学习就是将深度学习和强化学习结合起来,借助于深度学习强大的非线性拟合能力,赋予了强化学习强大的抽象能力和决策能力。

强化学习也根据是否对环境了解,进行分类。如果对环境完全了解,则称为 Model – based;如果对于环境不了解,则称为 Model – free。

在基于视觉的导航任务当中,智能体对于环境是未知的,所以算法是 Model – free的。智能体通过在不断地和环境进行交互,通过来自于环境的奖励信息,不断调整自己的策略,最终学会导航任务。

异步演说评论家算法(asynchronous advantage actor – critic,A3C)[89],也称为异步优势评论家算法,是目前使用较多的一个深度学习算法(图 7.18)。该算法思路利用多线程的方法,同时将多个智能体放在不同的线程中分别环境交互,每个线程将学习到的数据汇总到全局神经网络,然后定期更新全局神经网络,并从全局神经网络获取最新的网络参数(图 7.19)。

强化学习智能体的目标是动作奖励的最大化,这里使用动作奖励的期望来表达。在动作的概率分布 P 中,动作奖励 X 的期望如下式所示:

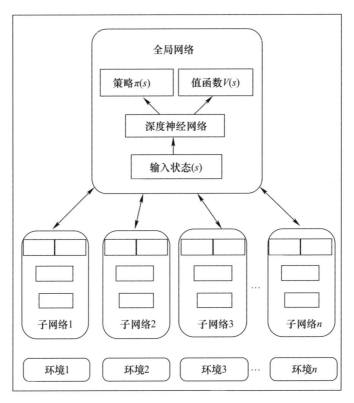

图 7.18　A3C 算法

图 7.19　A3C 算法效果[89]

$$E_P[X] = \sum_i P_i X_i \qquad (7-12)$$

对于策略网络 Policy π 的值函数 $V(s)$，将其看做期望的折扣回报，根据贝尔曼方程和差分时间公式，写作下面的迭代定义

$$V_{(s)} = E_{\pi(s)} \left[r +_\gamma \left[V(s') \right] \right] \tag{7 - 13}$$

此函数含义为：当前环境状态 s 所能得到的返回值 Return，是下一个状态 s' 所能获得 Return 和在状态转移过程中的奖励 r 的和。

再定义一个动作值函数 $Q(s,a)$，这个值和值函数 $V(s)$ 有相关性，即有如下定义：

$$Q(s,a) = r +_\gamma V(s') \tag{7 - 14}$$

最后定义一个评价函数也称评论函数，其含义是指在状态 s 下，选择的动作有多好。如果当前动作比平均值要更好，那么这个优势函数就是积极的，否则就是消极的。优势函数计算，如下式所示：

$$A(s,a) = Q(s,a) - V(s) \tag{7 - 15}$$

使用深度神经网络来估计 $Q(s,a)$ 函数，在实际过程当中，将状态 s 输入到深度神经网络，由神经网络计算通过策略网络 Policy $\pi(s)$ 输出一个分布，可以按照这个分布来选择动作，或者直接选择概率最大的那个动作。

这里定义一个折扣函数，来表示一个策略能够获得的所有折扣奖励，从状态 0 出发得到的所有平均，如下式所示：

$$J(\pi) = E_{\rho^{*0}} \left[V(s_0) \right] \tag{7 - 16}$$

然后通过对折扣函数求导，通过梯度反传来最大化折扣函数的值，如下式所示：

$$\nabla_\theta J(\pi) = E_{s \sim \rho^\pi, \partial \sim \pi(s)} \left[A(s,a) \cdot \nabla_\theta \log \pi(a|s) \right] \tag{7 - 17}$$

基于视觉的导航任务流程：

（1）初始化全局神经网络和各子智能体，开启多个线程。

（2）将环境图片输入到智能体特征提取深度卷积网络中，提取视觉特征。

（3）将视觉特征输入到智能体决策网络中，智能体做出决策和环境交互，得到环境奖励。

（4）根据奖励的好坏评判决策的好坏，对于好的决策让它的出现概率提高，对于不好的决策让它的出现概率降低，待和环境交互完成，将自身的参数传递给全局网络。

（5）开始下一轮交互。

7.7　导航的多场景适应性与集成化计算技术

为适应复杂多变的应用场景，移动机器人应具有强大的环境感知能力、多场景适应性的自主导航能力以及集成化、通用化的信息处理机制和硬件架构。目前用于机器人的环境空间传感器中，激光雷达与摄像机因具有较强的环境分辨能力获得了广泛的应用,其中激光雷达的应用较为成熟,主要集中在自动驾驶和地图测绘;视觉传感优势在于更强的模式识别能力,但因其对被动光源的依赖,在微光/弱光环境下会受到较大影响。机器人环境建模的研究特点是由基于单一模态信息到多模态融合,由离线的环境建模发展到实时的场景构建与目标识别等。例如,使用全局和局部信息实现基于面元的稠密 RGB – D 重建以及通过多视角高分辨率图像实现了对建筑的自动重建。目前,基于图像的即时定位与地图重建技术在多传感器融合、多场景使用、鲁棒性和建模精度方面都存在瓶颈。异构传感器的软硬件融合、三维环境的重定位方法、基于深度学习的目标检测方法有望成为三维模型场景识别与环境建模方向发展的突破点(图7.20)。

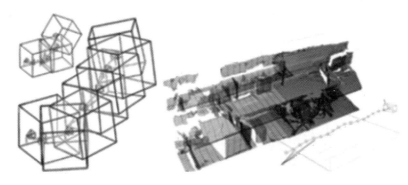

图 7.20　基于 RGB – D 和网格的三维重建方法,在鲁棒性和重定位精度方面仍需完善[90]

　　智能机器人由于应用场景、系统功能的不同,对环境感知与建模算法存在差异化需求。专用集成电路只适应单一种类算法,扩展与升级维护困难,而通用处理器则存在成本高和运算性能差等缺点。《国际半导体技术发展路线图(ITRS)2015版》认为,粗颗粒度可重构架构(CGRA)兼顾专用集成电路的高效性和通用处理器可编程的灵活性,是未来最有发展前途的新兴计算架构之一(图7.21)。

Thinker 系列AI芯片

Thinker–I	Thinker–II*	Thinker–S
●面向通用神经网络计算 ●采用异构PE架构 ●支持CNN/FCN/RNN,及混合神经网络	●面向极低功耗神经网络计算 ●采用负载感知的调度技术 ●支持低位宽量化与资源复用	●面向极低功耗语音应用 ●Always on实时处理 ●支持语音识别和声纹识别

图 7.21　基于可重构芯片构建的 Thinker 系列运算处理芯片,通过对运算阵列的
动态配置可以兼顾神经网络运算与低功耗[91]

针对传统导航方法缺乏对环境的认知、难以处理复杂动态场景和密集人流的问题,目前的研究方向是研发实现类脑神经建模方法,提升机器人导航定位系统的环境适应能力。结合传感器对环境的主被动复合感知,实现非结构化复杂动态场景中的多模态信息融合,实现机器人对场景的多层次理解与认知(图 7.22)。此外,针对环境建模和导航定位技术的大运算量、高实时性计算需求,目前市场迫切需要提供基于可重构加速引擎的多模态数据算法加速方案,充分发挥软件的灵活性和算法模块化加速处理的高效性,实现专用芯片在性能、功耗和灵活性间的平衡。而多核处理器采用离线和在线动态优化相结合的硬件加速引擎调度是满足以上需求的热门研究方向。

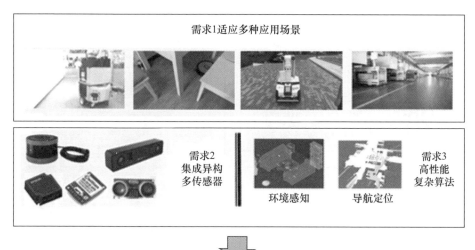

通用化感知与导航芯片:集成度高、平台兼容,算力强大,
适应移动计算,是同时满足以上需求的最佳途径

图 7.22　针对移动机器人的各种需求,通用化芯片是最佳的解决方案

国内服务机器人市场正在快速发展,各种机器人平台在酒店、餐饮、写字楼及家庭服务等社会场景中大量应用。对于机器人研发企业,目前所面临的一个重大技术难点就是难以协调多场景、多平台机器人产品快速迭代需求与机器人研发间的矛盾。这就需要将深度学习应用于强化学习框架中,利用深度强化学习算法构建机器人导航模型;研究类脑认知信息到机器人导航动作决策的映射关系,通过模仿学习算法引入模仿人类行为的先验知识,提升机器人导航学习效率,加速算法收敛;通过非结构化记忆模型中类脑记忆信息,对机器人进行行为预测(图 7.23)。利用机器人自身的过往导航经历有效提取相似动作信息,提高导航算法的可迁移性。

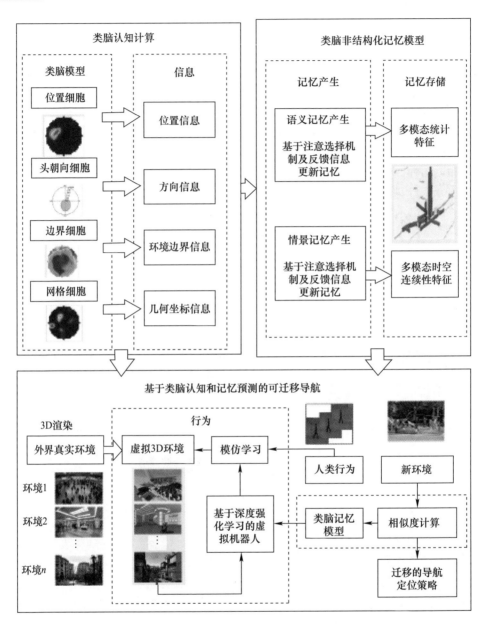

图 7.23　基于类脑认知的迁移算法是目前解决多场景自适应导航的主要研究方向与方法

第8章　社会场景下的机器人智能控制

8.1　社会机器人智能控制综述

目前大多数的自主机器人一般都是人类专家使用的工具,比如用于远程执行危险的任务,像清扫雷区、检查油井、矿山勘测等,或者是用于做重复精准的工作。但是,人与社会机器人的互动和这些自主机器人的相互作用是不一样的。社会机器人的目的是以人际交往的方式参与人的活动,这个时候,我们不再把社会机器人当做一个工具,而是作为一个人来参与人类的生活,或者作为人类的合作伙伴,以实现社交或者情感的目标。

由于社会机器人强调融入人类日常生活,因而其建模以及控制设计的过程强调人机共存的特点。例如,在人群密集的过程中,社会机器人需要保证与人群在合适的距离,以及在人机物理交互中,社会机器人的运动需要加以限制以保证人类安全。因此,这对社会机器人的智能控制设计提出了新的要求。

社会机器人通常是在人类环境中以人类为中心与人类进行互动,并且可以和人们一起活动。社会机器人最重要的特征是必须具有社会属性,社会机器人以人际交往的方式参与人类活动,通过语言、肢体语言、人们的行为或者感情的方式与人沟通和协调。正如前面几章提到的社会机器人所看到的,这些例子中的机器人利用不同的方式进行沟通,表达带有社会情绪的行为。这些方式包括全身运动、空间关系(人际距离)、手势、面部表情、凝视行为、头部方向、语言或者感性发声、触控式的沟通以及各种各样的显示技术。

为了能够使社会机器人能与人进行密切交流以及协调行为,他们除了需要一个复杂的大脑——处理器,还需要一个配合大脑的小脑——控制器。机器人的控制器从机器人的大脑获得数据,控制驱动器的动作,并与传感器反馈的信息一起协调机器人的运动。由于人类行为的丰富性和人类环境的复杂性,使得很多社会机器人的控制器复杂起来,不再像工业机器人一样,只需要控制机器人进行简单的、固定轨迹的移动。社会机器人的运动更多地体现主动性、智能性。例如,一个社会机器人走在一个小区里,他可以自己感知有几条路可以走,可以主动地选择最优的一条路径,当遇到行人时,会主动避让,这些不需要人们给社会机器人额外的指令,他可以自己主动地、有意识地做决策。

而这些,不确定模型、高度非线性、复杂的任务要求使得仅仅在机器人控制技术上使用传统的控制技术(开环控制、PID 反馈控制)和现代控制技术(柔顺控制、变结构控制、自适应控制)是不足以满足的。因此,智能控制技术是社会机器人实现智能化的重要方法。智能控制的概念主要是针对控制对象及环境、目标和任务的不确定性和复杂性而提出来的。一方面,这是由于实现大规模复杂系统的控制需要;另一方面,也是由于现代计算机技术、人工智能和微电子学等学科的高速发展,智能控制的技术发生了革命性的改变。可以说,一个智能化的时代已经到来,社会机器人的智能控制技术也应运而生。

8.2 社会机器人智能控制的发展

机器人系统通常分为机构本体和控制系统两大部分。控制系统的作用是根据用户的指令对机构本体进行操作和控制,完成作业的各种动作。图 8.1 是机器人控制系统构成要素之间的关系。

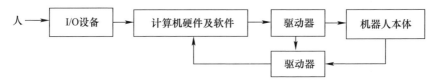

图 8.1 机器人控制系统构成要素关系图

控制系统的性能在很大程度上决定了机器人的性能。一个良好的控制器要有灵活性、方便的操作方式,多种形式的运动控制方式和安全可靠性。构成机器人控制系统的要素主要有计算机硬件系统及控制软件、输入/输出设备、驱动器、传感系统。

智能控制是一门新兴的理论和技术,他的发展得益于许多学科,其中包括人工智能、现代自适应控制、最优控制、神经元网络、模糊逻辑、学习理论、生物控制和激励学习等。以上每个学科均从侧面部分地反映了智能控制的理论及方法。智能控制代表了自动控制的最新发展阶段,也是应用计算机模拟人类智能,实现人类智力劳动和体力劳动智能化的一个重要领域,而社会机器人的智能控制更是在这个基础之上。

智能控制是人工智能和自动控制的重要组成部分,图 8.2 所示为智能控制的发展过程。从图 8.2 可知,这条路径的最远点是智能控制,至少在当前是如此。智能控制涉及高级决策并与人工智能密切相关。

　　人工智能的发展促进了自动控制向智能控制的发展,而智能控制的发展促进了智能机器人的产生与发展。机器人的智能从无到有、从低级到高级,随着科学技术的进步而不断深入发展。

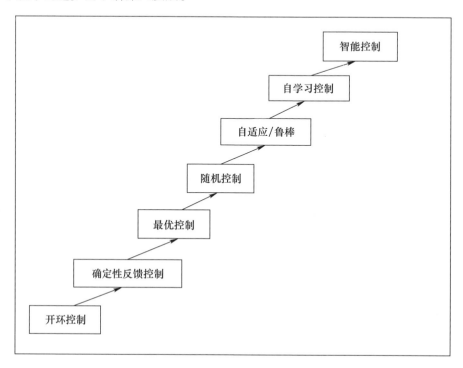

控制复杂性

图 8.2　智能控制发展过程

　　1921 年,捷克剧作家 Karel Capek 在剧本 Rossum's Universal robots 中描述了一个具有人的外表、特征和功能的机器,并命名为"Robota"。从这个时候开始,机器人技术开始出现。之后在 20 世纪 50 年代,美国橡树岭和阿尔贡国家级实验室开始研制遥控式机械手并用于搬运放射性材料。此后机器人得到了巨大的发展,主要经历了示教再现型机器人、感觉型机器人、适应控制型、学习控制型、智能型机器人几个阶段。智能型机器人具有多种内、外部传感器,能感知内部关节的运行速度、力的大小等因素,还可以通过外部传感器,如视觉传感器、触觉传感器等,对外部环境信息进行感知、提取、处理并做出适当的决策,在结构或者半结构化环境中自主地完成某一项任务。目前,社会机器人智能控制尚处于研究和发展的阶段。

8.3 社会机器人的智能控制系统

关于社会机器人的智能控制系统我们将从智能控制系统的系统结构与智能机器人的体系结构两个角度来介绍智能控制系统在社会机器人上的应用。

由于智能控制尚处于发展阶段,目前对智能系统的定义说法有很多。在本书中,我们认为,所谓智能系统是指具备一定智能行为的系统。具体来说,若对于一个问题的激励输入,系统具备一定的智能行为,它能够产生合适的求解问题的响应,这样的系统称为智能系统。

8.3.1 智能控制系统结构

智能系统的经典结构是由 7 部分组成的,包括执行器、传感器、感知信息处理、规划与控制、认知、通信接口和广义对象,其关系如图 8.3 所示。

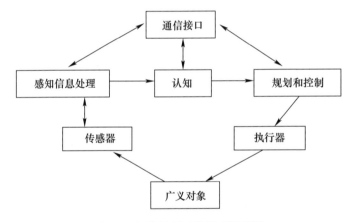

图 8.3 智能控制系统原理结构图

"执行器"是系统的输出,对外界对象发生作用。一个智能系统可以有许多甚至成千上万个执行器。为了完成给定的目标和任务,它们必须进行协调。执行器有电机、定位器、阀门、电磁线圈、变送器等。

"传感器"产生智能系统的输入,它可以是关节位置传感器、力传感器、视觉传感器、距离传感器、触觉传感器等。传感器用来监测外部环境和系统本身的状态,传感器向感知信息处理单元提供输入。

"感知信息处理"将传感器得到的原始信息加以处理,并与内部环境模型产生期望值进行比较。感知信息处理单元在时间和空间上综合观测值与期望值之间的异同,以检测发生的事件,识别环境的特征、对象和关系。

"认知"主要用来接收和存储信息、知识、经验和数据,并对它们进行分析、推理,做出行动的决策,送至规划和控制部分。

"通信接口"除建立人机之间的联系外,还建立系统各模块之间的联系。

"规划和控制"是系统的核心,它根据给定的任务要求、反馈的信息以及经验知识,进行自动搜索、推理决策、动作规划,最终产生具体的控制作用。

"广义对象"包括通常意义下的控制对象和外部环境。

8.3.2　智能机器人体系结构

智能机器人的体系结构主要包括硬件系统和软件系统两个方面。由于智能机器人的使用目的不同,硬件系统的结构也不尽相同。比较经典的结构图如图 8.4 所示。该结构是以人为设计原型设计的,系统主要包括视觉系统、移动机构、机械手、控制系统和人机接口。

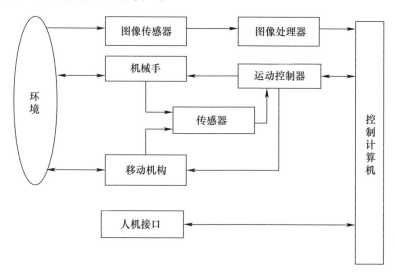

图 8.4　智能机器人硬件系统结构图

智能机器人利用人工视觉来模拟人的眼睛。视觉系统可分为图像获取、图像处理、图像理解三部分,视觉传感器是将景物的光信号转化为电信号的器件。智能机器人的行走机构有轮式、履带式或者爬行式以及类人型的两足式。目前,大多数社会机器人采用类人型两足式以及轮式的行走机构。智能机器人可以借用工业机器人的机械手结构,但是自由度增加,还需要配备触觉、压觉、力觉和滑觉等传感器以方便产生柔软、灵活、可靠的动作,完成复杂作业。智能机器人多传感器信息的融合、运动规划、环境建模、智能推理等需要大量的内存和高速、实时的处理能力。现在的冯·诺依曼作为机器人的控制器仍然力不从心,随着光

135

电子计算机和并行处理机构的出现,智能机器人的处理能力会更高,机器人会更加智能。智能机器人的人机接口包括机器人会说、会听以及网络接口、话筒、扬声器、语音合成和识别系统,智能机器人能够听懂人类的指令,能够和人进行自然语言交流。机器人还需要具有网络接口,人可以通过网络和通信技术对机器人进行控制和操作。

8.3.3 智能控制系统特点

智能控制系统的特点主要有:

(1) 智能控制系统具有以知识表示的非数学广义模型和以数学模型表示的混合控制过程。适用于含有复杂性、不完全性、模糊性、不确定和不存在已知算法的生产过程。可根据被控动态过程特征辨识,采用开闭环控制和定性与定量控制结合的多模态控制方式。

(2) 智能控制器具有分层信息处理和决策机构。实际上是对人的神经结构或专家决策机构的一种模仿。

(3) 智能控制器具有非线性。由于人的思维具有非线性,作为模仿人的思维进行决策的智能控制也具有非线性的特点。

(4) 智能控制器具有变结构的特点。在控制过程中,根据当前的偏差及偏差变化率的大小和方向,调整参数不满足要求时,以跃变方式改变控制器的结构,以改善系统性能。

(5) 智能控制器具有总体自寻优的特点。在整个控制过程中,计算机在线获取信息和实时处理并给出控制决策,通过不断优化参数和寻找控制器的最佳结构形式,来获取整体最优控制性能。

智能控制系统是一门新兴的边缘交叉学科,它需要更多的相关学科配合支援,使智能控制系统有更大的发展。

从上面的介绍,我们可以发现智能控制系统是机器人系统中很重要的一部分。智能控制系统像人类的小脑一样可以控制社会机器人保持平衡,位置移动、肢体动作等所有的"身体动作"。没有智能控制系统的社会机器人像是患有瘫痪的病人一样,虽然大脑可以思考,却失去了行动能力。作为社会的一分子,没有智能系统的大多数社会机器人很难表现它的社会属性。因此,研究社会机器人的智能控制也是社会机器人的重要环节与重要的发展方向。

8.4 社会机器人的模糊控制技术

模糊控制是以模糊集合论、模糊语言变量和模糊逻辑推理为基础的一种计算机数字控制技术。模糊控制实质上是一种非线性控制,其一大特点是既有系统化的理论,又有大量的实际应用背景。模糊控制系统主要应用于对数据不准确、要处理的数据量过大以至于无法判断它们的兼容性、一些复杂可变的被控对象等场合是有益的,利用模糊逼近来表示它们是非常合适的。例如,将模糊控制应用于多输入多输出(MIMO)的非线性系统[92]、非仿射非线性系统中[93]。此后,模糊估计器逐渐诞生,利用模糊估计器估计未知的非线性系统[94],模糊反馈控制[95]也被提出。

与传统控制器依赖于系统行为的参数的控制器设计方法不同,模糊控制器设计是依赖于操作者的经验。模糊控制器参数或者控制输出的调整是从过程函数的逻辑模型产生的规则来进行的,改善模糊控制性能的最有效的方法是优化模糊控制规则。通常,模糊控制规则的获取是通过将人的操作经验转化为模糊语言形式,因此它具有主观性。

8.4.1　模糊控制系统

一般的模糊控制架构包含了 5 个主要部分,即定义变量、模糊化、知识库、模糊推理及精确化。一个典型的模糊控制器的系统结构图如图 8.5 所示。

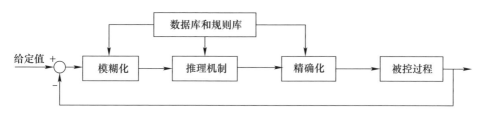

图 8.5　模糊控制器的系统结构图

定义变量就是决定程序被观察的状况及考虑控制的动作,在一般的控制问题上,输入变量有输出误差和输出误差变化率,模糊控制将控制变量作为下一个状态的输入。

模糊控制器包括 4 个部分,模糊化、知识库、模糊推理和精确化。模糊控制器的输出是通过观察过程的状态和一些如何控制过程的规律推理得到的。

测量信息的模糊化是将实测物理量转化为在语言变量相应论域内不同语言值的模糊子集。也就是测量输入变量(设定输入)和受控系统的输出变量,并把它们映射到一个合适的响应领域的量程,然后,精确的输入数据被变换为合适的语言值或者模糊集合的标识符。

具体包含以下三步:

(1)对输入量进行满足模糊控制需求的处理。

（2）对输入量进行尺度转换,使其落在各自的论域范围。

（3）将已变换到相应论域的输入量进行模糊处理,使原先精确量变成模糊量,并用相应的模糊集合表示。

数据库和规则库统称为知识库。知识库设计应用领域和控制领域目标的相关知识,它由数据库和语言（模糊）控制规则库组成。数据库为语言控制规则的论域离散化和隶属度函数提供必要的定义,包括尺度变换因子以及模糊空间的分级数;语言控制规则标记控制目标和领域专家的控制策略,反映专家的经验。知识库根据人类专家的经验建立模糊规则库,模糊规则库包含众多控制规则,是从实际控制经验过渡到模糊控制器的关键步骤。

推理机制是模糊控制器的核心,它模拟人的推理机制,通过模糊逻辑中的蕴涵关系以及推理规则来进行。推理机制主要实现基于知识的推理决策,使用数据库和规则库,将推理机制得到的模糊控制量转化为一个清晰、确定的输出控制量。推理机制以模糊概念为基础,模糊控制信息可通过模糊蕴含和模糊逻辑的推理机制来获取,并可实现拟人决策过程,根据模糊输入和模糊控制规则,模糊推理求解模糊关系方程,获得模糊输出。

精确化又称为解模糊化,主要作用是将模糊推理得到的控制量转化为实际用于控制的清晰量。精确化是模糊判决接口,起到模糊控制的判断作用,并产生一个精确的或者非模糊的控制作用;此精确控制作用必须进行逆定标（输出定标）,这一作用是在受控过程进行控制执行通过过程量变换来实现的。精确化的方法主要有:最大隶属度法,如果输出量模糊集合的隶属度函数只有一个峰值,那么最大隶属度所对应的值为输出清晰值,如果有多个峰值,则取平均值;加权平均法,以各隶属值为权值,也称重心法;中位数法。以上方法中,加权平均法应用最多。

8.4.2 模糊控制规则

控制规则的正确与否直接影响到控制器的性能,其数目的多少也是衡量控制器性能的一个重要因素。模糊控制规则的取得方式包括专家的经验知识、操作员的操作模式和学习。

模糊控制也称为控制系统中的专家系统。人类在日常生活中判断事情,使用语言定性分析多于数值定量分析,而模糊控制规则提供了一个描述人类的行为及决策分析的自然架构,专家的经验知识通常可用 if…then 的形式来表述。询问经验丰富的专家,获得系统的知识,并将知识改为 if…then 的形式。除此之外,为了获得最佳的系统性能,还需要多次使用试误法,以修正模糊控制规则。

专家系统的想法是只考虑知识的获得,专家可以巧妙地操作复杂的控制对象,但这需要将专家的诀窍逻辑化。许多工业系统无法以一般的控制理论做正确的控制,但是操作人员在没有数学模式的情况下却能够成功地控制这些系统。记录操作人员的操作模式,将其整理为 if…then 的形式,可构成一组控制规则。

为改善模糊控制的性能,必须让它有自我学习或自我组织的能力,是模糊控制能够根据设定的目标,增加或修改模糊控制规则。

模糊控制规则的形式主要分为状态评估和目标评估模糊控制规则。状态评估模糊控制规则类似人来的直觉思考,它被大多数的模糊控制器所用;目标评估模糊控制规则能够评估控制目标,并且预测未来控制信号。

8.4.3　模糊控制理论

模糊控制理论发展至今,模糊推论的方法大致可分为三种:

(1) 依据模糊关系的合成法则。

(2) 根据模糊逻辑的推论法简化而成。

(3) 与第一种类似,只是其后端改由一般的线性形式组成。

模糊推论采用三段论法,可表示为:

条件命题:If x is A then y is B

事实:x is A

结论:y is B

条件命题相当于模糊控制中的模糊控制规则,可用模糊关系式来表达前件部和后件部的关系,将模糊关系和模糊集合 A 进行演算得到模糊集合 B。

8.4.4　模糊控制特点

模糊控制的特点主要有:

(1) 模糊控制无须知道被控对象的数学模型,是以人对被控系统的控制经验为依据而设计的控制器,因此无须知道被控对象的数学模型。

(2) 模糊控制是能反映人类智慧思维的智能控制,模糊控制器不用数值而用语言式的模糊变量来描述系统,不必对被控对象建立完整的数学模式,采用人类思维模式中的模糊量,如"大""小""高""中""低"等,控制量由模糊推理得到,这些模糊量和模糊推理是人类通常智能活动的表现。

(3) 模糊控制易被人们所接受,模糊控制器是一种语言控制器,便于操作人员利用自然语言进行人机对话。

(4) 模糊控制构造容易,简化系统设计的复杂性,特别适用于非线性、时变、滞后、模型不完全系统的控制。

(5) 模糊控制鲁棒性好,模糊控制器是一种容易控制、掌握的较理想的非线性控制器,能执行有效的控制,具有良好的鲁棒性、适应性及较佳的容错性。

（6）模糊控制利用控制法则来描述系统变量间的关系。

但是模糊控制尚有不足之处,模糊控制的设计尚缺乏系统性,难以建立一套系统的模糊控制理论,以解决模糊控制的机理、稳定性分析、系统化设计等一系列问题;完全凭借经验获得模糊规则及隶属度函数即系统的设计方法;针对简单信息的处理,导致控制精度降低及动态品质变差,若要提高精度就必然增加量化级数,导致规则搜索范围扩大,决策速度降低,甚至不能实时控制;模糊控制中关于稳定性和鲁棒性的问题尚未解决。

8.5　社会机器人的神经网络控制技术

由于自动控制面临两个方面的技术问题:一是控制对象越来越复杂,存在着多种不确定(随机性)和难以确切描述的非线性;二是对控制系统的要求越来越高,迫切要求提高控制系统的智能化水平。神经网络为处理和解决这些问题提供了一条新的路径。

自从 20 世纪 40 年代 McCulloch 和 Pitts[96] 提出研究由神经元简单模型组成的网络计算能力以来,神经网络技术得到了长足的发展,并成功地应用于学习、模式识别、信号处理、建模和系统控制等领域。

神经网络的逼近能力已经在许多研究工作中得到了证明[97-101],它们具有高度并行结构、学习能力、非线性函数逼近、容错和高效的模拟微电子技术(VLSI)实现等优点,为实时应用提供了动力,极大地推动了神经网络在非线性系统辨识和控制中的应用。神经网络在控制设计中的早期应用[102]已经得到了证明。反向传播算法[103]在 20 世纪 80 年代后期的普及极大地推动了神经网络控制的发展。早期关于神经控制的研究大多是通过仿真或具体的实验实例来描述神经控制器的创新思想,但对闭环神经控制系统的稳定性、鲁棒性和收敛性的分析还不够深入。理论难度主要来自于近似中使用的非线性参数化网络。用多层神经网络作为函数逼近器[104-105],当初始网络权值足够接近理想权值时,可以保证控制系统的稳定性和收敛性。这意味着为了实现一个稳定的神经控制系统,在引入神经网络控制器之前,必须进行足够的离线训练,才能利用梯度学习算法来实现系统的稳定。

为了避免在构建稳定的神经网络过程中出现上述困难,在开发控制结构和推导网络权值更新律的过程中,应用了李雅普诺夫稳定性理论。几个研究小组参与了稳定自适应神经网络控制技术的发展。具体地,PolyCaropu 和 Ioannou[106-107]提供了用于非线性动态系统的识别和控制的统一框架,其中可应用自适应非线性控制和自适应线性控制理论的参数化方法来执行稳定性分析。

Sandner 和 SLO - Tine[108]在高斯径向基函数(RBF)网络的逼近和使用滑模控制设计的自适应控制的稳定性理论的逼近中进行了深入的处理。基于多层 NNS 的控制方法已经成功地应用于机器人控制,以实现稳定的自适应神经网络系统[109-110]。它们的设计方法也被扩展到离散时间非线性系统[111]。通过引入 GE-Lee 算子进行稳定性分析和演示,给出了机器人控制中常见问题的系统和相干处理[112]。

8.5.1　边界层法

众所周知,机器人系统是一个电子——机械控制系统。电机上面的力矩抖动是不允许的,因为过大的抖动会造成机械结构的松懈。为了解决该问题,我们提出了一种边界层法:

通过把不连续的控制器输出规定在一个边界层 B_i 里面,可以有效地消除抖动。这个边界层的集合如下:

$$B_i = |r_i| < d_i, d_i > 0$$

式中:d_i 为边界层的厚度。这个边界层保证了系统的精确度,而不是保证系统的"完美"的跟踪。这个因为有界的控制器 τ_i 会产生一个有界的跟踪误差。

这里有两个不同的控制算法。一个控制算法是基于一个饱和函数设计的,饱和函数为

$$\mathrm{sat}(r_i) \geqslant \begin{cases} \dfrac{r_i}{d_i}, & \dfrac{r_i}{d_i} \leqslant d_i \\ \mathrm{sgn}\left(\dfrac{r_i}{d_i}\right) \end{cases} \quad (8-1)$$

其中饱和函数 sat(·)图像表示如图 8.6 所示,其中 $d_i = 1.0$。需要注意的是,这个函数是连续不可导的。

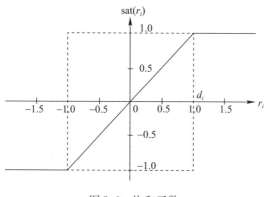

图 8.6　饱和函数

另外一个控制算法是基于一个不连续的函数设计的,其函数为

$$\mathrm{conti}(r_i) = \frac{r_i}{\mid r_i + d_i \mid}, d_i > 0 \qquad (8-2)$$

注意:该函数连续可导。当 d_i 趋近于 0 的时候,$\mathrm{conti}(r_i)$ 就变为了 sgn 函数;当 d_i 变得足够大的时候,conti 函数就变得平滑。通过选择不同的 d_i,会得到不同的函数。具体表示如图 8.7 所示。

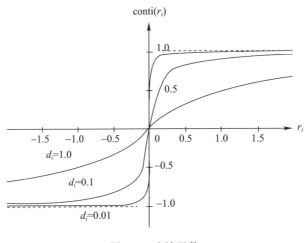

图 8.7　连续函数

8.5.2　神经网络逼近

神经网络(neural networks,NNs)是由大量简单处理节点所组成的网络,节点通过权重链路相连接,其中权重是网络可调参数。节点与链路的布置决定了网络的架构。不同的神经网络架构有不同的性能,因此,针对不同的应用,神经网络的架构也必须被仔细地选取以适应不同的应用。

在控制工程领域,神经网络通常利用其逼近函数的功能来产生输入/输出映射,其逼近可以用来描述为如下问题。

定义 8.1　(函数逼近)$f(x):\mathbb{R}^n \to \mathbb{R}$ 是定义在紧集 Ω 的目标连续函数,$f_{nn}(W,x):\mathbb{R}^s \times \mathbb{R}^n \to \mathbb{R}$ 是依赖于变量 W 以及 x 的逼近函数,则函数逼近问题则是通过寻找最优参数 W^*,使得目标函数与逼近函数之间的距离尺度 d 满足如下式的条件。

$$d(f_{nn}(W^*,x), f(x)) \leqslant \varepsilon \qquad (8-3)$$

式中:$\varepsilon > 0$ 为可接受的任意小常数。

为了利用 NNs 逼近目标函数 $f(x)$,有两个主要问题需要解决。一是表征问

题,即选择逼近函数 $f_{nn}(W^*,x)$ 的表达形式;二是学习问题,即构造训练或者迭代规则来得到最优的神经网络权重 W^*。

在目前的文献中,已经有大量文献提出各种不同结构的 NNs 用于逼近,比如多层感知机(multi – layer perceptron,MLP)网络,径向基函数(radial basis function,RBF)网络以及高阶神经网络(higher order neural network,HONN)。

其中,MLP 网络是目前研究最广泛的 NNs 结构,它是一个前向网络结构,其输入信号会前向传输若干层至输出。一个 MLP 网络实质上是一个全向连接的网络,即每一层的节点都有上一层的节点相连接,并与下一层的所有节点相连接。中间隐藏层和输出层都包含某个激活函数以计算输入带权重信号的输出。中间隐藏层常采用诸如 sigmoidal 与 hyperbolic 的激活函数,输出层则采用一个线性函数。由于 MLP 网络已被证实具有一致逼近能力,因此被广泛应用在建模与控制领域。

基于实际需求,目前 MLP 网络有两种常用的结构形式:一个是线性参数化的网络结构,即 RBF NNs;另一个则是非线性参数化的三层网络结构,即 MNNs。下面来逐一介绍这两种网络。首先是 MNNs,可以描述为

$$f_{nn}(Z) = \sum_{i=1}^{l} \left[\omega_i s \left(\sum_{j=1}^{n} v_{ij} z_j + \theta_{vi} \right) \right] + \theta_{\omega} \qquad (8-4)$$

一个多层感知机网络结构图如图 8.8 所示,其中 $\mathbf{Z} = [z_1, z_2, \cdots, z_n]^T$ 是网络输入矢量,v_{ij} 表示第一层到第二层网络的连接权重,ω_i 表示第二层到第三层网络的连接权重,θ_{ω} 与 θ_{vi} 表示阈值,基神经元模型 $s(\cdot)$,即激活函数,可选择 S 型函数:

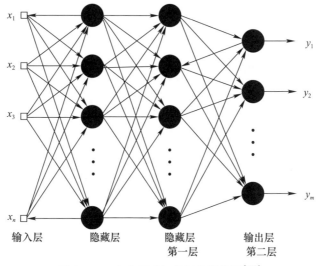

图 8.8　一个多层感知机网络结构图[113]

$$s(z) = \frac{1}{1 + \mathrm{epx}^{-\gamma z}} \qquad (8-5)$$

式中：$\gamma > 0$ 为常数，选择双曲正切函数：

$$s(z) = \frac{\mathrm{epx}^z - \mathrm{epx}^{-z}}{\mathrm{epx}^z + \mathrm{epx}^{-z}} \qquad (8-6)$$

同三层或者更多层的 MNNs 相比，RBF NNs 可被认为是一类两层网络，其中隐藏层没有可调参数，输入数据空间直接映射到一个新空间，输出层以线性方式组合神经元输出信号。因此，其属于一种线性参数化的网络，可表示为

$$f_{nn}(\boldsymbol{W}, \boldsymbol{Z}) = \boldsymbol{W}^{\mathrm{T}} S(\boldsymbol{Z}) \qquad (8-7)$$

式中：$\boldsymbol{Z} = [z_1, z_2, \cdots, z_n] \in \Omega_z \subset R^n$ 为神经网络输入矢量；$\boldsymbol{W} = [w_1, w_2, \cdots, w_l]^{\mathrm{T}} \in \mathbb{R}^l$ 为神经网络权重矢量；$l > 1$ 为神经元节点数；$S(\boldsymbol{Z}) = [s_1(\boldsymbol{Z}), s_2(\boldsymbol{Z}), \cdots, s_l(\boldsymbol{Z})]^{\mathrm{T}} s_i(\boldsymbol{Z})$ 为神经元激活函数。

本书选取基函数为高斯函数，基函数为

$$s_i(\boldsymbol{Z}) = \exp\left[\frac{-(\boldsymbol{Z} - \mu_i)^{\mathrm{T}}(\boldsymbol{Z} - \mu_i)}{\eta_i^2}\right] \qquad (8-8)$$

式中：$\mu_i = [\mu_{i1}, \mu_{i2}, \cdots, \mu_{in}]^{\mathrm{T}}$ 为基函数 $s_i(\boldsymbol{Z})$ 的感受域中心；η_i 为基函数感受域的宽度。

8.5.3　神经网络控制结构

根据神经网络在控制器中的作用不同，神经网络控制器可分为两类：一类为神经控制，它是以神经网络为基础而形成的独立智能控制系统；另一类为混合神经网络控制，它是指利用神经网络学习和优化能力来改善传统控制的智能控制方法。

综合目前的各种分类方法，可将神经网络控制的结构归结为以下几类：

（1）神经网络监督控制。通过对传统控制器进行学习，然后利用神经网络控制器逐渐取代传统控制器的方法，称为神经网络监督控制。

（2）神经网络直接逆动态控制。神经网络直接逆控制就是将被控对象的神经网络逆模型直接与被控对象串联起来，以便使期望输出与被控对象实际输出之间的传递函数为 1。

（3）神经网络自适应控制。与传统自适应控制相同，神经网络自适应控制也分为神经网络自校正控制和神经网络模型参考自适应控制两种。自校正控制根据对系统正向或逆模型的结果调节控制器内部参数，使系统满足给定的指标；模型参考自适应控制中，闭环控制系统的期望性能由一个稳定的参考模型来描述。

神经网络内模控制流程图如图 8.9 所示。

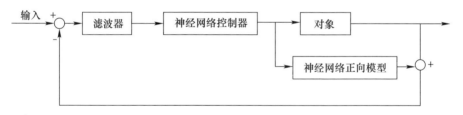

图 8.9　内模控制流程图

图 8.9 为神经网络内模控制,被控对象的正向模型及控制器均由神经网络来实现。

（4）神经网络预测控制。预测控制又称为基于模型的控制,该方法的特征是预测模型、滚动优化和反馈校正。神经网络预测器建立了非线性被控对象的预测模型,并可在线进行修正。

（5）神经网络混合控制。该控制方法是集成人工智能各分支的优点,由神经网络技术与模糊控制、专家系统等相结合而形成的一种具有很强学习能力的智能控制系统。

8.5.4　神经网络控制的优越性

传统的控制方法都是建立在被控对象有精准的数学模型的基础上,随着系统复杂程度的提高以及一些难以建立精准数学的被控对象的出现,比如研究的机器人系统,我们很难对其建立精确的数学模型,甚至很难建立模型。这个时候,传统的控制方法不再适用。所以本章介绍了目前在复杂的机器人系统中应用非常广泛的两种智能控制方法——模糊控制理论和神经网络控制方法。

与传统的控制理论相比,智能控制对环境和任务的复杂性有更大的适配程度。它不仅对建立的模型,而且对与环境和任务能抽取多级的描述精度,进而发展了自学习、自适应等概念,所以能在社会机器人中广泛应用。

第9章 机器人设计艺术理论与应用

外观设计主要是从机器人外观的拟人化和服务方式人性化方面考虑,试图改善机器人及金属材质带给人冰冷无情的特征。确立了机器人的设计方向后,用以下五种设计原则指导机器人的外观设计:功能需求原则、人机工学原则、审美规律原则、品牌一致性原则和情感需求原则。

9.1 机器人艺术理论

随着生活品质的提高,人们对于产品的追求从单一的使用价值逐渐增大到对艺术价值的关注,社会机器人是否符合人类的审美需求在大程度上会影响市场占有率。艺术美感渗透到了社会机器人的构思、设计等各个环节,机器人艺术理论的实现,主要在以下几个方面进行体现:功能之美、技术之美和材料之美。

一般来说,一个机器人具备了一个最基本的特征,就是其作为一个科技产品,都具有的使用功能。这种使用功能需要合乎人们的目的性以及能够在生活中提供人们一种更加便捷享受的生存方式,从而使人达到满足和愉悦,进而体现出一种艺术,即功能之美。在社会机器人的生产和设计之中,使用功能是和艺术联系在一起的,是最本质的东西。"功能之美"最本质的内容是实用的功能美,但是并不是全部,曾经存在某些功能主义者提出了一种核心概念——凡是有用的东西都是美。不得不说这是一种狭隘的说法,因为随着社会文明的进步,心理功能也是设计的重要考虑功能之一,所以在机器人的构思之初,也要考虑到道德因素,这也是功能美的体现。

与功能之美相辅相成的是技术之美,虽然两者具有不同的本质与意义,但是技术之美是实现功能之美的重要途径。技术之美相较于其他艺术,具有更高的操作性与应用性,它是应用技术学科的一个概念,是随着 20 世纪 30 年代现代科学技术的进步而产生的新的技术分支学科。技术之美是机器人设计的理论基础,设计又是技术之美的应用。技术之美不仅仅体现在设计之时要采用的适宜的科学方法,也体现在机器人生产以后的操作过程能够使得使用者操作便捷、使用简单,所以技术之美是机器人设计艺术中不可缺失的部分。

　　艺术的特征也在于材料的运用,而这句话对于社会机器人的艺术理论也是有效的,无论是从机器人的外观设计也好,内部构造也好,材料的选择是至关重要的环节,如果技术之美是实现功能之美的必要途径,那么材料之美则是实现功能之美的必要保障,也是体现技术之美的重要举措。机器人的制作材料大体分为金属材料、非金属材料和复合材料等,运用恰当的材料可以使得社会机器人的内部结构更加稳定,性能更加完善,并且还可以节约一定的开发成本,或者通过运用一些简单的材料装饰机器人的外观,可以增加社会机器人的社会接纳度,满足人们的艺术追求,从而可以提高市场份额。因此,材料之美是机器人艺术理论中重要的组成部分。

9.1.1　外观艺术设计的主要矛盾

　　在制作一个机器人上,设计师处于产业链条的上游,如果在这个环节上没有把控成本,那在接下来的制作成本上,花费将是巨大的。机器人外观设计师与机器人企业家在设计上,考虑的因素不在一条线上,机器人企业家常把成本因素放在第一位,而设计师把最终的设计效果放在第一位,因此,在前期合作洽谈中相互都有顾忌。

　　现代机器人在第一次开发时,结构设计师往往只是实现结构功能而不去考虑产品的内在美学要素,因此在二次开发设计时机器人结构设计师总会遇到外形与结构之间的物理造型相冲突的问题,而且在进行机械结构设计时,验证结构稳定往往需要经过几次复杂的检验,但最终结构往往是符合造型美学法则的。所以本章主要分析机器人组装时的美观与结构的结合,用艺术法则解决结构中的功能稳定问题的过程。

　　当代机器人的开发一般都是以团队的形式进行,结构功能工程师和产品造型工程师常常需要进行交流合作共同完成一件产品,而在开发过程中可能会遇到结构设计仅仅只是解决功能却没有考虑艺术设计法则的问题,那么在这种情况下造型设计师的工作就会有很多麻烦。单纯对造型的美感进行机器人造型设计并不能做到产品最终商业寿命的最大化,仅仅只对外观进行美学法则设计会让人很快厌倦产品。通过研究表明,十分鲜艳的华丽的产品外观,很容易让人产生厌烦的感觉,因此,单纯的外观设计不能满足人们对于美学的需求,而且很多机械设计师在进行结构设计的时候不能一次就找到很完美的结构造型,需要一次次的进行改进和验证。总结发现最终的产品结构往往也是符合美学法则的,因此,造型设计师在对产品造型进行设计的时候可以考虑美学法则,这样在无形中也简化了两两之间的配合。

9.1.2 艺术设计原则

在机器人外观设计方面,很少有独立以美观为设计的造型,大多都是由一些功能因素在进行辅助。造型设计师首先需要考虑的问题就是有效地处理零件之间的联系,即实现机械功能。在进行机器人第一次结构设计时,往往仅对结构功能进行实现并不考虑美观造型。

机器人的色彩表现除了展示机器人,一般都是将一些色彩表现力较强的构件和特制造型构件应用到其他部分。通过研究表明[114],十分鲜艳的产品外观,很容易让人产生厌烦的感觉,但是也有一些时候是例外的,如果场合对视觉有着特殊的要求,那么就需要使用比较鲜明的色彩。比如在一些机器人展览会上,机器结构既要在满足基本功能需求的基础上,还要将美观外在表现力充分地体现出来。

将艺术设计法则引入机械结构设计的开发方式[115],机器人造型设计的主要方法必须要结合机器人的功能在机器人结构设计方面的需求,特别是对于突出功能性的机器人,结合功能是十分重要的一个方面,机械结构件的美观和实用功能的结合设计是设计机器人外观造型的重要环节。机器人结构的结构件体现机器人的美感,机器人骨骼结构在设计造型的时候,需要遵循基本的外观要求,如果要将一个特殊的结构加入进去有特意美观造型需求,就需要及时地改变外观。一般情况下,如果外观是将功能表达出来那么就有着比较长的生命周期,如果外观只是要表现风格,那么通常只有较短的生命周期。所有机械结构件外露在机器人外形上,用结构件本身体现美感。如果没有对机器人的外形进行特殊的要求,那么只需要将最单纯的外观应用到功能设计上即可,机器人造型设计要充分地解决功能。目前,在对机器人机械结构开发过程中一些结构工程师发现,最终验证稳定的机械结构本身就具有许多美学法则。

"少即是多"是简约美感解决结构繁杂问题的原则,这一理论由建筑大师密斯·凡德罗提出[116-117]。"少即是多"的意思绝不是简单得像白纸一张,让你觉得空洞无物,以为根本就没有设计,它同样可以运用在机器人结构设计中,很多工程师运用大量结构件来实现功能。比如四连杆结构,在一号连杆位置引用了两组结构件来实现连接,于是丝毫连杆就需要三组结构实现。以此类推最终使得结构非常繁杂,如果以"少即是多"这一艺术设计法则考虑结构问题就可以省去许多繁杂无用的结构。利用黄金分割比例来解决结构问题,这种方法也常常运用在机器人结构设计中,因为机器人结构中大多是二次元件开发,因此有时固件点不容易确定定位。连接点间用黄金分割比例进行计算,既增加了美感也解决了计算问题,可简化工作。在进行丝杆连接的时候将丝杆定位在横向长版的位置。这样就可以使横长版在运动时更加稳定,但是单纯从机械设计角度解决定位点问题往往需要多次验证。

机器人结构设计大部分为一次元件型开发主要是验证机械结构功能和稳定性,而并不考虑产品的外观及美感,因此使得机器人仅靠外壳表现美感。但是就像前文提到过"如果外观只是要表现风格,那么通常只有较短的生命周期"。用造型体现产品本身的美感造型还有实现的功能是当代延长产品寿命的直接办法。在产品的一次开发的时候就可以考虑到这些问题,因此,在造型设计时多考虑艺术设计法则既可以解决美学问题也可以实现功能结构的稳定。

9.2　外观设计造型要素

服务型机器人的外观设计一般根据两个条件来设计:一是大众的审美和接受能力;二是公司的产品特点及时尚元素。外观设计既要满足大众的审美情趣,又要引导大众审美的发展和变化,还要根据机器人大小、特点做单独的个体调整[118-119]。要满足美学艺术原理与功能协调原理相结合的特征,既美观又实用,既时尚又经典。服务机器人是一种消费类产品,对外观、人机交互等方面的设计要求都比较高。因为消费者的感性需求因人而异、千变万化[120],所以要使服务机器人的外形设计能符合消费者的需求不是一件易事;怎样才能将模糊不清的需求具体转化为服务机器人的外形设计要素是目前艺术设计亟待思考的问题,总的来说服务型机器人产品包括以下几种造型要素。

9.2.1　形态要素

服务机器人因为要经常与人相处,大多数都具有较强的生命特征,所以要尽量满足人类的既定审美需求[121]。大部分服务机器人模仿了自然界的生物形态(包括人类)。从形态上选择最直观、简洁、宜人的借鉴元素。将生物形态加以抽象、夸张、概括、变形、整合,或截取部分具有代表性形象,再结合工业产品的一些本身形态元素,融合起来。从而创造出兼具时代性与符合人们审美需求的机器人造型。而产品的立体形态都是由点、线、面、体构成,形态的千变万化,就是点、线、面、体的变化,这些元素在构成产品的形态时,都各自发挥不同的作用[122-123]。

1. 点要素

造型中的点要素与几何学意义上的点不同,有大小、形状、体积、位置,多用于各种按键、旋钮、开关、指示灯等,点的构成,可由于点的大小、点的亮度和点之间的距离不同而产生多样性的变化,并因此会引起不同的心理效果。同样大小、同样亮度及等距排列的点,会给人规整划一的感觉,但相对显得单调、呆板。不同亮度、重叠排列的点,会产生层次丰富,富有立体感的效果。因为点在视觉感受中具有凝聚视线的特性,所以"点"的造型很容易导致我们的视觉集中在它身上,如夜晚大海上的灯塔、暗室中的一盏灯、服装上美丽的饰扣等,都会吸引我们的视线。点的视觉效果多起到集中视线,提醒位置的作用,往往成为关系到整体造型的重要因素。除此之外,特殊作用的按键要以较醒目的点的形式设置。目前许多机器人产品采用点要素形态作为机器人的眼睛,具有儿童般的好奇、可爱表情,如图9.1所示。

图 9.1 用点要素构造机器人眼部形状[124]

2. 线要素

线是点移动的轨迹,造型中的线是以面的交线、轮廓线、分割线、拼接线、装饰线等形式表现出来。可分为水平直线、垂直直线、斜直线、数学曲线、不规则曲线等。线在造型学上有直观的线和非直观的线存在于线状物、单一面的边缘等。非直观的线存在于两面的交接处、立体形的转折处、两种颜色的交界处等。线沿着一定轨迹运动则形成面。在很多情况下,是依据线来认识、界定形体的,因为其粗、细、直、光滑、粗糙的不同,会给我们带来不同的心理感受,每种线型都各自具有不同的视觉特点,例如:水平直线拥有平稳、安全、平静、开阔、永久的效应;垂直直线拥有刚正、挺拔、高耸、坚定、凝重的效应;斜直线拥有动感、不安定、活泼的效应;曲线拥有柔和、圆润、温顺、流动、活跃、优雅的效应;数学曲线拥有规则、理性的效应;等等。因此,不同线的选择,对立体形态的整体效果的表达是不同的。在针对服务型机器人产品进行造型设计时,应合理恰当地运用线型以达成要求的风格效果。对于一般家庭中使用的服务机器人比较适合采用规整或自然流畅的曲线,以增进产品的可亲性与安全性,如图9.2所示。

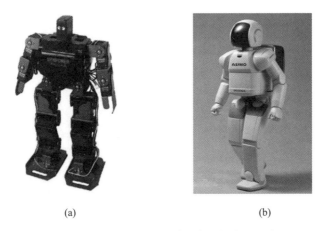

(a)　　　　　　　　　(b)

图9.2　机器人刚直规整的线型与流畅自然的线型

3. 面要素

线的移动形成了面,面在产品上用于表面包装封闭,用于立体的转折、构造分割、隔离。面有平面、曲面、非规则面。不同的面型具有不同的视觉心理效应,例如:矩形面给人大方、规则、单纯、明确、安全、严肃、庄严的感觉;圆形面给人封闭、饱满、肯定、统一、完美、规整的感觉;非规则面比几何面更具有人情味和温暖感,更自然,更具个性等,如图9.3所示。如何合理地运用不同的面型要素及其组合来构成既定要求的造型,是设计者应该在实践中不断摸索尝试的。

图9.3　猎豹机器人造型中的面要素

4. 体要素

面的移动形成了体,体分为规则体、不规则体。规则体有平面几何体、曲面几何体、复合几何体等，不规则体有构成体与无序体。根据构成的形态区分，又可分为半立体、点立体、线立体、面立体和块立体等几个主要的类型。半立体是以平面为基础，将其部分空间立体化；点立体即是以点的形态产生空间视觉凝聚力的形体；线立体是以线的形态产生空间长度的形体；面立体是以平面形态在空间构成产生的形态；块立体是以三维度的有重量、体积的形态在空间构成完全封闭的立体。半立体具有凹凸层次感和各种变化的光影效果；点立体具有玲珑活泼、凝聚视觉的效果；线立体具有穿透性、富有深度的效果，通过直线、曲线以及线的软硬可产生或虚或实，或开或闭的效果；块立体则有厚实、浑重的效果。体要素是最终构成产品形体的单元，通过直接或组的方式构成机器人的头、躯干、手臂、腿、脚、行走机构等，从而进一步构成整个机器人，如图9.4所示。在立体构成中，根据需要，恰当运用各种立体，能使作品的表现力大大增加。

图9.4　NAO机器人造型中的体要素

目前常见的服务机器人的形态[125]主要有女性模拟形态、男性模拟形态、儿童模拟形态和动物模拟形态。

女性模拟形态是根据机器人造型的需要，提取女性柔美的曲线，再将风格特殊的形态元素融合在一起的设计过程。其目的是可以模拟女性的体态创造出风格迥异的造型。其中包括：娇柔妩媚型的女性机器人、大方优雅型的女性机器人、刚柔并济型的女性机器人等。女性人类模拟类别的产品比较适合于展会、博览会、游乐区中的服务性工作。

男性模拟形态是根据机器人造型的需要，提取男性刚毅挺拔的线条、雄浑健硕的体态，再结合一些诸如甲胄、头盔等造型元素，可以创造出许多风格的造型：绅士气质型的男性机器人、勇猛威武型的男性机器人、暴力凶狠型的男性机器人。男性人类模拟类别的产品比较适合于保安、游乐区中的服务性工作。

儿童模拟形态是根据机器人造型的需要,提取儿童圆润柔和的线条、活泼可爱的体态,再结合声音等元素,可以创造出各式风格的造型,如可爱型的儿童机器人。这种风格的服务机器人产品广泛受到欢迎,适于家庭娱乐、学前教育、儿童看护等陪伴性工作。

动物形态模拟类别是根据机器人造型的需要,模拟可爱型动物形态,造型元素取材于一些让人产生亲和力且可爱感觉的小动物,如小猫、小狗、小兔等,由于这类动物与人类经常接触而且形态上可爱逗人,因此容易唤起怜爱的情感。这种风格的服务机器人产品常常用于家庭娱乐以及家庭陪伴。

造型设计的核心是机器人的形态美设计,设计的手段也是多种多样,但它遵循艺术特点和规律,不仅要具有稳定性还要有独创性和秩序性,它强调的是一种整体美。

9.2.2　色彩要素

服务型机器人的色彩选择应该有先声夺人的魅力和感染力。合理的色彩设计,能让人的心理产生良好的影响,使人能够集中注意力,并能吸引消费者的目光,增加购买欲望,从而提高产品在市场上的竞争能力[126]。

色彩首先能给人以深刻的视觉印象。通过对人在观察物体时的感知特征的研究,发现视觉神经对于服务机器人的造型四个基本要素(色彩、形态、肌理、动态)中的色彩要求,在视觉传达中它更快速、更性感和更直接。

1. 色彩要素组成

色相、明度、纯度为色彩三要素,色彩的三要素的不同搭配构成了丰富多彩的色彩世界,如图 9.5 所示。

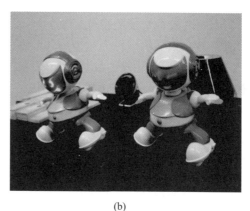

(a)　　　　　　　　　　　　　　(b)

图 9.5　造型中的色彩要素

2. 色彩的视觉效应

人眼在观看物体时首先感受到的是物体的色彩,不同的色彩对不同的受众群体拥有不同的视觉效果,大致上有如下几种效应。

色彩错觉:不同色彩产生一系列不同的物理性心理错觉效应,如暖色:前进、膨胀;冷色:后退、收缩;浅色:轻盈;深色:厚重。

色彩联想:因人的经验、记忆、素质、民族的不同,对不同的色彩会产生不同的联想,如白色联想到雪、圣洁,红色联想到烈火、鲜血、革命等。

色彩象征:色彩一定程度上隐含某种文化象征,如绿色象征和平、生命,黄色象征华丽、尊贵辉煌。

色彩情绪:色彩可以暗示人的心理情绪,不同的民族、国家、宗教、群体各自的色彩情绪不同,如在中国是喜欢红色、黄色忌讳黑白色。

3. 色彩的手法

色彩的手法主要有刷涂、擦涂、淋涂、喷涂、浸涂、粉末涂、电泳涂等,不同的涂装方法会形成和产生不同视觉效果,例如:刷涂工艺,涂装效果差,容易脱落;喷涂工艺,产品的表面色彩着色比较均匀细腻,色彩附着力弱,容易脱落;淋涂工艺能使物品表面色彩质感厚重;粉末涂工艺可以使产品的色彩具有与电泳涂工艺相同的具有较强的附着力,还可以出一些其他涂装工艺达不到的效果。

服务机器人的色彩设计,不同于绘画作品和平面的视觉传递设计中的色彩设计,因为它们必须追求作品丰富的色彩和光影效果,以表达作者的情感,并力求使使用者受到较大的感染。

9.2.3 肌理要素

产品材料表面形成的视觉现象与触觉感知,给人以不同的生理心理影响,这种外在表现出来的纹理称为肌理。各种纵横交错、高低不平、粗糙平滑的纹理变化,是表达人对设计物表面纹理特征的感受。它一方面是作为材料的表现形式而被人们所感受;另一方面则体现在通过先进的工艺手法,创造新的肌理形态,不同的材质,不同的工艺手法可以产生各种不同的肌理效果,并能创造出丰富的外在造型形式[127]。

1. 视觉肌理

材料表面形成的视觉现象,通过视觉传达一定的质感信息,给人以特定的心理感受。视觉肌理感受有时会产生虚假的触觉感受或材质感,这也正是有些塑料产品通过表面涂饰或电镀以产生金属般的视觉肌理效果来提升产品的层次感的原因。

2. 触觉肌理

触觉肌理是通过人的触觉感知产品的表面特征(粗糙、光滑、柔软、坚硬、温暖、湿冷等)产生的生理、心理感受。视觉肌理是最初感受,触觉肌理是最终验证。不同的肌理会使消费者产生不同的印象,表面光滑坚实的肌理使人感到清洁、流畅、明快、华丽,如图9.6(a)所示;柔软蓬松的肌理使人感到亲切、温柔、舒适、体贴,如图9.6(b)所示;折皱过多的生物表皮肌理通常使人感到恶心恐怖,这一点设计者要注意。

(a)　　　　　　　　　　　　　(b)

图9.6　(a)ASIMO 机器人光滑坚实的肌理,(b)柔软蓬松的肌理

在造型设计中,利用材料的不同特性,把它们有机地组织在一起,使其各自的美感得以表现和美化,产生对比或调和的效果。根据服务机器人的具体设计要求结合形态、色彩、质感全面地考虑和设计出更完善、宜人的机器人。

9.2.4　动态要素

动态要素指产品在其正常工作状态下,整体及各个部件、机构的运行方式与动态效果,具体涉及机器人的移动方式、手臂的抓持方式、与人交互对话声音效果、光电显示效果等,如图9.7所示。这是机器人产品较独特的外在造型要素,一般工业产品多数是静止状态,能活动的也是一些死板的、简单循环的动作,无法形成与人的互动交流,而机器人产品具有独特的生命特质,能够展现出一定的生命动感与活力,这些动态效果要素成为造型设计很重要的组成部分。依据产品的具体应用环境、功能要求,确定产品适宜的动态要素类型,如迅猛激烈、舒缓沉稳、灵活精准、优雅流畅、光怪陆离等。

图 9.7   机器人的动态要素[128]

9.3   机器人艺术应用

随着社会经济的进步以及机器人技术的发展与成熟,服务机器人将更为广泛地深入到人们的日常生活当中。当一种产品的技术研发水平达到较高水平,其产品功能接近或实现同质化时,造型设计便成为产品参与市场竞争的一个重要因素。

目前,大部分的服务机器人产品仍处于研发或导入时期,技术居于首位。但服务机器人属于极具产业前景和广阔市场空间的朝阳产业,从整个服务机器人产业的发展方向看,它以客户为最终需求端,伴随着机器人技术的成熟,今后必将在满足功能适用性的前提下,综合考虑造型的宜人性与吸引力、使用的舒适性以及材料的经济性等诸多因素。

服务型机器人被设计的目的最主要是为客户进行服务,即外观艺术的设计需要满足客户对该服务型机器人的需求,在设计服务型机器人造型时主要需要考虑以下几方面[129-130]:拟人化要求,机器人整体达到柔和圆润的形态,动态要素的效果要充分拟人化,摆脱以往机器人的冰冷机械感,注重服务和关怀的特性;形态统一性,在整体的造型上有便于识别的一致性,细节形态的设计要具有合理性,整体感观要无违和感;易操作性,充分体现服务机器人的特性,能满足通过显示屏等和用户进行交互,操作简单,反馈迅速;现代美感,造型简单又大气,整体的配色不宜太过多彩,但又要避免颜色单一。除此之外,机器人的形态和外观色彩的设计一般和它所具有的功能是相关的,例如,国内一款多功能消防机器人,由它的用途决定了机身的表面应涂以红色。正如人们常说所谓"红似火",

来预警人们加强安全意识,以及在意识中形成固定的模式,其具备的功能就得到了体现。

　　对于传统的或成熟的服务型机器人,学术界已经提出了比较完备的造型设计方法和设计原则。其实在整个艺术设计过程中除了要遵循一定的审美原则,保证产品功能的实现,还要在造型上展现出独特的艺术美感、可供观赏性及优良的品质特性,这是现代工业产品设计必须具备的基本因素。而服务机器人正处于技术研发与产业培育的初始阶段,在研究其造型设计的方法、规律及手段时,除了要遵循一些既定的美学规律,还要依循其特点创造出独特的艺术设计原则,最终完成中国服务机器人设计艺术理论,促进实践应用。服务机器人要面向消费者,吸引消费者,促进产品的市场占有率。以下简要介绍 SRU 机器人和财宝服务机器人的设计形态等艺术应用。

9.3.1　服务机器人艺术应用

　　电子科技大学服务机器人(service robot of UESTC,SRU)是家庭服务型机器人,其工作环境是在室内,服务目标是尽可能多地完成主人指定的任务,那么作为实用性的家庭服务机器人,SRU 机器人的形态设计具有较为低廉的机械成本、较小的整体质量、高度集成化的部件模块、整洁的整体结构以及与人类似的外观,在家庭更多的是服务成年人,在设计高度和形态时考虑人性模拟形态,根据机器人造型的需要,采用柔美的曲线以达到柔和、圆润、活跃等效果,在正侧面的弧度多采用圆形面给人封闭、饱满、统一、完美、规整的感觉。合理恰当地运用点、线、面等元素以达到要求的风格效果,同时增进服务机器人的可亲性和安全性。颜色主要以蓝色为主,白色和黑色为辅,三种颜色恰到好处,既不单一也不会因为颜色种类过多而炫目,机器人外观采用 2mmABS 板吸塑成型,质量轻,外观精致平整。机器人外壳通过碳纤维支架与机器人主体进行固定,碳纤维支架使机器人的主体铝板结构能够变得更小,质量更轻,同时碳纤维的拼接结构使得机器人外壳安装更加方便,表面光滑坚实的肌理使人感到清洁、流畅、华丽,如图 9.8 所示。SRU 能够在室内环境与家庭成员友好互动,能够尽量多地完成主人指定的任务,像家庭里的一员。这样就要求机器人的外观艺术设计必须具有以下特点:

　　(1) 具有友好的,最好是类人的外形结构。他应该拥有类人的头部、躯干、四肢。双足运动对平衡控制要求太高,实验室针对 SRU 室内使用环境优先考虑使用轮式底盘。

　　(2) 具有合适的外形尺寸,SRU 需要能在普通室内环境下穿梭于各个房间之间,所以它必须能够进入普通的室内房间。

（3）具有鲜明的色彩,区别于室内的主色调,让人们能通过简单的扫描一眼就能找到SRU并进行使用。

图9.8　SRU服务机器人

9.3.2　财宝机器人艺术应用

财宝机器人是针对电子科技大学计划财务处大量重复的业务咨询问题,而研发的通用型业务咨询服务型机器人,与家庭服务机器人相比,财宝机器人更加侧重专业问题的解答,可以解答大部分业务相关咨询提问,能够大幅减轻工作人员的负担。面向的主要群众是需要咨询财务业务信息的学生和教职工,那么设计合理的高度是非常必要的,让高度能保证成年人在与其对话时有更舒适的姿势,能进行面对面交流。财宝机器人在形态的设计上偏儿童模拟形态,可爱的形象总是更容易招人喜爱,面对复杂烦琐的财务问题,友好的外观更能让人们更有耐心去咨询,操作界面的定制表情可以展现不同的表情,使服务机器人类人化。除了脸部是平面设计以外,身体其他部分均采用弧面,一方面是使外观整体统一,另一方面给人饱满、大方的视觉心理效应,而平面设计主要是为了展示操作界面,能使用户更方便地获取想知道的财务信息。色彩上采用了简单、纯洁、明亮、清楚的白色作为主色调,蓝色为辅色调,蓝色和白色的搭配大概是最清新的颜色了,就像蓝天、白云的舒展,让人看一眼就觉得足够的美好,很容易给人一种清纯、干净的印象,比较适合儿童纯真可爱的形象,给人友好亲切的感觉,能适当

缓解为财务问题烦恼的人的心理情绪。总之,在面对用户提问要解答专业问题等功能特性,财宝机器人的外观设计需要具有以下特点:

(1)具有友好的外观和操作界面,财宝机器人被设计成一个憨态可掬的模样,很容易引起用户特别是女性用户的喜爱;操作界面采用了定制的表情界面,可以展示不同的人类情绪。

(2)具有合适的尺寸,财宝机器人身高可保证成年人在 1m 的距离上面对面交流。

(3)颜色不宜太过深色调,面对带有很多烦恼财务问题的用户,简单、明了的浅色调更能让人心情舒畅。

(4)财宝机器人拥有灵活的头部和手臂,可以通过手臂和头部的传感器完成与用户握手等动作,也可以完成摇头、点头以及组合的舞蹈动作,更大地提升了用户的使用体验。

(5)财宝机器人具有强大的人脸检测和人脸识别功能,当财宝机器人识别到有人站在前方时,则会热情主动地提出为对方提供帮助。

实践证明,服务机器人艺术设计应遵循实用、经济、美观、科学、创新的原则来进行。服务机器人的外观应从使用者的角度出发,来综合考虑不同类型的服务机器人形态、配色等效果。研究服务机器人的色彩美,是为了给人们带来视觉的享受。因此,要想选择理想的服务机器人色彩,必须了解人们对色彩的喜恶,掌握各地区的地理条件与生活环境,使服务机器人的色彩与人们的视觉相吻合,与自然环境相协调,与民族文化相和谐。人们使用服务机器人、欣赏服务机器人,都力求服务机器人色彩新颖且富于亲和力。这就要求设计师对服务机器人的外观的处理,必须跟上时代的步伐,不断更新构思,创造出符合人们审美要求的服务机器人。

第10章 机械结构

机械结构设计是机器人设计中最重要的一个环节,是硬件设计和软件设计的基础。机械结构设计将直接决定机器人的移动速度、机器人能通过的最小空间尺寸,以及机器人手臂所能够到达的最大运动范围等。由于制造技术的进步,仿人机器人各部分的机械结构越来越轻、高硬度、高耐用性、更复杂并更像真人外观。

10.1 躯干关节

轮式人形服务机器人拥有类似人体结构的躯干,是机器人能够执行日常任务的关键部件之一。机器人的腰部结构使得机器人的运动范围更加广,机器人能够弯腰拾起地面上的物体,机器人也能够站立,用手拿到更高位置的物品。当机器人高速运动的时候,机器人能够通过弯腰下蹲的动作来降低重心,使得机器人运动更加平稳。当机器人底盘存在剧烈抖动的时候,通过控制关节进行控制,可以降低底盘抖动对躯干的影响。

10.1.1 关节减速结构选型设计

首先,机器人关节在动力上必须能够驱动机器人的上半身关节,关节驱动精度必要能够满足机器人稳定性要求,以及控制精度要求(关节接近零回差)。对于一个机器人关节来说,关节减速机[131]是最能代表机器人关节性能的部件。一般的减速机有涡轮蜗杆减速机、行星减速机,以及谐波减速机(图10.1)。

图10.1 关节谐波减速机实物图

涡轮蜗杆减速机的特殊结构,使得该类减速机具有自锁功能,可以拥有较大的减速比。但是这种减速机一般体积大传动效率不高。对于服务机器人的结构来说,涡轮蜗杆结构的传动精度难以满足要求,其传动回差较大,使得系统难以对机器人关节进行高精度控制。行星减速机结构紧凑,使用寿命长,电机回差较涡轮蜗杆减速机小,额定输出扭矩大,但是由于其回差一般在1°以上,大减速的行星减速机回隙更大。而且随着使用时间加长,行星减速的回隙会逐渐变大。行星减速可以作为机器人的上肢部分关节减速机,不能作为机器人的腰部和膝部关节的减速结构。

谐波减速机[132]由三个基本构建组成:带有内齿圈的刚性齿轮,它相当于行星系里面的中心轮;柔性齿轮(带有外齿圈);波发生器,它相当于行星系中的行星架。谐波减速机运动平稳,减速比高,主要用于高精度的关节驱动。谐波减速机能够保证 SRU 机器人腰部控制精度和平稳性,也确保了机器人的整体刚度。

10.1.2　减速机外围结构设计

当减速机结构选定以后,需要对减速机外围结构进行设计。一般来说,谐波减速机与电机通过齿轮或者同步带传动。这样的设计可以使得电机和减速在减速机轴方向的尺寸变得更小,使关节变得更"薄"。关节电机采用 Maxon 公司的 RE40 直流电机,驱动器采用与 Maxon 电机配合的 EPOS 大功率直流电机驱动器。膝盖关节要求输出转速优于 0.5s/60°,RE40 额定转速为 8000r/min,电机额定扭矩 0.17N·m。如果采用 2∶1 的同步轮结构,最大力矩为 34N·m。

膝关节减速器 CSD17 - 100 的额定扭矩为 24N·m,最大启动停止扭矩为 54N·m,平均负载转矩的最大值为 39N·m,故 2∶1 的减速比能满足要求。关节最高输出转速为 0.25s/60°,优于要求的 0.5s/60°。髋关节要求输出转速优于 0.5s/6°。由于 RE40 额定速度为 8000r/min,电机额定扭矩为 0.17N·m,如果采用 2∶1 的同步轮结构,其最大力矩为 17N·m。

髋关节减速箱的额定扭矩为 17N·m,最大启动、停止时的容许转矩为 39N·m,平均负载最大扭矩为 24N·m,如采用 2∶1 减速同步轮结构能够满足要求。同时最高速度为 0.125s/60°,优于要求的 0.5s/60°。

10.2　仿人机器人头部

目前已有很多种类的仿人机器人[133]的头部已经被设计并研制出来,从简单的两个自由度到复杂的几十个自由度。为解决机器人头部难看的问题一般是设计一个特殊形状的头盔(里面可装各种传感器和其他设备包括麦克风、摄像头、红外距离传感器、扬声器等)。由丰田公司研制的 Robina 和小提琴演奏机器人的头部设计有头发,这一设计使得机器人外观女性化并具有艺术性(图 10.2)。

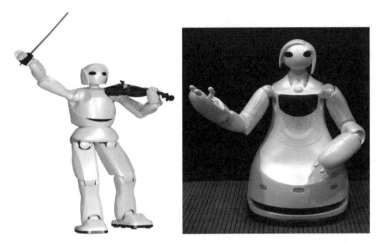

图 10.2　戴头盔的头部和毛发似的头部设计[134]

头部的形状可能是由传感器和其他机械部件组成。这种组合使得头部具有独特的形状和"面孔",不像人头但像漫画或卡通人物的形貌,如图 10.3 所示。

图 10.3　类似卡通人物的机器人面孔

目前,有很多种方法展示机器人的特点通过对眼睛、鼻子和嘴唇的设计。眼睛是任何机器人脸的焦点,因此让机器人变得人性化非常重要。对机器人来说,简单的方法是在眼睛位置设置摄像头,这些眼孔有时候甚至不设置摄像头,但是为了显示机器人脸部的外观效果还可保留。为了增加机器人的吸引力和显示其工作状态,有时候这些眼孔可以设置彩色 LED 灯,这些彩色灯还可以显示机器人的表情。

　　一些先进的仿人机器人集中于面部表情和与人沟通的开发,他们的脸和头部与实际人类似。GEMINOID 和 Aiko 机器人代表这种类型的机器人;其中 GEMINOID 机器人是由大阪大学和 ATR 研究所于 2010 年研制出来的,此机器人是一个用远程控制的女性机器人(图 10.4)。GEMINOID 有 12 个自由度由 12 个气动执行器驱动,其中 11 个自由度在头部和 1 个自由度在身上。根据其性能,GEMINOID 是用于日常生活的传媒设备。东芝的 Aiko 仿人机器人是在大阪大学的帮助下开发出来的,Aiko 采用一共有 43 个执行器用来支持其面部和四肢的活动,同时可通过简单的手语进行沟通。另外,中国科技大学研制的"特有体验交互机人"——"佳佳"已初步具备人机对话的能力理解、面部微表情、口型及躯体动作相匹配(图 10.5)。

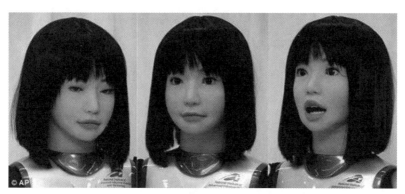

图 10.4　实现表情变化的眼睛设计

图 10.5　GEMINOID 机器人、Aiko 机器人和"佳佳"[135]

"少即是多"[136]原则同样可以运用在机器人结构设计中,很多工程师运用大量结构件来实现功能。比如四连杆结构,在一号连杆位置引用了两组结构件来实现连接,于是丝毫连杆就需要三组结构实现。以此类推最终使得结构非常繁杂,如果以"少即是多"这一美学法则考虑结构问题就可以省去许多繁杂无用的结构。利用黄金分割比例来解决结构问题,这种方法也常常运用在机器人结构设计中,因为机器人结构中大多是二次元件开发,因此有时固件点不容易确定定位。连接点间用黄金分割比例进行计算,既增加了美感也解决了计算问题,可简化工作。在进行丝杆连接的时候将丝杆定位在横长版的位置。这样就可以使横长版在运动时更加稳定,但是单纯从机械设计角度解决定位点问题往往需要多次验证。

机器人结构设计大部分为一次原件型开发,主要是验证机械结构功能和稳定性,而并不考虑产品的外观及美感,因此使得机器人仅靠外壳表现美感。但是就像前文提到过"如果外观只是表现风格,那么通常只有较短的生命周期"。用造型体现产品本身的美感造型和功能是当代延长产品寿命的最直接办法。因此,在产品的一次开发的时候就可以考虑到这些问题。在造型设计时多考虑美学法则既可以解决美学问题也可以实现功能结构的稳定。

10.3 仿人机器人手臂

手臂是在仿人机器人设计中最重要的部分之一,手臂的自由度的数量决定其操作的灵活性[137]。为了能操作,手臂需要有 6 个自由度;但为了增加其灵活性,手臂通常设有更多个自由度。设计机器人手臂重点是轻质量、低转动惯量、高刚度和强大的执行器。

用在机器人手臂的机械结构表示了设计的多样性,如四连杆结构机制、曲柄机制、肌腱、皮带和滑轮等。为了减少体重和增加刚度,手臂主要采用错合金或碳纤维来增强塑料部件(图 10.6(b)、(c))。手臂的典型设计是每个关节有一个直流电机、一个谐波减速器或行星减速机[138],可以选装一套同步带和滑轮。

WABIAN-2 的手臂有双减速机制,允许高减速比,关节轴与电机轴分离,图 10.6(a)。为了确保重量轻和紧凑,有一些手臂的设计由机电设备的高密度集成(图 10.6(c)、(d))。肌腱系统[139]或人工气动执行器是用来模仿人的柔软动作以及保证人和机器人之间的软接触(图 10.6(e)、(f))。

肩膀通常有 3 个自由度,包括级摇、横摇和偏航轴。为了确保运动能力和人的肩膀一样,肩膀和手腕关节的设计,各轴相交在一个确认点。在 ARMAR 机器人中,驱动单元的 3 个肩膀关节是这样设计的,以让它的惯性力矩分布尽可能小。出于这个原因,移臂的驱动单元(轴 1),提供了最高扭矩臂,直接连接到躯

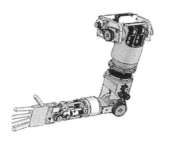

(a) WABIAN-2机器人的手臂

(b) Rollin Justin机器人的手臂

轴序	扭矩	速度	范围
1	75	150	±360
2	75	150	−10/+100
3	55	110	±360
4	55	110	−10/+125
5	30	180	±360
6	13°	23°	±15
7	5°	60°	±45

(c) AILA机器人的手臂

(d) 手臂与关节实例

(e) Roboy肌腱执行结构

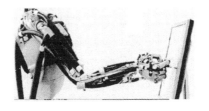

(f) 人造肌肉气动机械手

图 10.6　手臂结构设计

干,因此不会引起手臂的惯性。提高手臂驱动单元(轴2)和纵轴扭转臂(轴3)
放置转动轴紧密改善肩关节的动态。为了达到所需的齿轮比率在非常有限的设
计空间,谐波减速器、蜗轮减速器[140]和同步带被使用,如图10.7所示。

AILA 机器人,两个手肘关节由无刷直流电机与谐波驱动器结合,这两个关
节由 3 个印刷电路板来独立控制。在每一个关节,无刷电机驱动轴一端上支持
轴承和其他直接波发生器的谐波传动齿轮连接(图 10.6(c))。跟 AILA 不同,
ARMAR – Ⅲ的两个肘关节的驱动单元是由电动机和谐波减速器组合,不是在手

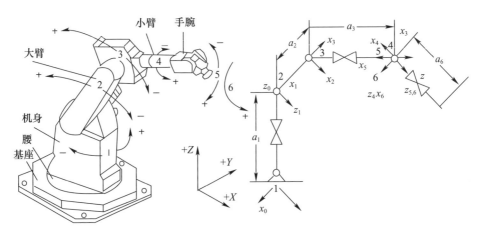

图 10.7　肩膀关节设计

臂上,而是位于机器人的胸腔。因此,手臂的重量以及必要的设计空间强烈减少,导致更好的动态特性和纤细的手臂。额外的重量在胸腔大大减少,有助于重量惯性比驱动单元放置在手臂上。

HRP-4 的腕关节机制允许偏航、纵摇和横摇轴相互正交,同时实现紧凑的 3 个自由度腕关节。腕关节使用伺服电机与同步带、谐波减速器结合和并行曲柄机制,因为 ARMAR Ⅲ 的肘部有两个自由度而手腕只需要有两个自由度,其转动轴相交于一点(图 10.8)。ARMAR Ⅲ 有能力将手腕沿上下和两边移动。两自由度的电动机是固定在前臂,转动比是通过滚珠丝杆和齿形带或钢丝绳控制。通过布置电动机接近肘关节,这是一个运动机器人的一个典型优势,如图 10.9 所示。

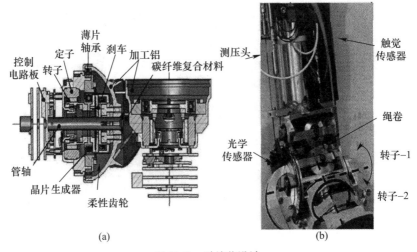

(a)　　　　　　　　　　　　　　(b)

图 10.8　肘关节设计

图 10.9　机器人关节与运动实例

10.4　外壳设计

人形机器人的服务环境要求其具有友好的人形外壳,目前工业产品造型的方法主要为塑料注塑、塑料吸塑[142]和钣金冲压,注塑是将热固性塑料或者热塑性塑料利用外形模具制作成为不同形状的塑料制品设备。吸塑加工的原理是将平展的塑料壳(通常为塑料片)加热变软后,通过真空吸附技术使变形的外壳吸附于模具表面,当塑料外壳冷却后,外壳成型就完成了。钣金外壳一般采用 0.5～5mm 的钢板或铝板通过金属模具冲压成型,由于采用金属材料,质量大,而且边缘锋利,容易伤人。注塑外壳强度高,对于外壳设计的限制少,产量大的外壳采用这种加工方式比较合适。吸塑外壳节省原辅材料,质量轻,方便运输,要求成型零件必须是等厚度的壳体,特别适合于机器人设备外壳。

SRU 机器人外观采用 2mm ABS 板吸塑成型,质量轻,外观精致平整,符合室内机器人的定位。机器人外壳通过碳纤维支架与机器人主体进行固定,碳纤维支架使机器人的主体铝板结构能够变得更小,质量更轻,同时碳纤维支撑板结构的使用使得机器人主体铝板结构变小,也更方便外壳的安装。

第11章 传感器及模块化电路设计

11.1 机电系统

11.1.1 仿人机器人执行机构和传动系统

一般来说,驱动可被定义为一个将能量转换为机械形式的过程,所谓的执行器是一个可以执行这个转换的设备。执行器[143]的三个基本属性包括输出功率和重量、体积的比例,执行器的效率。

因为较多的自由度,仿人机器人也需要较多的执行器和传感器组件。仿人机器人的执行系统包括电动执行器、液压执行器或者气压执行器。对紧密度和扭矩力来说,每个类型的执行器都有自己的优点和缺点。

由于紧密度高,谐波减速机与直流电机在仿人机器人已经得到广泛的应用。直流电机的物理模型较简单、清楚是一个很大的优势;但是它的缺陷是最大扭矩与重量之比和最大扭矩与体积之比还较低,限制了其在人工关节的直接应用。另外,与仿人机器人的关节的要求速度相比,交、直流电机的速度非常高,所以得用高转速比减速器来放大直流电机的扭矩。到目前为止,大多数执行器使用在驱动仿人机器人的关节包括直流伺服电机与同步皮带和行星或谐波减速器结合,如图 11.1 所示。

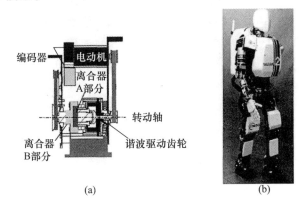

(a)　　　　　　　(b)

图 11.1　电动执行器用于 WABIAN – 2

采用伺服电机和谐波减速器的执行器开发趋势为高紧密度、高扭矩、高集成度。这些执行器已经被用于一些仿人机器人,如图 11.2 所示。

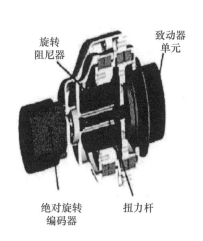

旋转
阻尼器

致动器
单元

绝对旋转
编码器

扭力杆

(a) TWENDY–ONE机器人仿生关节

1 —定子线圈	5 —增量式编码器
2 —电机轴	6 —绝对角度传感器
3 —谐波传动齿轮	7 —限位开关
4 —交叉滚子轴承	

(b) LOLA机器人关节

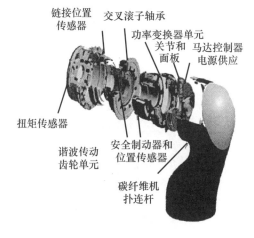

链接位置
传感器

交叉滚子轴承

功率变换器单元

关节和
面板

马达控制器
电源供应

扭矩传感器

谐波传动
齿轮单元

安全制动器和
位置传感器

碳纤维机
扑连杆

(c) DLR–LWR–Ⅲ机电关节设计

踝

膝盖

扭力
弹簧

肩膀

肘

(d) Valkyrie机器人执行单元

图 11.2　使用伺服电机和谐波减速器的执行器设计

液压式执行器(图 11.3)功率远高于电动执行器,更加紧密和强大,但没有减速器来降低速度。由于有阻尼器容易处理陡震负载,液压式执行器适用于高温和危险环境,不会像电机系统容易受磁场或火花破坏,但它的最大缺点是庞大的供液压源和相对较慢的反应。

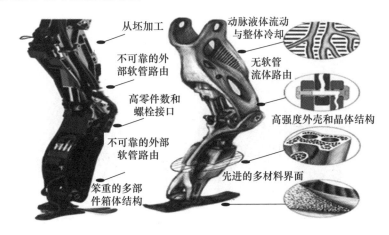

图 11.3 巧液压马达和 Atlas 的液压系统[144]

气动人工肌肉（PAMs）[145] 是一个特殊管子,当空气注入其里面,管子可以收缩（通常达到 40%）。气动肌肉有举动柔和,所以它可以使机器人执行微妙的动作。PAMs 的优势是轻量,直接连接到结构,容易更换,举动柔和,通过空气运行对环境有好处。然而,PAMs 有一些缺点,比如 PAMs 的力取决于压力和膨胀状态,很难控制因为其功能是非线性系统,控制信号和肌肉运动之间的延迟依赖气体的可压缩性（图 11.4）。

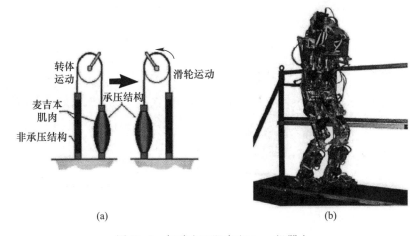

(a)   (b)

图 11.4 气动人工肌肉和 Lucy 机器人

仿人机器人的最大问题是机器人的强壮不足。最强的仿人机器人电机可以产生的力量小于人可产生力量的 1/10。为了解决这个问题,SCRAFT 公司创建一个用液体冷却的紧密电机和一个高输出的驱动模块,使 SCRAFT 机器人可以产生的力量与一个人产生的相同,该机器人在 2013 年赢得 DEPRA 机器人挑战比赛的胜利,如图 11.5 所示。

图 11.5　SCRAFT 的执行器和 S - ONE 机器人

为满足仿人机器人和人之间的软接触和柔和的要求,肌肉 – 肌腱的执行[146] 已被研制出来。此人工设备能够模仿人类肌肉的动作,它应用于东京大学健次郎肌肉骨骼的机器人上。

11.1.2　机器人供电系统

SRU 机器人各个部件额定工作电压以及额定功率都不经相同,SRU 的额定功率为 609W。SRU 机器人拥有 220V 交流电源供电系统和电池供电系统,SRU采用 24V10Ah 的大容量锂电池。电池电压 24V,采动力锂电池电芯,总量3.6kg,额定输出工作电流 7～8A。当电池拔下时,机器人通过一个 800W 的 24V开关电源供电。锂电池在短路时会产生极强的热量,并使得金属导线熔化,此时安装保险丝可以避免这种情况。在系统电源输入处安装有保险丝,用来保护系统。保险丝安全通过电流为 25A。

为了方便机器人供电系统之间切换,SRU 配备了一个电源切换模块。当机器人连接开关电源供电,同时机器人又接入了电池时,开关电源会为锂电池充电。当开关电源拔掉时,电池会自动为系统供电。整个电路的控制部分采用 5V供电,供电电路电压输入为 24V,通过一个电压模块为控制供电。SRU 整个电器系统中,功率最高的是髋关节和膝关节的两个直流电机。两个关节总的额定功率为300W,当两个关节一起启动时,容易引起输入电压的较大波动。但由于主控板采用5V供电,通过电压转换模块的转换后,即使前段电压有较大波动也不会影响主控板的供电。

11.2 传感设备

视觉信号是智能机器人最重要的传感器输入信号,从仿生和实用的观点出发,双目视觉或者立体视觉最合适,机器视觉里面双目视觉研究[147]非常活跃。激光雷达(LIDAR)也常被作为手势识别以及距离测量的传感器。激光雷达精度高,但是成本高,数据处理量非常大。

Kinect[148]是 Microsoft 开发的一款体感传感器,Kinect 作为一款 3D 体感摄影机,它还导入了即时捕捉、影响识别、麦克风输入等功能。从图 11.6 中可以看到,Kinect 的光学系统由三部分组成,IR Projector(红外投射器)、RGB sensor 和 IR Sensor,并集成了语音处理模块,以及一个麦克风阵列。

11.2.1 Kinect 立体视觉传感器

Kinect 采用 Prime Sense 技术,Kinect 采用 ps1008 系列芯片,这种芯片能够独立地处理音频和视觉信号,这些数据通过 USB 发送控制器。Prime Sense 通过专用传感器投射出红外阵列图,再通过配置红外滤波器的 CMOS 图像传感器进行检测。通过反馈的红外点位等信息来计算物体与发射源距离的变化,如图 11.6 所示。

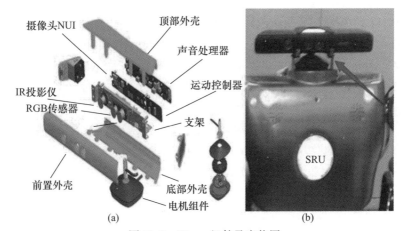

图 11.6　Kinect 组件及实物图

Kinect 对系统有较高的要求,系统必须是 Windows7、嵌入式 Windows7、嵌入式 Windows POSReady7、Windows8 等,要求必须是双核 2.66GHz 或者更快的处理器,专用 USB2.0 总线,开发软件要求为 Visual Studio 2010 Express 版或者Visual Studio 2010 其他版本,NET Framework 4.0 和微软语言平台 SDK v11(图 11.7)。

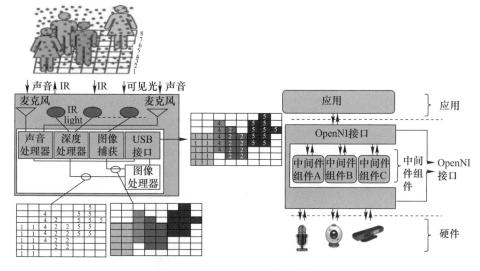

图 11.7　Prime Sence 的工作原理

11.2.2　姿态传感器

姿态传感器能够为机器人提供当前姿态信息,姿态传感器的精度和稳定性直接影响机器人的控制精度,MTI[149] 是一款集成了三轴加速度计、三轴陀螺仪和三轴数字罗盘的姿态航向参考测量系统(AHRS),是一款非常适合于小型室内移动机器人使用的姿态参考传感器(图 11.8)。其中,三轴加速度计可以提供三个方向的加速度信息,三轴陀螺仪提供机器人的三个方向上的转动角加速度,三轴数字罗盘能够提供给机器人与地磁方向的夹角。三轴数字罗盘具有掉电不丢失的特性,对于平面移动机器人来说三轴数字罗盘能够直接给出机器人坐标系与室内坐标系的夹角。MTI 功耗约 360mW,外形尺寸 22mm×22mm×58mm,质量约 50g。

图 11.8　姿态航向参考测量系统

173

11.2.3 超声波传感器

人们能听到声音是由于物体振动产生的(图11.9),它的频率在20Hz~
20kHz范围内,超过20kHz称为超声波,低于20Hz的称为次声波。常用的超声
波频率为几十千赫至几十兆赫。由于超声波指向性强,因而常于距离的测量。
利用超声波检测往往比较迅速、方便、计算简单、易于做到实时控制,并且在测量
精度方面能达到工业实用的要求,因此在移动机器人、汽车安全、海洋测量等上
得到了广泛的应用。采用超声波传感器[150]分时工作于发射和接收,利用声波
在空气中的传播速度和发射脉冲到接收反射脉冲的时间间隔计算出障碍物到超
声波测距器之间的距离。

超声波测距离传感器m314076,采用超声波回波测距原理,运用精确的时差
测量技术,检测传感器与目标物之间的距离,采用小角度、小盲区超声波传感器,
具有测量准确、无接触、防水、防腐蚀、低成本等优点,可应于液位、物位检测,特
有的液位、料位检测方式,可保证在液面有泡沫或大的晃动,不易检测到回波的
情况下有稳定的输出,应用行业:液位、物位、料位检测等。

图11.9 超声波传感器

11.2.4 激光传感器

激光传感器:利用激光技术进行测量的传感器,如图11.10所示。它由激光
器、激光检测器和测量电路组成。激光传感器是新型测量仪表,它的优点是能实
现无接触远距离测量,速度快,精度高,量程大,抗光、电干扰能力强等。

图 11.10 激光传感器

　　激光传感器工作时,先由激光发射二极管对准目标发射激光脉冲,经目标反射后激光向各方向散射。部分散射光返回到传感器接收器,被光学系统接收后成像到雪崩光电二极管上。雪崩光电二极管是一种内部具有放大功能的光学传感器,因此它能检测极其微弱的光信号,并将其转化为相应的电信号。常见的是激光测距传感器,它通过记录并处理从光脉冲发出到返回被接收所经历的时间,即可测定目标距离。激光传感器必须极其精确地测定传输时间,因为光速太快。谷歌第二代无人驾驶车原型车除了顶部的激光传感器依然相当明显,其他传感器都设置得非常隐蔽。车辆的前后方和两侧都贴有明显的谷歌无人车标志。谷歌无人车的控制驾驶原理[151]是通过车子四周安装的诸多传感器,持续不断地收集车辆本身以及四周的各种精确数据,通过车内的处理器进行分析和运算,再根据计算结果来控制车子行驶。无人车会借助 GPS 设备与传感器、精准定位车辆位置以及前行速度,判断周围的行人、车辆、自行车、信号灯以及诸多其他物体(图 11.11)。

图 11.11 Google 二代无人车[152]

175

11.2.5 雷达传感器

以 24GHz 激光雷达为例,它能通过发射与接收频率为 24.125GHz 左右的微波来感应物体的存在,运动速度、静止距离、物体所处角度等,采用平面微带天线技术,具有体积小、集成化程度高、感应灵敏等特点。24GHz 雷达传感器是一种可以将微波回波信号转换为一种电信号的装换装置,是雷达测速仪、水位计、汽车自适应巡航控制系统(ACC)、自动门感应器等的核心芯片。

雷达传感器一般分为两种:CW 多普勒雷达传感器[153]和 FMCW 雷达传感器[154]。通常 CW 多普勒雷达传感器用来探测运动的物体,将 24GHz 选为发射频率,利用发送与接收信号的频率差,通过公式计算出物体运动的速度。经过参考信号与回波信号的混频,双通道传感器输出两个频率幅度相同,相位差为 90°的中频信号 IF1 和 IF2,根据 90° 相位引导的信号类型,可识别物体的运动方向(远离或靠近)。而 FMCW 雷达传感器常用来探测静止的物体(图 11.12)。

图 11.12 FMCW 雷达传感器

第 12 章　社会机器人社会影响与道德伦理

传统的机器人应用于从生产部门,其感知的环境与处理的对象分别为生产环境与特定的生产资料;对社会机器人而言,其面向的对象是人,这就不可避免地要求机器人对人的复杂情感进行感知、处理与响应,这不仅涉及对传统基于人与人之间社交动力学理论的挑战,也引起了人们对机器人伦理问题的思考[155]。本章内容从人工智能时代下机器人社会化过程中的技术与伦理问题展开讨论。

12.1　人工智能的技术与社会影响

随着机器人在社会生活中发挥着越来越重要的作用,人们更倾向于关注其在技术层面的发展,但是对于其带来的社会影响缺乏足够的认识。借助以神经网络为基础的人工智能技术,机器人确实在很多方面获得了跨越式的发展,但是基于神经网络的人工智能智能技术在自身发展或社会应用过程中仍需面临多样化的挑战[156],本书认为这些挑战主要集中在以下几个方面。

12.1.1　深度神经网络面临解释性问题

计算机计算能力的突飞猛进使得大规模数据训练成为了可能。对于目前的一些人工智能任务,只要设置合理的学习策略与目标函数,通过大数据量持续训练即可获得高效的参数模型[157]。这种基于大数据、强运算能力与统计学方法集的解决方法,以 AlphaGo 和 AlphaZero 最为典型(图 12.1)[158],他们使用了数十天时间,上百万美元的设备与训练费用,参照了人机对弈或自我博弈下的上千万盘棋局,进而产生了大量的有效监督信息。通过使用庞大的参数模型,对围棋博弈的序列条件概率分布进行了几乎完美地拟合。但正如近日贝叶斯网络的创始人 Pearl 所指出的,"几乎所有的深度学习突破性的本质上来说都只是些曲线拟合罢了",他认为今天人工智能领域的技术水平只不过是上一代机器已有功能的增强版,对于基于神经网络的智能化技术,目前人们熟悉的主要是训练方法,而对参数模型的体系原理缺乏完整的理论支持,这一问题催生目前人工智能技术可解释性的研究,如果一个模型完全不可解释,那么在很多领域的应用就会因为没办法给出更多可靠的信息而受到限制,这也是为什么在深度学习准确率这么高的情况下,仍然有一大部分人倾向于应用可解释性高的传统统计学模型的原因。

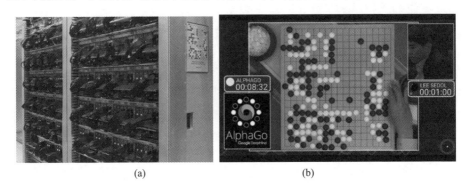

(a)   (b)

图 12.1   Alphago 围棋机器人(左图)击败李世石(右图),
成为首个战胜世界冠军的智能机器人

从理论与技术发展的路线看,目前人们对人工神经网络的模型具有完备的理论研究与理解[159-160],随后出现的卷积神经网络也是如此。在卷积神经网络的设计中,研究人员对于卷积层、池化层等技术手段均给予了合理的设计思路与解释,并且可以根据应用需求深度神经网络(DNN)这一概念的出现,各种在此基础上的改进与提升手段层出不穷。例如:使用 ReLu 函数代替 Sigmod 作为激活函数;使用批处理训练和批处理归一化手段提高模型的判别能力[161];对各种网路结构、多任务训练以及损失函数的尝试。以上手段纵然使得计算模型变得越来越高效,但是其本身的解释性问题也变得越来越突出(图 12.2)。

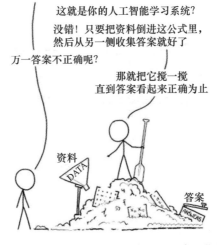

图 12.2   基于神经网络的人工智能技术正在透支过往的理论基础

　　在人工智能浪潮爆发前,没有理论支撑的机器学习方法很难受到关注,没有清晰逻辑推导的模型更是难以获得学术界的认可。但是在 DNN 技术大行其道的时代,技术的理论解释与实际发展的脱节也成为其进一步发展的主要障碍[142]。在现实中,很多领域对深度学习模型应用的顾虑或多或少也是出于安全性的考虑。例如,图 12.3 所示的是两个非常经典的关于对抗样本的例子,对于一个 CNN 模型,攻击者通过向真实样本中添加人眼不易察觉的噪声,导致深度学习模型发生预测错误。更为著名的案例就是比利时鲁汶大学研究团队的工作(图 12.4),该团队发现只需要一张彩色贴纸即可破解当前热门的目标识别系统[162]。此外,卡耐基梅隆大学的团队还展示了如何使用一对眼镜击败基于深度学习技术的面部识别系统(图 12.4)[163]。

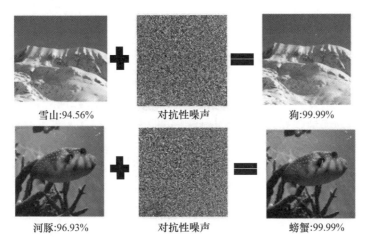

雪山:94.56%　　　　　对抗性噪声　　　　　狗:99.99%

河豚:96.93%　　　　　对抗性噪声　　　　　螃蟹:99.99%

图 12.3　在图片中加入对抗性噪声,模型将出现高概率误判

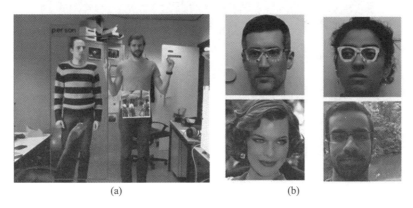

(a)　　　　　　　　　　　　(b)

图 12.4　CNN 技术在现实应用中大量对抗攻击(左图:通过彩色贴纸攻击目标识别框架;右图:通过定制镜框破解人脸识别框架),其根源就在于模型本身解释性不足

12.1.2 自主学习能力下的责任归属

随着机器人智能化程度的进步,其中人机交互的比重也越来越高。在机器人社会化的过程中,对机器人安全责任的归属一直是法律界不得不面对的一个难题。从法律角度上讲,与机器人行为有关的包括两种主体:机器人设计者或使用者、机器人本身。根据该法律常识,究竟是谁的事故行为或犯罪意图造成了犯罪,将会直接影响刑事责任的划分。传统工业生产领域中的机器人几乎都是弱人工智能机器人,其作为替代劳力只负责固定或特定的操作流程,其自身的控制也是基于完全可解释的程序与传感器数据实现。弱智能机器人不具有辨认能力和控制能力,其实体现的只是设计者或使用者的意志。在这种情况下,弱智能机器人不可能作为犯罪主体而承担刑事责任,其造成的事故或伤害行为需要由机器人的设计方或使用方负责[164]。作为执法机构,可按照其利用弱智能机器人所实施行为的性质进行定罪量刑。但是人工智能技术的应用对以上定则提出了一定的挑战,这里主要体现在两点:

(1)目前的很多机器人都具有自我学习的能力,即通过感知的数据实时更新自身的认知模型参数。在这种情况下,机器人虽然具有了对不同环境的自适应能力,但是也造成一个较为棘手的法律风险:如果机器人在特定场景诱使或者后续训练下实施了不当甚至危害性行为,是否需要其设计者负相关的法律责任。2017年3月,微软被迫从Twitter下线其AI聊天机器人Tay(图12.5),原因是Tay因为在线用户的恶意引导而在Twitter上连续发出种族主义、性别歧视和仇外言论[165]。

图12.5　微软的Tay机器人因为网友的不当引导出现违背价值观行为,最后导致仓促下架

（2）目前机器人或智能化技术在人机协同发方面快速发展,设备与人的分工已经超越了纯技术问题的范畴,并逐渐引起了法律界的关注。目前人机交互技术飞速发展,机器与人的结合程度也日渐紧密。以体感、VR 为代表的协同方式不断涌现,人机操作目标也拓展到注入自动驾驶、医疗手术、军事作战等高复杂度工作中。高度自动化的人机协同发固然会带来效率的提升与用户体验的增强,但同时也造成了法律责任上归属模糊[166-167]。试想驾驶员在自动驾驶系统辅助下发生了交通事故,如何界定事故的责任方与受害方? 军用机器人(如无人机)对平民或非战争人员发动攻击并造成了伤亡,又该由哪一方负连带的战争责任? 这些问题目前在法律与伦理领域已引发了巨大的争议与广泛的讨论。

12.1.3　人工智能中的伦理考量与新需求

过去人工智能的应用本质上还处于野蛮生长的状态,科技公司通过寻找高动态要求与弱安全要求的应用场景快速地布置自身的深度学习方案。但是对于任何新技术来说,其在社会生活与社会应用中的真正落地都不可避免地需要完整的行业生态。以电子产业为例,其不仅包括设备仪器的开发商与提供商,还需要配套的第三方评估部门与标准化的行业认证标准。这一概念映射到人工智能领域,就是对人工智能技术应用安全与伦理。

目前,工业界、学术界、政府和民间社会组织中比较流行的观点是承认人工智能在总体上是有益的,但同时也存在潜在的危害。为了避免潜在的道德陷阱和有害后果的同时,许多人倡议在伦理、社会、法律和政治层面对人工智能技术建立审查机制;同时,鼓励发展人工智能的审核与认证技术。欧盟委员会人工智能高级专家组将人工智能定义作如下描述:

"*software(and possibly also hardware) systems designed by humans that,given a complex goal,act in the physical or digital dimension by perceiving their environment through data acquisition,interpreting the collected data,reasoning on the knowledge,or processing the information,derived from this data and deciding the best action(s) to take to achieve the given goal. AI systems can either use symbolic rules or learn a numericmodel,and they can also adapt their behaviour by analysing how the environment is affected by their previous actions*",人类设计的系统软件(或硬件)在给定一个复杂的目标的前提下通过数据采集感知环境,解释采集到的数据,实现对知识的推理或对信息的处理并从这些数据中得出为达到既定目标而采取的最佳行动。人工智能系统可以使用符号规则或学习相关模型。他们还可以通过分析环境是如何受到他们的影响来调整他们的行为以前的行动。

为了基于以上定义提供具体的指导和建议,人工智能的伦理分析需要进一步明确技术,如自主车辆、推荐系统等,方法,如深入学习、强化学习等,以及应用领域,如医疗、金融、新闻等。这有助于将关注点重新聚焦在与自主人工智能有关的伦理问题上,即人工智能可以独立于人类决定和行动,但是其决定和行动必须符合人类的价值观。温德尔·沃勒克和科林·艾伦在其著作中对机器伦理学的道德解构方法进行了分类,他们分别是:自上而下的方法、自下而上的方法以及前两者相结合的方法。在最简单的形式,自上而下的方法就是根据某一种 AI 应用完成针对性的伦理理论;自下而上的方法是使得 AI 机器人能够从环境中感知、学习并掌握道德上的对与错;最后,混合方法则是将前两种思路进行结合。但是我们不得不认识到,以上的方法论在目前都面临着各种各样的挑战和限制。一方面,自上而下的方法需要相互冲突的哲学传统中找到并证明一个没有争议的伦理理论,否则人工智能伦理就将有可能建立在不充分、甚至虚假的基础上;另一方面,自下而上的方法从通常认为是道德的事物中学习,但是如此推论不能确保其获得真正的伦理原则或规则。

12.2 机器人的逻辑推理与深度思考能力

一直以来,学界普遍将人工智能分为强人工智能与弱人工智能两类。其中强人工智能是指人造智能体具有真正的推理和解决问题能力,可以独立思考问题并制定解决问题的最优方案。这样的智能体被认为是有知觉的,有自我意识的。弱人工智能的定义则刚好相反,具有弱人工智能的智能体并不真正拥有智能,也不会有自主意识。对人工智能的判定标准中最著名的是图灵在 1950 年提出的图灵测试准则(图 12.6),如果一台机器能够与人类展开对话(通过电传设备)而不能被辨别出其机器身份,那么称这台机器具有智能。

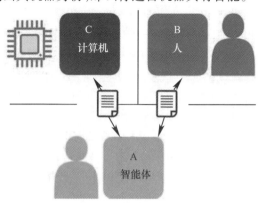

图 12.6　图灵测试,用于判定机器人的智能化水平

虽然目前深度学习、强化学习等技术的发展再一次点燃了人们对强人工智能的讨论,但是要实现真正意义上的强人工智能还存在各种理论上和技术上的难题,其主要表现在以下几个方面。

12.2.1　理论模型的生物原理

目前,科研领域对人类大脑与神经系统运行原理的研究仍处于探索阶段,现在流行的深度学习技术其灵感主要来自于对人类大脑皮层中神经元网络的模仿。功能磁共振成像及行为数据的比较也显示了大脑神经元体系与深度神经网络模型之间的一些相似性(图 12.7)[168]。但是更进一步对研究表明与后期的更多认知阶段相比,深度神经网络模型更善于捕获早期处理阶段,即完成生物意义上的"感知"功能。当训练任务延伸到逻辑推理层面时,深度网络及相关的训练算法就很难表现出令人满意的性能。

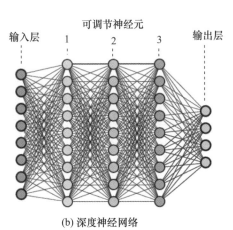

(a) 生物神经网络　　　　　　　　　　(b) 深度神经网络

图 12.7　深度神经网络(b)与生物神经细胞网络(a)具有结构上的相似性

对人类的思维与推理能力在心理学上具有普遍认可的定义,即该能力起源于人对自然现实与自我现实的认知,而这种认知又建立在对客观实物感知的基础上[169]。但是,人类思维与逻辑推理能力的生物学运行机制目前还处于广泛研究探索的阶段,人类逻辑本身是什么? 在大脑中以什么形式存在? 大家都在用概率、因果这样的方法去描述逻辑,一个主要的待解决问题是这些方法能够在多大程度上产生"真实"和类似人类的理解力。为了使得当前的人工智能计算模型更加贴合真实的生物神经系统,就需要更加深入地了解生物神经系统的运行机理。2019 年,Google AI 宣布其与 Howard Hughes 医学研究所、哈佛大学合作,使用数千个张量处理模块(TPU)重建了果蝇大脑(图 12.8)[170]。他们接下来要做的,是对果蝇大脑的学习、记忆和感知路径进行研究,这将有助于进一步抽取生物神经系统的运行模型并将其用于人工智能体的研究。虽然该项研究获得了广泛的关注,但是我们也必须认识到果蝇神经系统的复杂度(神经元数量级 10^5)相比于人(神经元数量级 10^{12})存在巨大的差别,且灵长动物与昆虫的神经系统本身也有着相当大的差异,诸如对意识、语言这些特殊神经系统活动的研究仍然需要在人类或邻近谱系的动物身上进行,但是该工作对存储与计算能力的要求明显超出了目前人类所具有的技术水平[171]。

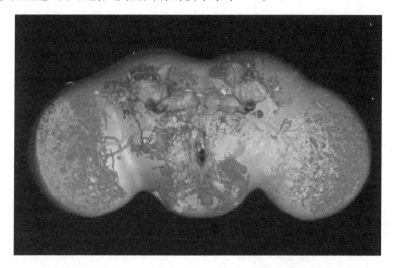

图 12.8　Google AI 重建的果蝇神经系统

12.2.2　技术问题与瓶颈

从技术层面讲,机器定理证明就是把人证明定理的过程通过一套符号体系加以形式化,变成一系列能在计算机上自动实现的符号演算过程。但是以上这种经典的逻辑推理方法论并不适合现在流行的大数据和并行计算潮流。另外,即便拿出目前结构最复杂的深度神经网络架构,其也只能被看作是对真实大脑神经回路的极度简化。以人脑神经突出为例,人脑神经细胞间的突触可塑性是人类学习、适应环境的关键,人脑神经元间的突出可以通过环境而改变、增加、加强或消除。而现有人工神经网络中神经元之间相关联的仅仅是关联权重(weight)与偏差(bias),而且也没有很好的训练算法能够有效模仿真实的神经突触演变过程。深度学习框架 Keras 的作者 François Chollet 在 *Deep Learning with python* 这本书的最后,也总结了目前人工智能的能力与缺陷,并列举了一些目前深度学习技术还无法完成的任务:

（1）阅读详细的机器操作手册，从而学会操作一辆机器。

（2）阅读详细的代码描述，从而编写出一段功能一致的新程序。

（3）应用科学方法和知识。

（4）长期规划，模仿算法的数据制备。

François Chollet 认为机器能做的，仅仅"是通过一系列简单、连续的几何变换，将一个矢量空间映射到另一个，将一个数据形式映射到另一个数据形式"。所以，尽管深度学习模型可以解释为一种程序，但反过来，很多程序不能表示成深度学习模型。对于很多任务，或者不存在相应的深度神经网络来完成这个任务，或者存在这样的神经网络，但是不可学习（比如相应的几何变换太复杂而训练数据有限）。所以，通过添加更多的层，准备更多的数据，将神经网络做大的方法，只能解决一部分问题（比如 Google 的 BERT 以及 Open AI 的 GPT-2），却不能解决更根本的问题。目前，深度学习模型局限于自身固有的表示能力内，很难进一步拓展对逻辑推理机型的建模与处理（图 12.9）。

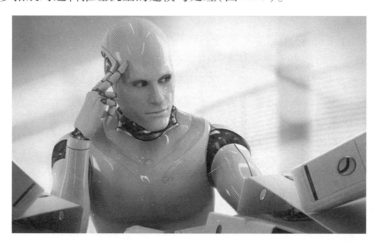

图 12.9   思维与推理能力被认为是目前机器人向强人工智能发展的主要障碍

自然语言处理技术（nature language process，NPL）是对类人推理能力探索的典型领域，目前市面上常见的自然语言处理程序或搜索引擎通常可以找到单词或文本之间的关联，但不存在理解力。这里不是指哲学上的理解力，而是指一种经验性的东西，是实现强人工智能的另一个障碍。今天的计算机并不知道它们"读"或"说"的东西是什么意思。有些人工智能专家在研究基于逻辑的知识表示法时，都想找到知识或意义的本元，即逻辑关系的统一表示方法。然而，这在技术实现过程中会面临很多问题。

第一个问题是组合爆炸。人工智能中广泛使用的逻辑定理证明方法是消解法。利用这种方法得出的结论可能本身是正确的,但它与目标结论并不相关。启发法用来指导和限制结论,并决定何时停止证明。但这些方法也并非万无一失。

第二个缺点是消解定理的证明,假设非—非—X 就意味着 X。这个观点大家并不陌生:反证法就是首先假设某命题不成立(对原命题的结论进行否定),然后推理出明显矛盾的结果,从而下结论说假设不成立,原命题得证。如果被推理的域被完全理解,那么这在逻辑上是正确的。但是,使用内置消解程序(如许多专家系统)的用户通常假设找不出矛盾来,这就意味着不存在矛盾,即所谓的"失败则否定"。这往往是一个错误。在现实生活中,证明某事是假,和不能证明它是真完全不是一回事,因为还有许多不知道的证据(潜在假设)。

第三个缺点是结论的一致性问题。在经典("单调推理")逻辑中,一旦某事被证明是真,那它永远是真。在现实中,情况并不总是如此。我们可以有充分理由认为 X 为真(也许它是一个缺省赋值,甚至是通过仔细论证或从有说服力的证据中得出的结论),但后来可能会发现 X 不再是真,或者从最开始就不是真。如果是这样,我们也必须相应地改变自己的认知。

对于基于逻辑的知识表示,许多研究者试图提出可以容忍不断变化的真值的"非单调推理"逻辑。类似地,很多研究还定义了各种"模糊"逻辑,其中的语句能够被标记为可能/不可能或者未知,而不是真/假。即便如此,具有通用价值的可靠方法仍未找到。

12.3　机器人社会化过程中的道德取向

随着机器人与人类的相似度越来越高,另一些问题也突显出来。例如,机器人是否应该拥有权利? 人类是否可以随意毁掉机器人? 人与机器人的区别究竟应该是什么? 早在 20 世纪 80 年代,美国未来学家麦克纳利(McNally)和亚图拉(Yatula)就撰文认为,机器人将来会拥有权利。对机器人权利的思考是我们考查权利问题的新维度,可能需要我们重新认识权利概念及其意义。

2002 年,Gianmarco Veruggio 等将机器人(robot)和伦理(ethics)合并为复合词"robot - ethics",并以此命名其研究的"机器人伦理学",旨在促使机器人造福人类,避免其被误用于危害人类。机器人伦理学研究涉及许多领域,包括机器人学、计算机科学、人工智能、哲学、伦理学、神学、生物学、生理学、认知科学、神经学、法学、社会学、心理学以及工业设计等(图 12.10)。2005 年,欧洲机器人研究网络(european robotics research network,EURON)立项资助"EURON 机器人伦理学工作室"项目,其成果是"EURON 机器人伦理学路线图"。在欧盟第 6 框架计划中,为了澄清人与软硬件等人工物整合(包括人与软件的整合、人与机器人的无伤害整合以及物理仿生整合)中的技术伦理问题,专门在科学与社会工作计划下设立了"伦理机器人"(ETHICBOTS)项目,以推动机器人伦理学的发展。为了应对人形机器人带来的安全问题,日本制定了家用和办公机器人的安全使用指南。韩国拟定了《机器人伦理章程》以防止机器人的不良使用,确保人类的安全。

图 12.10　机器人安全伦理正在逐渐受到学术界的重视

类似地,Brandon Ingram 等对机器人工程师群体进行了研究,提出了"机器人工程师的伦理准则",目的是提醒机器人工程师牢记其应该承担的伦理责任——增进世界、国家、地区、机器人工程师、客户与终端用户以及雇主的相关福祉。机器人工程师的伦理准则包括:

(1) 在行为方式上,机器人工程师应该准备承担对其所参与创造的任何创造物的行动与运用所带来的责任。

(2) 考量并尊重人们的物质上的福祉与权力。

(3) 不得故意提供错误信息,如果错误信息得到传播应尽力更正。

(4) 尊重并遵循任何适合的区域、国家和国际法规。

(5) 认识并披露任何利益冲突。

(6) 接受并提供建设性的批评。

(7) 在同事的专业发展及对本准则的遵循方面给予帮助和支持。

同样,为了凸显机器人的设计者与制造者的专业伦理责任,Robin Murphy 和 David Woods 指出,阿西莫"机器人三定律"的前提是机器人具有某种功能性的自主的伦理抉择能力,故其伦理架构是以机器人为中心的;而目前的机器人根本就不具备这种能力,这种想象的有道德能力的机器人为中心的伦理框架不仅忽视了人与机器人互动这一真正应该关切的视角,更无法应对机器人运用中各种复杂的情景。由机器人为中心的视角转向以人与机器人的互动的视角,他们将"机器人三定律"修改为三个替换定律(用*表示):第一定律*,在人—机器人工作系统没达到最高的法律上与专业性的安全与伦理标准的情况下,人不可对机器人进行配置;第二定律*:机器人必须根据人的角色对人做出适当的回应;第三定律*:机器人必须确保得到充分的自主以保护其自身的存在,只要这种保护可以顺畅地将控制转移给其他满足第一法则*和第二法则*的能动者。

第 13 章　机器人的社会属性与情感共融

现代社会机器人及相关技术的发展使得机器人越来越多地直接将人作为服务对象,在与人的交互过程中不可避免地存在对人情感的感知、判断与响应。在传统的社会学认知中,情感是人最重要的社会属性之一,也是人与工具之间天然的界限[172]。但是机器人技术的发展以及对人类情感的研究使得以上界限发生了动摇。在社会机器人大发展的浪潮下,人们在不断发掘其新的社会属性与应用价值,而新的社会属性与应用价值往往会引出伦理道德上的问题与思考,进而为技术的进一步发展指明方向。本书将结合社会机器人在陪伴、心理卫生和护理等领域的应用现状,探讨在这些领域中出现的问题与解决思路。

13.1　人机陪伴与社交伦理

人类是社会性的动物,从进化心理学的角度来说人类个体生存技能低下,只有群体团结协作才能在恶劣的自然环境中生存。然而这种群居的生存优势在今天变得不再必要,随着科技和社会分工的发展,人类的生存不再需要如此紧密的协作[173]。然而人类的进化是极其缓慢的,百万年来形成的社会性不会在短短几百年内消失,所以现代人类共同面对的一个问题就是孤独感,越是分工精细的社会,这种现象就越突出。

2009 年,总部位于英国的 YouGov 调查公司通过在线调查 1254 名 18 岁以上成年人后发现,"千禧一代"受访者中有 30% 自称没有最好的朋友,27% 自称没有关系亲近的朋友,25% 称没有熟人,22% 称什么朋友都没有。而第二次世界大战结束以后出生的"婴儿潮"一代和 20 世纪 60—70 年代出生的"X 一代"受访者中,自称没有朋友的人数比例分别是 9% 和 15% 。此外,超过 30% 的"千禧一代"受访者自述总是或经常感到孤独,相同的现象在"X 一代"和"婴儿潮"一代受访者中却只占 20% 和 15% 。美国《纽约邮报》因而评论,美国"千禧一代"可能是"最孤独的一代"。相关的研究发现,"千禧一代"不仅需要面对比老一辈更大的压力(如职场竞争、房价与教育成本上升),还要适应在数字化社交环境中所诱发的自我认同困扰和自信心缺失。相比于已经成年的"千禧一代",儿童

189

的孤独与陪伴问题则更为突出。以我国为例,目前许多城镇中的年轻父母工作繁忙,每天与子女交流和接触的时间不足,在孤独的家庭环境影响下,极易诱发青少年的焦虑与失衡。鉴于信息化浪潮下技术对人类社会、个体心理带来越来越深刻的影响,催生了研究与网络等新技术相关的人类心理和行为,进而提高人们的社交质量。这一理论的产物就包括陪伴机器人与相关技术。目前,日本和韩国已经开发出实用的儿童护理机器人,具备了电视游戏、语音识别、面部识别以及会话等多种功能。它们装有视觉和听觉监视器,可以移动,自主处理一些问题,在孩子离开规定范围还会报警。精确的量化研究表明,与机器人相处几个月后,儿童会像对待小伙伴那样对待机器人,其本身的精神面貌也可以获得明显的提升。此外,陪伴机器人还可以承担一部分的教育功能,在互动过程中帮助儿童进行阅读、外语等方面的训练[174]。2015 年,MIT 机器人专家 Cynthia Breazeal 提出了 Jibo 陪伴机器人概念(图 13.1),以语音识别、人脸识别、机器学习以及情感陪伴为标签的 Jibo 一经提出就风靡互联网。但是短短几年后,以 Amazon、Google 等为代表代表的陪伴机器人或智能交互音箱等产品就已形成了遍地开花的势态,这也从侧面反映了机器人在家庭陪伴与情感交互方面巨大的应用潜力。

(a)Jibo机器人   (b)NAO机器人

图 13.1 陪伴机器人

虽然目前陪伴机器人的发展势头强劲,但是也需要面对一些质疑的声音。对陪伴机器人的质疑主要集中在其社会功能的探讨。一些心理学家担忧长期与陪伴机器人互动会导致被服务者进一步脱离社会,进而引起比孤独感更严重的后果。用户甚至可能会认为与机器人在一起的世界是真实的,与人类在一起的世界反而让他们更难接受。换句话说,对于幼儿的健康成长,家人的关爱是无法替代的,机器人只能起到辅助作用。实验人员通过阿希实验模式发现接受实验的儿童在有机器人陪伴的情况下,学习效率与错误辨识能力反而不如其在独处环境中的表现[175]。本书认为陪伴机器人在履行陪伴功能的同时,其设计目标应该更加注重于"疏导",即在满足交流、排解孤独感等功能的同时,鼓励用户积极维护其与家人、朋友间的真实社会关系。此外,在机器人辅助教育方面需要采取某种保护措施,如建立相应的监管框架,以减少儿童在儿童机器人社交互动过程中的风险,避免对这一领域的正面发展产生不利影响。

13.2　人机恋爱及亲密关系

除了计算机与人交谈倾诉这一交互方式外,其实机器人技术在很多较为小众、边缘的社会领域具有令人惊讶的应用深度,一个明显的例子如性爱机器人。与公众印象中的充气娃娃不同,医疗界对此类设备实现医疗价值与用途进行了长时间的研究,其目的主要集中在对性暴虐、性功能障碍患者的治疗上,就像通过辅助手段——采用美沙酮舒缓吸毒者断戒海洛因痛苦一样[176]。以男性性功能障碍疗法为例,过去传统医疗界的注意力主要集中在前列腺高潮替代疗法上,但是目前一些研究显示结合人形机器人与心理干预的治疗方式已经获得了不亚于前者的临床效果。相似的研究思路还广泛分布于对具有暴力倾向或狂躁症的治疗上且部分研究成果已经获得了应用[177]。比医疗用途更进一步的就是专用的性爱机器人,目前的性爱机器人如欧洲 RealDoll 公司设计的 Harmony 2.0(图13.2),这款机器人可以对外界的触碰做出反应(如触摸、拥抱等),还能储存客人的声音、语气等信息,并据此更改自己的性格甚至口音。

图 13.2　Harmony 机器人

与单纯而保守的医学用途相比,以 Harmony 为代表的人形机器人服务的目标更广,其与人的共融关系直指性爱这样的社会或论理禁区,所产生的争议无疑也更大。实际上,在社会机器人发展的历史上一直存在这样一个方向,即试图将机器人由内而外地设计成完全的人类模态,这方面的代表如大阪大学智能机器人实验室主任石黑浩,其研究方向混合工程学、人工智能、社会心理学和认知科学等四大学科。其目的是研究人类为什么以及何时愿意与机器进行互动并感受到机器人的感情[178]。2015 年石黑浩带来团队研发出第一个完全自主的机器人Erica(见图 13.3(a)),运用了语音识别、红外人体追踪、语音合成和自然运动生成等多项技术。Erica 的眼睛、嘴巴和脖子等可通过气压活动,呈现出各种表情和动作,看起来与人类十分类似。中国科学技术大学的智能机器人实验室也在致力于交互机器人的研究,并在 2016 年推出了第三代特有体验交互机器人佳佳(见图 13.3(b))。

(a)Erica

(b)佳佳

图 13.3　自主人—机交互机器人

随着各种"Geminoid"(专用名词,本书认为应翻译为超仿人形机器人)的问世及应用,无疑进一步模糊了人与机器人亲密关系的界限。在 13.1 节中探讨的陪伴机器人可能还具有较为浓郁的"社交辅助工具"的背景,而超仿人形机器人明显将机器人与人亲密关系推向了更高的层面[179]。通过对这种特殊乃至极度亲密人机关系的研究,人们可以进一步探索需要复制自己的什么信息到机器人上,才能让人觉得这个机器人身上具有"真我"的气息——外貌重要? 脉搏重要? 表情传神重要? 呼吸重要? 当机器人具有了这些"真我"的表征后,又可以在多大程度上充当人的身体或精神伴侣? 这种新型的人机关系又如何冲击并改写目前的社会伦理与家庭关系? 要回答以上的种种问题,还需要进一步的观察与探讨。

13.3　机器人社会心理学

在心理学领域,心理治疗和心理咨询是基于 Carl Ransom Rogers 的人本主义心理学理论开展并结合的[180]。在该理论体系中,医生负责心理治疗,非医疗人员则参与心理咨询或对具有轻度心理问题的患者进行辅导。以上理论不仅奠定了目前心理卫生领域的基础,也为心理咨询机器人的出现奠定了基础。以科研群体(科研工作者或学生)为例[181],2018 年《自然》杂志组织了一次针对科研工作者心理健康状况的综合调查,发现科研工作者中教师群体的抑郁或焦虑比例分别高出社会平均水平 12% 与 23%,而研究生群体的数据更是高出社会平均水平 6 倍之多。但是即便是科研群体,其面临的心理问题也具有明显的分层:患有严重精神障碍及心理障碍,需要专业医生进行干预的病例只占总体里的极少数。更多的心理问题主要表现在短期的紊乱或获得性障碍。

传统的心理咨询技术是以聊天程序的方式实现的,其中的最早的代表就是可模仿心理医生的软件 ELIZA(图 13.4)。ELIZA 其实自己并不主动说新内容,它更多的是一直在引导用户说话尽可能倾诉。看似讨巧的 ELIZA 项目取得了意外的成功,它的效果让当时的用户非常震惊。以至于后来产生一个词汇,叫"ELIZA 效应",即高估了机器人能力的一种心理感觉。ELIZA 的成功更多是与其所在时代的技术实现了最佳的匹配,该软件以及后来出现的 ALICE、Sofia 等方案,主要是基于通过一系列的经典心理问题开展交互[182-183],在尽可能多地收集用户倾诉内容后通过识别、匹配答者语言中的关键词对其心理状况进行评估。

图 13.4　ELIZA 心理咨询机器人

虽然人们在心理咨询机器人反面进行了长期的探索,但是目前心理机器人的发展仍然比较有限:它更多的是充当专业人员的辅助工具,而非独当一面的独立工作者(比如在精神疾病特别是应答者饮酒习惯评估上的有效性)。虽然系统在治疗中可以起到积极作用,但是功能非常受限且不具有泛化能力。在ELIZA之后的发展中,最典型的是微软研究院开发 Dipsy 系统(图 13.5),Dipsy系统的开发者借鉴了心理咨询中的认知行为疗法(cognitive behavior therapy)和正念疗法(mindfulness)概念,以自然、有效的方式引导对话,让用户尽情倾诉。Dipsy 系统还会研究用户心理过程,在数据驱动下,对用户的心理特质与精神障碍做出诊断。在主动干预方面 Dipsy 的表现较 ELIZA 有了巨大进步,它采取认知行为疗法(cognitive behavioral therapy,CBT)或早期干预的方式,在各种治疗性的语境中,改变用户的思维与行为方式,帮助存在风险的用户缓解并管理心理问题。在实际应用中,DiPsy 系统可以在开放环境下对用户进行人格分析,但是它只会在对用户人格有一定把握时才会结合模型给予回复,因此距离完全实用化仍有一定距离。

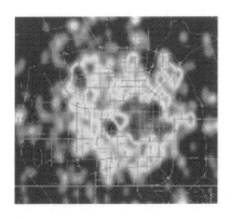

图 13.5 Dipsy 可以感知用户在心里或情绪上的波动并提供丰富的可视化数据

进入深度学习时代后,计算机设备对自然语言的感知能力大大增强,进而产生了注入 Siri、Cortana 等新一代的人机交互引擎。以 Siri 为例,它整合了大量的网络服务(如计算知识引擎 Wolfram – Alpha),并通过网页搜索、知识库及问答推荐等技术向交互方提供预期的服务。另一个典型案例是微软的小冰,它是一种以情感语料为基础的人机交互平台,通过对用户进行情绪分析,给出带有感情色彩的回复,进而与用户建立起情感纽带。该型交互方案目前拥有超过 1 亿用户及 300 亿次对话记录。交互技术的进步也推动了心理咨询/医疗机器人领域新一轮的尝试,其中最新的代表就是 Woebot(图 13.6)。Woebot 是基于认知行为疗法开发的机器人,通过与抑郁患者聊天来帮助求助者。Woebot 发明者斯坦福大学临床心理学教授 Alison Darcy 在 *Jmir Mental Health* 中发表了研究结果[184]。实验中 Darcy 招募了 70 名学生,他们均表示自己有抑郁症和焦虑症的症状。这 70 名学生被分为两组：一组与 Woebot 进行为期两周的聊天；另一组阅读国家心理卫生研究所有关抑郁症的电子书。在两周的时间内，与 Woebot 聊天的实验对象表示，他们几乎每天都会与机器人聊天，而且发现自己的抑郁症症状明显减轻了。

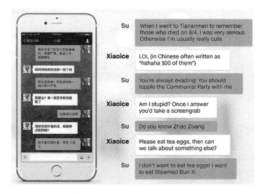

图 13.6　Woebot 聊天机器人可以有效疏解用户的抑郁情绪

虽然目前基于神经网络技术语言交互方法层出不穷，但是对于心理咨询行业的冲击仍然较为有限。

13.3.1　目前的发展现状

在研究领域，对话系统可以分为任务导向型(task - oriented，图 13.7)及非任务导向性(non - task - oriented)对话系统。任务导向旨在帮助用户完成特定的任务，如查找、预定或其他具体的事务。这类系统将对话响应视为一个流水线。

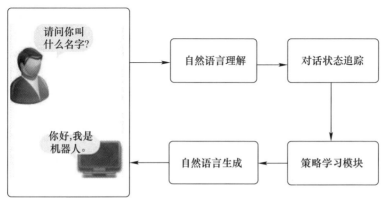

图 13.7　任务导向型(task - oriented)对话系统

学术界在对该系统的研究中发现其存在两种问题。首先是信贷分配(credit assignment problem)问题,即当用户做出错误反馈时,系统无法确认错误源出自哪个模块,更难以对错误源本身进行分析。其次是对话过程中的模块依赖(process interdependence)问题:由于各个模块处于一种串行黏连状态,使得对其中单一模块的调整变得十分困难,因为任何针对单一模块的调整都会引起整个应答系统的整体变化。在实际工程中,只能在调整完一个模块后(如重新训练自然语言理解模块),再对所有对其有依赖关系的模块重新调整,从而保证系统的最优性能,这意味着巨大的工作量与成本。

另外,心理护理领域自身的特性决定了用于心理咨询的交互注定是开放性的交互过程。基于心理干预进行的交互是一种按计划、有目标、围绕核心问题、高度保护当事者隐私的谈话,其目的是围绕来访者的核心困境问题,进行目标明晰的谈话,使来访者逐渐自觉发现解决问题的途径,并激发出摆脱困境的动力。为了提高机器人在开放性交互中的表现,学界也很早就尝试引入 DNN、强化学习、长短记忆网络等技术来赋予咨询机器人人格,进而保持在交互中的主动性与一致性。也有人提出了整合式的解决方案[185],该方案将整个交互过程整合为单一模块,然后通过端到端的训练策略优化该模块系统。但是这种端到端的训练需要大量的训练数据,而且还面临着对不同领域的泛化性能。更重要的是,即便不考虑收集训练数据所需要的巨大人力及时间,单纯对心理类数据来源的私密性考虑就足以使得多数研究者或开发商止步,这涉及人工智能技术在信息咨询行业应用的另一大瓶颈。

13.3.2 私密性保障堪忧

在心理治疗或者心理咨询场景中,客户和服务者之间的谈话内容很可能涉及客户本身的极私密信息。相比于普通的沟通、聊天,面向心理治疗或心理干预的谈话内容仅局限咨询室里,咨询师在未经来访者本人许可,都不得再对任何第三者涉及谈话内容,最大限度地尊重和保护来访者的隐私权。从这一点我们不难发现,心理咨询类的交互实际上与当前火爆的"云机器人"概念是背道而驰的,一方面大部分寻求心理咨询的客户对资讯内容极为敏感,他们并不希望自己接受心理干预的任何信息甚至接收心理咨询这一事实本身)以任何形式参与共享。调查显示,在心理咨询方面,即便是将内容作为无差别训练集这一要求,也只能获得 2.8% 的受访者的认可。进一步试想,如果在接受心理咨询过程中客户得知他面前的咨询机器人正通过某种通信手段与外界互联,这将必然会引起客户的警惕甚至对抗性心理,对咨询的过程和结果造成负面影响,甚至引起整个心理干预的失败。

13.3.3　道德判定与选择

心理咨询和心理治疗领域是一个具有很强道德壁垒的领域。心理医生或者咨询师都需要进行正规培养,且受到很强的行业道德约束。心理咨询师的职业道德规范中有明确的说明:心理咨询从业者必须为来访者的私人信息进行保密。但是有一些情况下该规范是可以打破保密的,例如来访者有很明显的自伤或伤人前兆,或该案例涉及医疗、司法等情况。咨询师有权将来访者的信息提供给相关部门。如果机器人作为咨询服务的提供者,开发者又如何在技术层面对"道德"概念进行有效的建模并加以界定? 这种界定如何通过心理卫生领域的同行评议与法律规范? 这些问题本质上与针对人工智能的图灵测试具有相似之处,但是人工智能时代并不是图灵所在的 20 世纪 50 年代,当技术突破与商业运营逐渐落地时,人们发现来自社会伦理与道德法律的问题相较于技术问题有过之而无不及。

13.4　机器人与人社会关系共融

学术界与工业界一直以来对家庭服务机器人的分类比较模糊。本书认为,"陪伴机器人"与"陪护机器人"是两种不同的机器人产品类型[186],其在服务对象、功能要求等层面具有以下不同的要求。

13.4.1　服务对象不同

本书认为,陪伴机器人其服务对象主要是青少年,其主要目标是实现情感的交互与辅助,帮助用户积极面对社会生活。而陪护机器人其主要服务对象是病患或者老年人,这一类群体具有身体上的不便与心理上的阴郁,因此除了基础的陪伴与情感交流外,还要求提供物理层面的照顾。

13.4.2　技术、功能要求不同

青少年具有思维活跃,求知能力强的特点,同时也因其心智处于成长期,可能受到孤独或压力影响。因此陪伴机器人的重点是交互,即通过语言与情感的交流实现心理层面的疏解。病患或老年人行动不便,因此还需要机器人具有机械手等灵活的执行部件,以便完成诸如搀扶、抬举等操作。此外,老人在整个家庭体系中属于弱势群体,而且他们不像儿童一样天真烂漫,老人的心思更加细腻,且很少会主动将情感表达出来,这也对语言与情感交流提出了新大的挑战。此外,陪护机器人还需要具有健康监测功能(如对用户心跳、呼吸等身体特征的

197

监测），这与应用于公共场合的社会机器人又有着明显的不同。

13.4.3 设计原则不同

一般陪伴机器人的设计非常灵活，目前市面流通的人形、小动物形的机器人以及具有强交互功能的娱乐音箱都可以归类于此。但是陪护机器人的设计则相对保守得多，这也是源自于服务对象的额区分：病患或老年人等弱势群体大都内心抑郁且敏感，唯有能被视作“生物体”的东西通过符合人类社交习惯的方式与其交互，才可能提供足够的社交服务（如感情支持、生活支持等），最终建立更深入的人机社会关系。基于以上考虑，陪护机器人大都设计为人形或类人外形，旨在实现与服务对象社会关系的共融。

与陪伴机器人相似，陪护机器人的出现也是顺应社会发展的刚性需求。20世纪末开始，各发达国家都开始面临劳动力不足的问题。以日本为例，20世纪50年代起，日本的机器人行业以工业机器人为主，后来由于人口老龄化问题严重，逐渐向服务型拓展。日本很多大企业从 20 世纪 90 年代就已经开展养老业务。松下公司早在 20 世纪就成立了从事养老业务的子公司，业务遍及日本各地。该公司不仅可以提供系统化的养老解决方案，而且还销售和租赁各种养老设备。在技术上，由日本名古屋理研生物模拟控制研究中心开发的 RI – MAN 机器人，不仅有柔软、安全的外形，手臂和躯体上还有触觉感受器，使它能小心翼翼地抱起或搬动患者。在国内，深圳旗瀚科技推出了三宝机器人，它能够利用远程医疗技术实现护理功能，同时还有药品管理、提醒老人按时吃药等功能（图 13.8）。

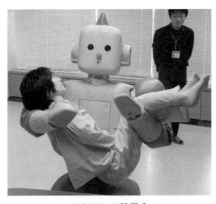
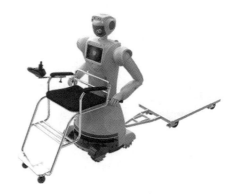

(a)RI-MAN机器人   (b)三宝机器人

图 13.8 陪护机器人

虽然目前陪护机器人取得巨大的发展，但是本书认为，其在人机关系共融方面还需要面对以下三个问题：

1. 技术可达性问题

技术是不断迭代的,而实体机器人不像纯软件那样快速迭代。目前陪护机器人的发展研究还主要集中在感知能力的提升上,硬件(或者说)物理层面的生活辅助设备或者是受制于较高的研发难度,或者是需要解决较高的成本,综合来讲距离大规模实用还有一定的距离。

2. 容错性问题

社会弱势群体本身就具有体质上的特殊性,试想养老机器人在抬老人时,如果由于老人不配合或其他原因导致问题,很难界定是机器人的问题还是老人的问题。如果从生活照顾/辅助角度上讲,陪护机器人应该属于医疗器械,但是如果在法律或者商业角度(如保险设置)将其作为器械处理,又会造成对其人机社会关系的忽视,目前该问题缺乏先例或条例参考,其解决思路还需要进一步的讨论与探索。

3. 社会化应用问题

养老或医疗护理与移动互联网不同,它是一种重体验重服务的行业,且具有明显的地域化差别。因此陪护机器人的市场应用实际上是依据大量星散的场景(如养老院、医院以及家庭)展开的,这就需要技术研发、生产销售以及使用单位间的协调。

第 14 章　人机协作的伤害与安全伦理

虽然市场对于社会机器人有着巨大的需求,但是要实现社会机器人在人类社会方面面的软着陆还有很多需要解决的问题,其中最重要的一点就是机器人的安全性问题。传统的工业机器人重复的完成单一简单的工作,所以可以采用限制工作空间的方法来禁止工作人员靠近正在运行的机器人,从而保证机器人不会对人类造成伤害。但是与传统的工业机器人不同,新兴的社会应用领域非常广泛,其工作场景也是非常的多变。这些工作场景都是需要机器人或智能体能够与人近距离的互动并协作完成工作,所以传统的工业机器人的安全模式根本无法满足服务机器人的要求[187]。本章将就机器人与人工智能技术在安全伦理中的发展与挑战展开讨论。

14.1　人机交互安全的伦理挑战

人们开始面临一个问题:当机器人与人在协同操作过程中发生了事故过侵害,其造成的法律责任该如何在操作者与机器人之间进行划分[188]?以自动驾驶技术为例,如何判断自动驾驶是由人控制还是纯由机器自己控制,成为责任划分中的重要转折点。为此,国际汽车工程师协会(SAE International)已出具了标准(表 14.1),用以区别控制力问题。该标准如表 14.1 所列。

表 14.1　国际汽车工程师协会对自动驾驶技术的分级标准

技术分级	定义	备注
L0	没有任何自动驾驶加入的传统人类驾驶	有人的意识在其中左右,汽车本身不带有任何自主思考
L1	方向盘和加减速提供一项自动操作,如巡航等(目前很多车辆都已经具备该类功能,用起来还是很释放脚的压力的)	
L2	方向盘和加减速提供两项自动操作,如自适应巡航、道路保持等	
L3	代表系统自动实施所有驾驶操作,并且可以观察路况(如交通信号灯、行人等),但是系统的请求需要驾驶者提供应答处理	自动驾驶设备接管行驶任务,人的参与度消减乃至消除
L4	代表系统自动实施所有驾驶操作并自主决策,并且驾驶者无须提供应答,无须人类陪同	
L5	代表全域自动驾驶	

对于自动驾驶技术,特斯拉 CEO 埃隆·马斯克在 2018 年曾经乐观宣称,10 年后几乎所有新车都将是全自动无人驾驶汽车,20 年后汽车将不再有方向盘,人们驾驶一辆普通汽车的感觉就像骑马一样。但是事与愿违,2016 年特斯拉自动驾驶汽车发生多起致命车祸,这让特斯拉在车祸发生后把官网上的"自动驾驶"改为了"辅助驾驶",进而全面地降低其自动驾驶产品的智能化等级(例如,Model 3 搭载的 AutoPilot 2.0 自动驾驶系统,在业内被普遍认为是 L2 级别)。与之类似的,自从 2014 年 Delphi 公司的自动驾驶设备在公路测试中首次发生事故以来,美国加利福尼亚州车辆管理局(DMV)已经在网上公布了 51 起涉及自动驾驶车的交通事故(图 14.1)。在 51 起事故中,谷歌 Waymo 有 25 起,其中 4 起过失方被判定为 Waymo。通用 Cruise 共有 23 起事故,其中 3 起过失方在 Cruise。虽然从综合数据来看,共有 14% 的事故是自动驾驶车的责任,但是在几乎每一起事故的庭审过程中,对责任判定的质疑与争议都不曾消减(图 14.2)。

(a)特斯拉Model 3辅助驾驶系统事故　　　　(b)Uber自动驾驶系统致死事故

图 14.1　自动驾驶技术在实际测试中是事故的重灾区

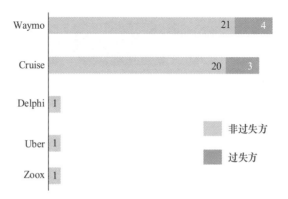

图 14.2　美国加利福尼亚州自动驾驶交通事故统计(2014—2018 年)

201

2014 年,美国华盛顿大学(University of Washington)的法学教授 Ryan Calo 在标题为 *Robots in American Law* 的论文中研究了过去 60 年涉及机器人的 9 宗法律案件,发现大多数司法推理都建立在对科技贫乏(而且往往过时)的理解上[189]。机器人让法院面临独特的法律挑战,法官们还没有做好应对的准备。更严重的问题是,当传统法律界向技术行业寻求论据支撑的时候,我们沮丧地发现技术领域显然并没有为此做好准备。自动驾驶技术最先是在航空领域获得应用的,但是成熟的自动驾驶技术并不是单独的一台设备,而是整个航空体系中的必要环节,这体系中不仅包括飞机平台与状态记录技术(黑匣子),还包括飞行员培训系统与航空管制法律、标准[190]。类比之下,人工智能技术可能确实会带来汽车行业的革命,但是现在断言它的未来还为时尚早。

14.2 智能体安全伦理挑战

深度学习技术在从实验室走向应用的过程中,也面临着一些隐性的风险。作为一种数据驱动的概率统计方法论,深度学习技术目前具有明显的数据依赖与组件依赖特征,即自身性能很大程度上倚仗训练数据,自身的技术实现倚仗特定的软件体系(图 14.3)。对于第一个问题,几乎所有深度学习算法只关心特定类别的近似度和置信概率区间,但是没有考虑输入会导致程序崩溃甚至被攻击者劫持。对于第二个问题,360 Team SeriOus 团队在一个月的时间里面发现了数十个深度学习框架及其依赖库中的软件漏洞。发现的漏洞包括了几乎所有常见的类型,如内存访问越界、空指针引用、整数溢出、除零异常等[191]。这些漏洞潜在带来的危害可以导致对深度学习应用的拒绝服务攻击、控制流劫持、分类逃逸,以及潜在的数据污染攻击。

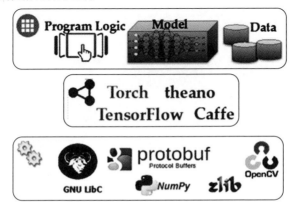

图 14.3 深度学习技术的软件支撑体系

在实际环境中部署人工智能体的一个挑战就是智能体可能会遇到以前从未经历过的情况。机器人智能体对未知情况应对不当就很可能导致其采取某些有害行为。本书认为对于机器人智能体而言,其首先应具备在对新环境或新问题的识别能力,即通过环境相似性检验发现自己正处与未知的环境中,进而采用保护性或保守性的应对策略。虽然这种方法不能解决机器人智能体的根本问题,但是可以首先保证其本身的安全性能。此外,学术界的另一大研究方向就是将知识从熟悉的场景转移到新的场景中。

具体而言,本书认为解决智能伦理问题的方法是:避免负面影响、奖励黑客攻击、可扩展监督、安全探索以及对分布式变更的鲁棒性。

14.3　机器人在军事行动中的伦理挑战

伴随着人工智能技术的进步,各军事强国都在积极研究提高作战武器的智能化水平,进而在提高作战效能的同时减少本方有生力量的参战风险。这一努力的结果就是越来越多的军事机器人开始活跃于各大战场,催生出诸如"无人作战系统""无人战场"等全新战争理念[192]。自 2001 年至今,在以美国为首的西方国家发动的反恐战争中,无人机、无人战斗车辆等作战机器人大量投入战场,极大地改变了传统的作战形态。这种改变不仅针对战争模式、军队编制等领域,也冲击着已有的人权理论与战争论理。根据美国新闻调查局披露,美军自 2010 年起就开始在阿富汗、巴基斯坦和中东等地区部署被称为"智能反恐武器"的军事机器人,从 2012 年到 2016 年在上述地区至少造成 1055 人死亡,其中有 173 人系平民误伤(误伤率超过 16%)。另外,基于深度学习技术的目标识别系统目前已经应用于"全球鹰"等系列的无人战斗机平台,该系统的目标是在作战环境中自动捕捉恐怖分子并对其发动攻击。仅 2014 年美军就在巴基斯坦境内发动了 75 次无人机空袭,造成超过 100 名平民伤亡[193]。如果该目标识别系统的识别准确率为 99.999%,那么搭载该系统的作战平台在战区(假设 500 万人口)执行任务时就会造成 500 人以上的误伤/误杀事件。在目前的国际人道主义体系背景下,这无疑会强烈的震撼人类的战争论理与道德观念。通过分析已有的文献与事实资料,本书认为军事机器人大规模应用所造成的论理困境主要包括以下内容。

14.3.1　作战目标区分的困难

传统战争中参战者一般是结合情报的战场直接观测(如肉眼分辨)手段区分目标的身份特征,而在无人作战中则是依靠技术手段自动完成目标的鉴定。

203

在国际法体系中作战人员在任何情况下都可以被列为攻击目标[194]，但是对于平民而言，除非其连续参与作战行动（continuous combat function）或者直接参与敌方军事行动（direct participation in hostilities），其安全是受到法律保障的。

(a) MQ-170无人机   (b) 新型地面作战试验系统

图 14.4 目前军用无人系统大都处于保密状态，其应用情况也具有不透明性

在实际环境中，智能系统虽然具有更强的信息处理能力，但是受制于技术上的限制（战场情报的真实性、基于大数据的识别技术本身的准确率等），其对战场信息的反应能力仍无法与人脑媲美，这就使得诸如"智能反恐武器"之类的误伤事件变得不可避免（图 14.4）。通过上述分析我们发现，无人系统驱动下的新战争形态在作战目标区分的困境下衍生出两个理论难题：首先，它无法保证平民在战争中的豁免权，这会造成大规模的平民误伤灾难，这会削弱发动战争的正当性；其次，它造成军人与平民战争位置的对调，在不对称作战环境下，平民身处战场并饱受战火，而军人则身处屏幕前指挥作战机器人实施攻击行为，这种现状会极大地削弱持续战争的正当性。

14.3.2 行为界定困难

对战争行为的界定可以分为战斗人员个人层面的界定与国家层面的界定。著名心理学家 Grossman 根据概率统计方法曾得出结论：作战人员抵抗杀戮欲望的能力与目标的物理距离成反比。但是在无人战争环境下，作战人员处于安全的位置内通过远程操作控制机器人作战，这种相对隔离的虚拟环境反而会导致操作人员游戏性心态的加重，在虚拟与现实的环境认知障碍中降低对目标区分的动力。从国家层面讲，由于其发动的军事行动并不绝对包括人这一基本元素，这将从实质上导致战争主体的非人化。这会进一步模糊传统规则框架下对战争行为的界定。

14.3.3 责任归属划定困难

对战争中责任的划分是战争正义的重要体现，而战后的责任归属是传统有人作战的重要伦理内容。由于在作战机器人参与的战斗中往往不涉及武装人员直接发动的进攻,因此也使得在法律层面的责任归属变得模糊起来。另外,即使将参展的机器人从战争武器向战争承担者转变,单纯地制裁机器人本身也是毫无意义的。因为无人作战系统是由硬件设备与既定的程序代码组成的,对其行为的制裁并不能体现战争正义,反过来说,如果将无人系统的战争责任扩大化(追究指挥者、操作者和设计者的责任),则需要在司法操作性上面临巨大的困难。以目前逐渐成为焦点的无人机攻击行为为例,类似于"全球鹰""死神"等高性能无人机系统都具有依靠自身控制器实现自主攻击的能力[195],在这个基础上指挥人员下达的往往都是模糊的、带有参考性的指令;而实际的操作者也往往是根据系统自动给出辅助信息(如判定目标是否为恐怖分子)实施攻击行为。这种参与主体的多元化和责任的转移,成为了对其行为的论理责任划定的新难题。

14.4　对人机安全伦理的思考与应对策略

在人工智能安全领域的法律和伦理研究方面,以 UN 和 IEEE 最为突出。2016 年 8 月,UN 下属 COMEST(科学知识和科技伦理世界委员会)发布《机器人伦理初步报告草案》,认为机器人不仅需要尊重人类社会的伦理规范,而且需要将特定伦理准则编写进机器人中。2017 年,IEEE 发布《合伦理设计:利用人工智能和自主系统(AI/AS)最大化人类福祉的愿景(第一版)》,就一般原则、伦理、方法论、通用人工智能(AGI)和超级人工智能(ASI)的安全与福祉、个人数据、自主武器系统、经济/人道主义问题、法律这八大主题给出具体建议。研究人员关注的另一大问题就是"记录"问题,即人机协作接口的设计必须明确何时是机器在控制,何时是人在控制。在德国,监管机构已经开始要求汽车厂商在自动驾驶汽车中安装黑匣子,以便像飞机一样在事故后进行溯源,找寻证据[196]。对于机器人与人工智能技术在军事领域所面临的论理难题,本书认为需要从人类自身层面、技术层面和制度层面来采取相应的措施。

伦理层面是研究如何从自身层面找到机器人安全伦理的合理发展方法,如加强对系统研发的社会责任感评估,构建以人为核心的人机安全伦理体系。实际上机器人在很多领域中都曾面临伦理或法律难题,如 1985 年震惊世界的苏联机器人伤害案件,这一案件不仅最终将责任上诉到设计局与军方管理层,还推动了相关安全与法律标准的出台。对于目前的社会环境,本书认为对应的论理体系应至少要求智能体不能取代人的主体地位,只有人才能掌控并行使主体权利。

在技术层面,加强技术与道德伦理层面的融合,是消解机器人安全伦理困境的必要手段。目前,机器人安全伦理困境很大程度上是因为技术还没有满足人类的道德需求,这需要在技术研发过程中加入哲学与道德考量的标准,至少在现阶段提供面向社会与民众的监督途径。

在制度层面,本书认为需要建立一个由国际组织主导的监督机制、法律执行与制裁机制,以解决监督力度模糊与不透明的弊端。以无人作战的伦理困境为例,本书认为其需要同时满足三个条件,即作战发起的正义性、作战执行的正义性和作战善后的正义性。对于作战的发起,因遵循"防御才是实现开战争议的强正当理由"这一原则;对于作战的行使,应遵循目标的区分与甄别;对于作战的善后,则需要根据作战受益与国际组织调查两种归因进行责任的归属判断。

第 15 章　机器人道德伦理

机器人越来越深入地应用于人们的日常生活,不仅带来了广泛的社会和经济变革,也开启了新一轮的社会伦理和道德讨论。本章总结最近关于技术科学与伦理学之间的联系与问题,总结机器人技术及其主要应用领域中最明显的道德问题与相关的研究进展。我们认为对道德准则与行为规范的建模过程可以参考法律与社会规范的起源、行程与确立过程,这可以为进一步的研究提供参考。

15.1　机器人认知文化差异与解决思路

分析机器人在当前和未来社会中作用的时候,我们意识到文化背景会影响社会群体或个人对人—机器人关系基本原则和范例的认识。不同的文化和宗教对人社会属性的干预有所不同,如身份认同、观念的植入和对隐私的态度。这些差异源于文化规范对人类生命和死亡的基本价值观。在不同的文化、种族群体和宗教中,人们生活的内在性或超越性首先取决于人对生命的认知上。而机器人作为一种全新的行为与意识实体,在不同文化中自然也获得了不同的定位与角色赋予。比如机器人在美国人眼中就是变形金刚一般的机器人形象(Transformer),这种设定明显是基督教天命神授思维影响下的产物[197]。而在东亚的日本,机器人则更多地被赋予正面的元素,如勇敢、正义或人类之友等形象,这种对机器人形象的主观认知不仅是社会文化背景的映射,还是特定历史时期与社会需要的表现[198]。如日本在 20 世纪 70 年代提出的铁壁阿童木机器人形象,动画设计师在设计阿童木形象时专门将其内部动力设计为核动力,其目的就是向大众传播"核动力是清洁、正义的能源"的观念,为期为当时政府推动的核电站计划造势。

从某种角度讲,我们可以将机器人视为人类社会发展到一定阶段后一类新型"社会族群"。对于任何社会族群,其在本社会中的社会分工、生产地位和生产关系都可以与其他族群在历史中的地位进行类比[199]。比如说妇女儿童,在某些文化中,妇女和儿童的权利少于成年男性,但是随着现代社会的发展与生产力的提高,妇女儿童正在获得越来越完备的法律保护由于社会认同。相同地,当机器人从工厂或其他生产部门走向社会生活的各种角落后,社会道德的辩论也会随之而来,对机器人社会属性与伦理道德的重新定义也必将是一个渐近,甚至曲折的过程。如果能从其他社会群体社会属性的历史变迁中抽象或总结出一些规律的话,将会对机器人社会属性的发展进程提供极具价值的参考。

15.2 道德准则的形式与构建方式

道德不同于法律,是一种单方面遵守的协议或规范。道德本身没有强制性,其实行的目的是实现群体的最大收益或个体间的共赢。道德准则的核心是一种利他性,其实现方式则主要表现为誓言、宣言或宪章等(比如各种专业的专业誓言,宣誓者要忠实于其所进入的职业的传统价值观,这也是从业者向其社会服务对象的一种宣示)。在人类社会的发展过程中,道德准则的演变是一个漫长和渐进的过程[200-201]。对于道德准则的演变描述有两种较为经典的方式:一种是以社会生产力与生产关系为基准,描述道德准则随社会成员间生产关系或社会关系的演化。另一种描述方式则是基于历史事件的描述。后一种描述方式是基于道德准则变化的一种内在规律,即道德准则自身的变化往往需要经历"起源—与旧有转折的冲突—逐渐得到默认—最终获得广泛接受"的过程。其中最后一步往往伴随着一件或一系列社会/历史事件作为标志。以和平主义运动为例,发表于 1955 年的罗素—爱因斯坦宣言(Russell – Einstein Manifesto)是一份反对战争和进一步发展大规模杀伤性武器的公开宣言,该声明被认为是世界和平运动与反核主义思潮的开端。由于该类标准事件或宣言具有明确的规定性,因此其在道德上也就具有了实际的约束力[202]。在 2004 年 2 月 25 日日本福冈举行的世界机器人大会上,与会者发布了一份关于下一代机器人的三大准则,该准则被称为"世界机器人宣言"。它指出:

(1)下一代机器人将成为与人类共存的合作伙伴。

(2)下一代机器人将在物理和心理上帮助人类。

(3)下一代机器人将有助于实现一个安全和平的社会。

虽然目前机器人技术在感知上获得了跨越式的发展,各界也推出了各自版本的机器人伦理规范或道德准则。但是必须承认的是目前的机器人仍然没有具有完整的社会属性。这其中的关键问题是机器人缺乏真正的自我意识和逻辑推理能力。以道德为例,道德准则对个体行为的指导需要以事物未来发展趋势作为依据。当事物未来发展趋势不符合道德准则时,个体需要在利他(或最优)准则推动下采取相应的行动[203-204]。对客观世界发展趋势的预测是一种复杂的推导过程,图 15.1 所示的是一个经典的道德困境场景,如果我们假设操作变轨的是一个机器人,那么对于它来说决策本身并不是难点:火车向左运动将造成四人死亡,向右行驶将造成一人死亡(假设卧轨者权重相同)。在量化的死亡数据下,人或机器人可以直接根据利他(或者说最优)的准则最初抉择,而对机器人来说真正的难点是让其具有预测当前局势及未来发展趋势的能力,即不同的选择会造成何种结果。目前的人工智能技术极大地提升了机器人的感知能力,但是对于如何在机器人感知环境的基础上构建对事物发展趋势的预测上则缺乏实质性的进步。也许我们可以专门设计一种专门判断并解决图 15.1 所示场景的变轨机器人,但是却无法设计能应对广泛意义上道德取舍的机器人。另外,即便对人来说预测未来趋势也往往伴随着各种偏差或误判,基于错误预判的行动造成的结果有时反而会违背道德准则。这也是道德准则本身的不确定性,而这种不确定性也会对机器人的设计制造很多的困难。

图 15.1   道德困境与道德选择

在本节内容中,我们分析了机器人学中的道德解释问题。在结论中,我们发现目前具有泛化逻辑推理能力的机器人技术是制约机器人道德学习与设计的主要障碍。目前,机器人技术仍是一个需要不断探索的领域,那么随着计算机科学领域发生的变革,机器人从研究平台和工具转变为消费品,以及具有社会功能的实体。人们对机器人技术的社会影响越来越感兴趣,这种兴趣也很容易延伸到计算机伦理和生物伦理学等领域。当然,机器人伦理学仍然远远不是一个完善的应用伦理学,而成熟的理论应该表现出两个品质:被普遍接受和标准化。本书认为,当代的人类伦理学是应用于机器人技术的人类伦理学,没有人能够回答诸如"机器人能成为人类吗?"这样的问题。与此同时,需要认真、彻底地研究智力、知识、自治、自由、逻辑等概念,这些工作实际上是机器人技术及哲学的重要组成部分,旨在更好地确定机器人的定义,并从根本上对生理生命与社会生命等概念提出挑战。对以上内容的研究与探索不仅需要机器人研究领域的努力,也需要来自法学、哲学等领域的合作,以期得到适用于未来的机器人伦理和社会方面的道德准则与伦理规范。

第 16 章　社会机器人实例——Nancy

本章展示一个由新加坡国立大学社交机器人实验室开发的社交机器人Nancy。与工业机器人有根本上的不同,Nancy 的设计偏重于社交互动和社交智能系统。以社交、安全、互动和用户友好的机器人助手作为目标,首先,论述我们的设计目标以及考虑的因素,机械结构设计;接着,描述硬件和软件架构。具体来说,Nancy 的全身拥有 32 个自由度,她的社交智能包括视觉、语音和控制系统。

16.1　外观设计

社交技能是 Nancy 的基础。正如之前所述,Nancy 并不是一个被动的简单机器,完全遵循预先编制的程序和功能;相反,Nancy 在不同的场合、面对不同的对象时,应该表现出类似于人的社交性。例如,在见面问候时,Nancy 不应该每次都用相同的方式打招呼;工作的时候,她应该表现出一定程度的随机性。此外,Nancy 应该能察觉到周围环境并随之做出调整。例如,对于不同的用户,Nancy 应该调整他们之间的社交距离,即对朝她微笑的用户保持更小的社交距离。考虑另一个极端情况,除非被人要求,Nancy 可能不会接近一个心情不好的人。

为 Nancy 设计的功能并非无所不包,但必须有适应能力。换言之,实现尽可能多的功能并不是我们设计 Nancy 的目标,她应有从用户中学习的能力,并且应能根据用户的偏好调整自己的行为。例如,我们最初训练 Nancy 端满满一杯水给老年人。但如果老人总是需要半杯水,Nancy 需要记住老人的偏好,并在下一次递水的时候只倒半杯水。

由于类人机器人看起来更友好,我们将 Nancy 设计成类人机器人。此外,相对于其他类型的机器人,类人机器人有更高的灵活度,从而能实现较多的功能。

在设计阶段,我们要考虑开发机器人时的很多方面。来自社群的持续评估和系统的快速改进是最重要的。我们的想法是开发一个图形化用户界面(GUI)来帮助用户更好地了解 Nancy,这样用户会在 Nancy 陪伴在身边的时候感到更舒服。为了实现这些目标,我们需要简明易懂的系统结构,这样可以评估 Nancy 的表现,也可以及时更新用户界面。

除此之外,机器人系统应能在社交行为的研究中起到作用,该系统也应该能容易地被用于实验。我们希望 Nancy 拥有人脸跟踪、语音识别、语言表达和手势识别等基本的社交技能。这些基本技能会帮助 Nancy 与用户进行更有效的交流。为了实现这些基本社交任务,最初版本的 Nancy 系统设计从根本上是为了解决以下问题:

(1)通过视觉、听觉和触觉感知环境。

(2)智能地处理感知到的信息。

(3)与用户交谈并且遵守用户的指令。

(4)表示自己的感谢和礼貌。

(5)以安全的方式对环境做出反应。

(6)用讲话和手势来表达自己。

Nancy 在上半身拥有 14 个自由度(图 16.1):头部有 3 个自由度可使眼睛活动;颈部有 2 个自由度,用于人脸跟踪;腰部有 1 个自由度从而使 Nancy 可以转身。尽管进行了简化,Nancy 能做出像挥手、敲击、握手和拥抱等的各种手势和动作。基于轻量化考虑,所有的机械结构由铝制成,她的玻璃纤维外壳正在开发制作中。

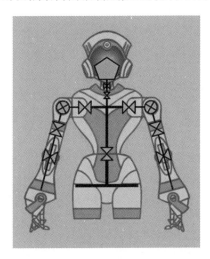

图 16.1　机器人 Nancy 上半身设计

16.2　机械结构

1. 头部设计

如图 16.2(a)所示,我们模仿人类的自然头部运动设计了一个生物力学的机器人头。眼皮的开合丰富了机器人的脸部表情。Nancy 拥有一套立体视觉系统作为她的眼睛,包括两个 Dragonfly2 CCD 相机(DR2 – 08S2C – EX),一个 IEEE1394 PCI 主机适配器,一个 1394 火线集线器。Dragonfly2 CCD 相机的普遍尺寸为 64mm × 51mm,重 45g。他们可以被轻易地集成到系统里,最高分辨率可达 1032 × 776,最高帧率可达 30 帧/s。因此,Nancy 拥有空间分辨率和立体视觉。两个 Dragonfly2 CCD 相机都被放置在 Nancy 头部的眼窝里,而其眼窝的结构正是根据相机的结构设计的。两个相机都连在 IEEE1394 PCI 主机适配器上,进而通过火线电缆连到了一个工业计算机上。所有的相机以及 PCI 主机适配器主板都是通过火线电缆供电的。

图 16.2(a)和图 16.2(b)为机器人头的设计示意图和原型。如图 16.2(a)所示,M5 电机驱动两只眼球同步地左右转动。M4 驱动眼睛上下转动。M3 控制眼皮开合。机器人脖子设计自由度为 2,包括左右、上下转动,由 M1 和 M2 电机控制。

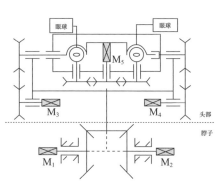

(a) 设计示意图

(b) 头部原型

图 16.2　头部设计

2. 上半身设计

上半身对于执行社交动作起到了很重要的作用。尤其是手臂应该有足够的自由度来执行各种任务。因此,我们提出了新的关节,例如,肩胛和上臂关节以模仿人类的社交动作。此外,每个手臂的模块化设计使得装配过程变得容易。总之,上半身模块包括头、脖子、肩膀、上臂、手肘、前臂、手腕、手掌和躯干。

颈部关节的设计是一个伞齿轮差动机构。如图 16.3(a)所示,伞齿轮差动机构的使用代替了伺服马达,有很多可取的优点,例如交叉的轴使得动力学简单以及使得每个轴关节的转动动力加倍。肩膀和手臂都设计有两个肩胛骨和上臂。这些都是基于女性的尺寸和关节位置设计的以达到执行社交动作和简化动力学的目的。如图 16.3(b)所示,肩膀的倾角和转动的轴以及上臂倾角的轴在肩膀的关节处相互交叉。如图 16.3(c)和图 16.3(d)所示,索轮的机构也被用在了手肘,前臂和手腕上来减少重量和来自于肩关节的总扭矩。更有力的电机被置于下半身来完成捡东西和放置重物的任务。

(a) 颈部偏微分机制

(b) 肩膀,上臂和肩胛骨

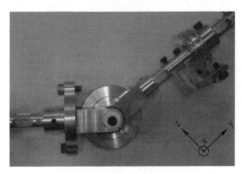

(c) 肘部和前臂

(d) 手腕

图 16.3　上身设计

3. 下半身设计

由于下半身影响了整个身体的运动控制的精确性,Nancy 的下半身的设计使得她能够拥有精确平滑的运动。在这个设计里,大部分的电机、控制板和电线都被置于下半身。因此,设计必须考虑到足够的空间来放置这些元件。同时,这些空间不能妨碍 Nancy 运动能力来进行行走。此外,合适的形状设计以及材料属性都被考虑到使得下半身能够承载上半身的电子元件和电机的重量。根据几个关键关节的压力和断裂分析,铝合金 6061 和不锈钢(SUS303)被选择作为下半身的材料。所有部分都在软件中进行建模。优化的尺寸设计是基于空间优化,电子元件的尺寸、位置和最小电线长度。

下半身具有 8 个自由度,平均地被分作两脚来模仿行走运动,加上轮子,和人类有相似的活动范围。如图 16.4 所示,两个盒子设计用来容纳大部分的强力,沉重的大电机。盒子的深度防止臀部偏航轻易旋转。因此,这个自由度被减弱了,方向导航由轮子进行补偿。下半身被设计和上半身具有类似的高度,因此机器人将和人类高度比例相仿。相应地,因为盒子高度大于机器人高度的 1/4,大腿长度被定为胫骨长度的 1/2,可由图 16.4 看出。髋关节为轴使用时序驱动皮带轮机制以获得适当的下蹲和弯曲运动。

图 16.4　下半身设计

16.3　机电系统

图 16.5 展示了 Nancy 的机电设计的总体设计框图。整体的硬件结构可以分为如下几部分:工业 PC、执行机构(电机等)、运动控制器、传感器和无线集线器等。

Nancy 的大脑由两台主频为 1.83GHz 的工业 PC 组成。其中一台作为主 PC 处理任务分配和一些学习任务。它主要用来计算从执行层传过来的视觉、听觉、触觉和其他传感器的数据。另外,Nancy 需要被训练成可以注意一些相对来讲

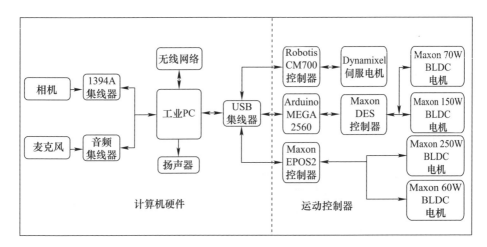

图 16.5 Nancy 的机电结构

亮的而且运动的目标。这就需要处理器将算力集中在能体现显著性的数据上。

在选择控制器和电机的时候我们需要的因素有转矩、速度、重量、大小、噪声、造价以及可靠性。为了实现不同的控制目的,在 Nancy 的身体中,采用 5 种不同的电机以及与其配套的控制器。这几种电机分别是 Robotis CM700、Maxon DES50/5、Maxon DES70/10、和 Maxon EPOS2。每一个电机都被分配一个 ID 以便可以用一台 PC 通过 USB – RS232/RS485 网络统一控制。为了实现精确控制,Nancy 采用解码器来测量相对位移,通过可变电阻来测量绝对位移。另外,采用 super – sonic 传感器来实现避障功能。出于安全考虑,当机器人撞到人时,会触发紧急停止或者后退运动机制。

Nancy 使用两个 Dragonfly2 CCD 相机作为她的眼睛。这种相机的优点有体积小、质量轻、分辨率高、易于安装和拥有必要的软件支持。Nancy 的耳朵由两个麦克风组成以实现声源定位功能。与她的眼睛相似,麦克风也是通过 USB 与工业 PC 相连。

我们将简单和易于实现作为 Nancy 的硬件结构的设计宗旨。尽管系统的结构简单,但是她可以通过身上的传感器来感知外界环境,同时通过语音和手势动作来表达她的感情。

基于这个思想,Nancy 基本的硬件架构如图 16.6 所示。她的中心处理器(大脑)由一个工业 PC 组成。我们用一个摄像头和麦克风当做她的眼睛和耳朵。它们与工业 PC 进行信息交互来实现视觉和听觉。她的嘴是一个 USB 扬声器。Nancy 的工业 PC 还负责控制一套动作控制系统。这套系统包括一个运动控制电路和三种带有速度、位置和电流反馈的电机(图 16.7)。

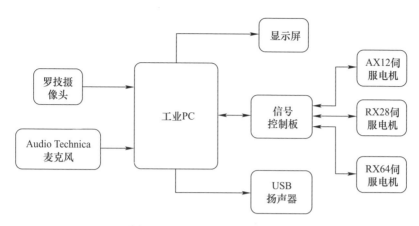

图 16.6　Nancy 基本的硬件结构

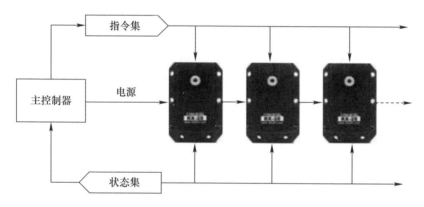

图 16.7　伺服电机的菊链连接

1. 处理器

Nancy 的大脑是一个工业 PC AMI200 – 953。CPU 为英特尔酷睿 i5 – 520M,主频 2.4GHz。这台 PC 作为其他硬件的核心处理单元来达成视觉、听觉、触觉和其他感官的感知任务。这些硬件包括传感器(相机、麦克风、扬声器)和运动控制单元(Dynamixel 控制板和 Arduino 控制板)。

2. 视觉系统

Nancy 拥有一只采用罗技 QuickCam Deluxe 摄像头的眼睛。像素为 640 × 480,拥有自动曝光控制和 USB 接口。虽然这部相机只有 VGA 级别的像素和 30 帧的拍照速度,但是它足够满足 Nancy 一些基本的操作需求,如脸部识别和跟踪。这台相机被安装在机器人的脖子部分同时用一条 USB 连接线供电。

3. 语音系统

Nancy 的语音系统由一个 Audio Technica Omni – Lavalier 的电容式麦克风（ATR – 3350）和一个 SonicGear 的数字扬声器组成。麦克风的频率响应在 50 ~ 18000Hz 之间，同时拥有高灵敏度（ – 54dB）和轻质量（6g）。它们可以用来捕捉和处理高质量的语音信号。另外，集成运放可以通过提升信噪比来帮助预处理声音信号。麦克风和扬声器分别通过 mic 插头和 USB 插口与 PC 相连。麦克风在机器人的胸部，扬声器则被安装在腰部上面。

4. 运动系统

我们使用 Dynamixel 的伺服电机作为 Nancy 的执行器。这种电机集成了减速齿轮，控制电路，同时可以实现高转矩输出，实时数据提取和网络协同工作。使用的型号为 AX – 12、RX – 28 和 RX – 64。电机之间采用菊链连接，并可支持高达 1Mbit/s 的通信速度。另外，我们采用分布式的控制模式，这样可以通过一条指令来控制电机的位置、速度和转矩。这极大程度上降低了 PC 的计算复杂度。

伺服电机接受两种信号输入：AX – 12 使用 TTL 半双工通信、RX – 28 和 RX – 64 使用 RS485 双工通信。这两种信号在操作时候有不同的标准，所以我们设计了信号转换电路板将 PC 端输出的 USB 信号转化成 TTL 和 RS485 信号来实现同时控制所有电机的目的。这个转换电路的另一个优势在于其支持双向的信号传递。

5. 通信和电源

USB 集线器对于一个缺乏 USB 接口的工业 PC 来讲至关重要。它使用外接 5V 直流电源供电，并且可以减轻 PC 端的供电压力。基于这个目的，我们采用贝尔金 7 接口高速 USB 集线器。这个集线器体积小巧价格低廉。它被放置在 PC 的输出端，采用经过交流变压器输出的 5V 直流电源供电。

我们使用一套 Ultralife UBBL09 锂电池给机器人供电。该电池可以设置为 24V/9.2A 和 12V/18.4A 两种模式。考虑到三种电机的供电要求，我们使用 24V 模式配合 Microveter 24V/12V 直流转接板来为机器人供电。这样所有电机都可以得到稳定的 12V 输入供电。

16.4　软件框架

图 16.8 展示了 Nancy 的总体软件架构。该架构分为两个层级：社会智能层级和执行内核层级。根据 Nancy 的硬件架构，这两个软件层级将在两台不同的工业级 PC 上运行。它们之间的通信通过 TCP 实现。

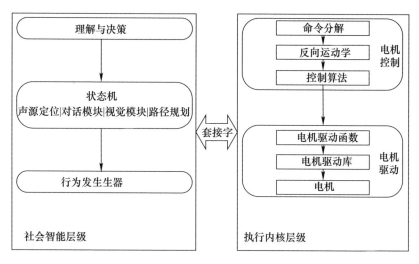

图 16.8　Nancy 的总体软件架构

16.4.1　社会智能层级

作为 Nancy 的大脑,社会智能层级被用于处理大部分复杂精细的流程。它负责规划和协调各项任务。这一智能层级可以再被细分为 3 部分:理解与决策、状态机及行为发生器。理解与决策是 Nancy 大脑的最高层,被用于指定决策和规划任务。状态机是一个任务调度器,负责协调正在 Nancy 身上运行的不同的任务。它将确保所有被理解与决策层授权运行的任务被实时执行。根据被状态机调度的任务,行为发生器会相应地产生一系列指令,这些指令会被发送到驱动内核层级。作为被专门设计于进行社交人机互动的一款机器人,Nancy 能够感知和回应来自于环境的视觉与听觉的刺激。在本小节里,会阐述我们在计算机视觉、对话管理以及声源定位方面的工作。

1. 社交视觉

由人眼收集到的视觉信息在于周围环境交流的过程中扮演着重要的角色。人类能够无意识地处理由人眼收集得到的信息,提取有价值的内容,过滤噪声和理解这些信息的含义。本小节的研究目标就是给机器人提供上述类似的或者最终实现更强大能力。

通过带有推断系统的摄像头,Nancy 具备了对环境进行智能化理解的能力。Nancy 的视觉系统不但能跟踪和识别所关注的物体,还能理解情绪,感觉和人们的态度,从而与人进行有效的互动。Nancy 能有效地与环境互动,而不是仅仅产生某种特定的对环境的表达。基本的视觉任务包含以下方面:

（1）基于其内容,识别在储存在数据库中的物体和人。

（2）跟踪一个感兴趣的物体和人。

（3）识别姿势和运动,用于互动和指令。

（4）理解面部表情和模仿情感。

（5）友好、安全和可信赖的身份验证。

（6）高层次的带有社交行为的互动。

图 16.9 展示了视觉感知系统的架构。视觉感知系统一个有 6 个模块:用户界面、视觉引擎、算法库、数据库及实用程序。通过理解场景,Nancy 也可以如图 16.10所示的机制对收集到的信息做出反应。

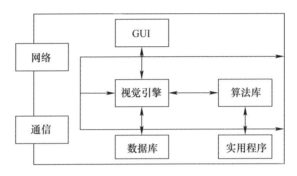

图 16.9 视觉感知系统的架构

2. 语音互动

语音是另外一个重要的人机互动形式。识别和理解自然语音对于实现自然的人机互动十分关键。我们采用 Dragon Naturally Speaking SDK 来进行语音识别。对话管理模块负责理解语音识别的结果并产生应答。我们的对话管理系统基于 Artificial Intelligence Markup Language（AIML）,一个用于生成自然语言软件代理。我们调整了其中的一些 XML 文件体的 Nancy 能够应答一些预定义的指令。Microsoft SAPI 用作文本到语音的转换引擎。其音高、音量和语速可以被进一步调节以产生带有情感的语音。

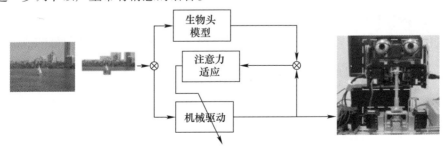

图 16.10 视觉反应框架

在机器人附近的声源定位对于社交互通是一个基本的功能。我们通过声音关于机器人上的两个麦克风之间的时延(TDOA)检测说话人的位置。利用这两个麦克风得到的信号之间的互相关,计算原理为

$$R_{12}(\tau) = \sum_{n=0}^{N-1} x_1[n]x_2[n-\tau] \qquad (16-1)$$

式中:x_i,$i=1,2$ 为由麦克风 i 收到的信号;τ 为样本间的相关时延。当 τ 等于两个收到的信号之间的偏移时,互相关 $R_{12}(\tau)$ 将达到其最大值。一旦 TDOA 被估计出来,声源的方向就可以通过几何学的计算得出。

16.4.2 执行内核层级

在不同的工业级 PC 上运行的执行内核层级掌管 Nancy 的运动和传感。这一内核会向智能层级更新机器人的状态以及外部环境的信息并接收指令。它将实现反向运动学及不同的控制策略。这个系统已经实现了精确的位置和速度控制。

安全是电机控制中最重要的问题,特别是当 Nancy 与人接触的时候。在一个典型的情景中,物理环境通常只能被粗略地建模,甚至有时候它对于 Nancy 是完全未知的。因此,传统的设计用于跟踪一个预定义的轨迹的运动控制算法将不再适用。基本上,有两种方法可以解决这一问题。一种是混合位置/力控制,这种方法将控制在互通接触点上的两个互相垂直的方向上的位置与力。文献中已经记载了许多这方面的工作。另外,一种方法是阻抗控制。它被认为是更稳健的一种方法,已经被用在互动控制方面的大量工作中(图 16.11)。它并不控制位置或者力,而是控制在接触点上的动态行为。

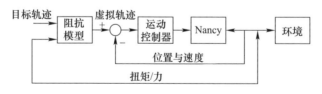

图 16.11 阻抗控制

Nancy 使用阻抗控制来实现安全的物理互动。利用这种方法,Nancy 可以基于她从扭矩传感器测量的环境力调节她的运动。这种柔顺的能力是 Nancy 的一项重要的社交能力之一。通过柔顺的运动,Nancy 可以一直识别接触力并相应地调节她的运动速度和力。此外,Nancy 可以基于这一策略实现更自然的握手和拥抱动作。

第 17 章　社会机器人实例——SRU

Service Robot of UESTC(SRU)定义为服务型机器人,该平台以是机器人基础研究及应用为中心,以电子科技大学机器人研究中心重点项目《智能家庭服务机器人的开发与研究》为依托的轮式家庭服务机器人。服务机器人的平台最好是类人机器人,与人相似的外形让他们更容易被人接受,并融入家庭生活中。

一方面基于底盘和躯干的结构特点,构建移动控制架构,同时结合底盘与躯干移动特性和目标,设计满足需求的控制策略;另一方面将着重解决人机交互、语音识别、视觉识别等智能功能。此章节主要论述 SRU 的机械结构、硬件系统、软件系统三个方面的设计。

SRU 能够在室内环境与家庭成员友好互动,能够尽量多地完成主人指定的任务。这样就要求机器人必须具有以下特点:

(1)具有友好的,最好是类人的外形结构。他应该拥有类人的头部、躯干、四肢。双足运动对平衡控制要求太高,实验室针对 SRU 室内使用环境优先考虑使用轮式底盘。

(2)具有优秀的人机交互功能,SRU 必须具有较强的语音沟通能力,以及视觉识别能力。这样才能让 SRU 能够和人进行互动。

(3)具有精确的室内定位功能,能够在室内自由运动,通过激光雷达或者双目视觉等工具能够构建室内环境的三维地图能够在室内自由避障,并且识别指定目标运动到目标位置。

(4)具有友好的智能网络电脑功能,充当智能电脑的角色,帮助人处理一些日常网络功能,如说查看天气、搜索信息、阅读最近的新闻等功能。

(5)具有自我维护功能,管理自己的电源,具有一套智能充电系统,不用人去照料。

(6)具有合适的外形尺寸,SRU 需要能在普通室内环境下穿梭于各个房间之间,所以它必须能够进入普通的室内房间。

17.1　机械结构

17.1.1　整体机械结构

实用型的家庭服务机器人要求机器人具有较为低廉的机械成本,较小的整体质量,高度集成化的部件模块,简洁的整体结构,较强的刚度以及与人类类似、友好的外观,此外,要求机器人能够独立自主地运动。

SRU 的整体结构设计如图 17.1 所示。结构图中,从上至下依次分为四个部分:由 Kinect(微软视觉传感器)、以双列齿消回差结构组成的重型舵机为驱动的2 自由度云台及控制器构成的机器人头部部分;直流电机 + 谐波减速器以及皮带轮传动构成的髋关节、膝关节;全向移动底盘。SRU 的外壳部分包括三个部件:底盘、大腿、躯干。这三个部分的外壳与机器人的内部结构通过螺纹孔连接在一起,从而全方位覆盖机器人的内部细节。从整体来看,该外壳的设计与人类的身体构造基本相似,只有下肢的结构不同,下肢采用的是轮式移动底盘而不是双足结构。

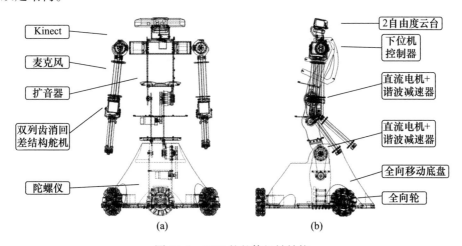

图 17.1　SRU 的整体机械结构

17.1.2　底盘结构

SRU 设计的全向移动底盘拥有 3 个独立的自由度,包括 2 个平动自由度和1 个转动自由度,完全能够满足机器人移动需求(图 17.2)。

考虑 SRU 对底盘的选型因素,机器人采用 3 自由度的全向轮结构(SQD)作为底盘驱动。结合实际设计要求,底盘尺寸应适当缩小,并对全向轮支承结构加以修改。底盘尺寸根据具体的布置情况,外圆直径为654mm,全向轮节线直径150mm。全向轮的动力驱动采用步进电机,根据全向轮的结构以及实际工作情况考虑,全向轮会打滑以及全向轮实际行走的位置与电机输出不完全一致等特点,底盘的行走驱动用步进电机外加编码器。

(a)四轮全向轮结构　　　　　(b)四轮独立转向结构

图17.2　全向底盘结构

机器人底盘的全向轮由三套57步进减速电机驱动,采用10∶1的减速比,大扭矩的步进驱动方式。57步进电机额定输出扭矩为2.8N·m,减速箱效率为80%,经行星减速器减速后连接直径为150mm全向轮可以得到底盘电机输出力矩满足要求(图17.3、图17.4)。

图17.3　QL-15全向轮结构

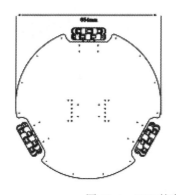

图17.4　SRU的底盘结构

17.1.3　腰膝关节

服务机器人 SRU 的类人结构是机器人能够执行日常任务的最关键的部件之一,它决定机器人的仿人形程度高低和能提供的服务功能种类。机器人的腰部结构使得机器人的运动范围更加广,机器人也能够通过弯腰的动作来降低重心,使得机器人运动更加平稳。当机器人底盘存在剧烈抖动的时候,通过控制关节可以降低底盘抖动对躯干的影响。综合实际考虑,机器人采用 maxon ER40 直流电机驱动,同步带加 Harmonic 谐波减速器减速的方式构成执行结构 (图 17.5)。

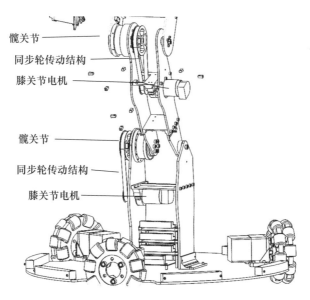

髋关节

同步轮传动结构

膝关节电机

髋关节

同步轮传动结构

膝关节电机

图 17.5　SRU 的腰膝关节结构图

谐波减速机的承载能力较高,谐波传动中内外齿的啮合面积大,可以同时啮合的齿数很多。谐波齿轮的单级传动比很高,可以达到 70 ~ 500。运动过程中,谐波减速机传动非常平稳、冲击小、噪声小、运动精度高。通过理论计算,SRU 膝盖关节采用 CSF17 - 100 在输入为 2000r/min 时的额定转矩为 24N · m。最大启动、停止容许力矩 54N · m,平均负载转矩的最大值 39N · m。最大输入转速 7300r/min。髋关节采用 CSD20 - 50,该减速机载输入为 2000r/min 时的额定转矩为 17N · m。最大启动、停止时的容许转矩为 39N · m,平均负载最大扭矩为 24NM。

关节电机采用 Maxon 公司的 RE40 直流电机,驱动器采用与 Maxon 电机配合的 EPOS 直流电机驱动器。膝盖关节要求输出转速优于 0.5s/60°,RE40 额定转速为 8000r/min,电机额定扭矩为 0.17N·m。

腰关节结构与膝关节基本一样,选用 RE40 直流电机,通过 1:2 减速比的同步轮结构驱动髋关节的 CSD20-50 谐波减速机,然后驱动髋关节。腰膝关节的连接示意图如图 11.5 所示。

17.1.4 手臂结构

为了减小膝盖和髋关节的负载,手臂关节的驱动选型非常重要。用于航模上的商用舵机多采用直齿减速结构,此类舵机回差较大,不宜作为肩关节的执行结构。但这种舵机结构简单、驱动方便,可以作为肘部或者腕部的关节执行器。消间隙的大功率结构采用双列直齿结构传动,其输出间隙明显优于普通舵机,在采用铝制外壳的情况下,质量轻、控制结构简洁。适合作为机器人上肢关节的驱动。SRU 采用国产的 UD100F 重型舵机作为肩关节的执行器。

UD100F 输出扭矩 10N·m,活动角度正负 90°,质量 710g。肩关节的结构如图 17.6 所示,肩关节的两个转动轴相交,使得角度控制更简单。两个自由度的运动范围都为 ±90°。与肩关节不同,SRU 在肘关节处采用轻质的塑料舵机,该舵机的力矩可以达到 4N·m,足以满足小臂摆动所需要的力矩大小。

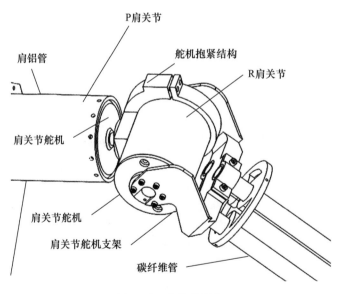

图 17.6　肩关节结构

如图 17.7 所示,SRU 的手臂采用碳纤维管作为主要支撑结构。碳纤维管密度为 1.7g/cm³,铝的密度为 2.6g/cm³。这样的碳纤维管结构能够使得手臂更轻,摆动速度也更快。

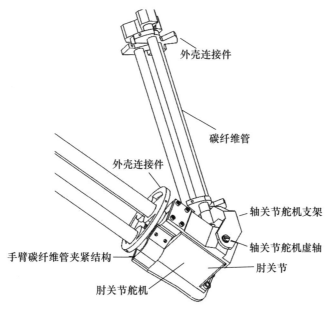

图 17.7　轴关节结构

17.1.5　头部结构

SRU 作为一款智能服务机器人,必须拥有智能视觉传感器。SRU 采用微软发布的体感传感器 Kinect 作为头部主要结构(图 17.8)。它是一种三维体感摄像机,它还导入了即时动态捕捉,影响识别等功能。

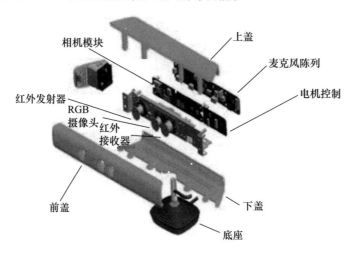

图 17.8　传感器 Kinect 组件

但是 Kinect 的安装定位是一款静态传感器,必须为 Kinect 设计一个至少 2 自由度的云台,才能让 Kinect 满足机器人对视觉传感器的要求。一个拥有两个自由度的视觉传感器能够使机器人灵活观察各个视角位置的物体。另外,2 自由度云台也让机器人在外观上和人更加类似。SRU 头部的两个旋转自由度,由两个舵机完成(图 17.9)。

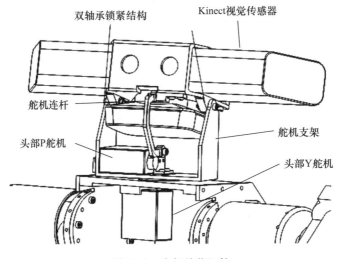

图 17.9　头部关节组件

头部在水平的旋转不需要外加轴承用于支承,垂直方向的旋转由于空间的情况,采用连杆结构,头部的旋转和电机的旋转匹配,容易得到头部的旋转角度。其中一个舵机控制机器人头部的偏航角,另外一个控制机器人头部俯仰角。SRU 的头部俯仰方向活动范围 ±20°,偏航活动范围 ±90°。

17.1.6　外壳效果

SRU 的外壳效果如图 17.10 所示,其外壳主要由 5 部分组成:底盘外壳、大腿外壳、躯干外壳、大臂外壳和小臂外壳。机器人外壳外形模拟人体流线结构,除了头部(采用 Kinect 视觉传感器以)和底盘(轮式底盘)与人体外有所形差别外,其他部位都采用了类人的外形框架,外壳采用拼装结构以便拆卸。

SRU 轮式人形机器人的外壳如图 17.10 所示,机器人外观采用 2mmABS 板吸塑成型,质量轻,外观精致平整。机器人外壳通过碳纤维支架与机器人主体进行固定,碳纤维支架使机器人的主体铝板结构能够变得更小,质量更轻,同时碳纤维的拼接结构使得机器人外壳安装更加方便。

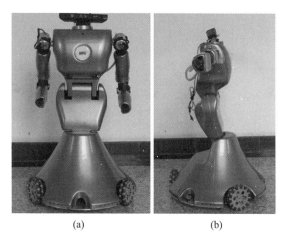

(a)　　　　　　　　　　　(b)

图 17.10　外壳效果

17.2　硬件系统

以嵌入式系统作为服务机器人 SRU 的底层控制系统,以降低 SRU 在运行过程中所带来的功耗。机器人在实际运动过程中,还需要与周围其他设备进行数据交互,以接收数据并进行机器人的运动控制以及反馈机器人本身的状态。考虑到普通界面交互方式与人类交流方式之间的差异,SRU 采用语音交互系统的方式。综上,SRU 的整体硬件系统采用分布式控制结构,上层控制主要由工控机组成;中层控制由下位机控制器和舵机控制器组成;底层控制由电机驱动及传感器模块组成。硬件系统框架如图 17.11 所示。

根据上述描述,机器人的通信架构如图 17.12 所示。整个机器人的控制硬件系统规划如下:

(1) 工控机进行多种复杂算法及移动控制命令制定。工控机结合 Kinect 和底盘传送的传感器、电机信息,依据算法进行移动控制命令计算,并将控制命令结果通过 TCP/IP 传送给底盘控制器。

(2) 底盘移动控制器,实现机器人底盘移动的控制。接收工控机的控制命令信息,控制底盘移动和躯干移动,同时还将传感器信息及电机转动信息传回给工控机。

(3) 下位机通过 CAN 总线,对于控制精度要求高的髋关节和膝关节进行伺服控制。下位机通过 RS232 与舵机控制板通信,舵机控制板用来控制上肢的 6 个手臂舵机和 2 个头部舵机。

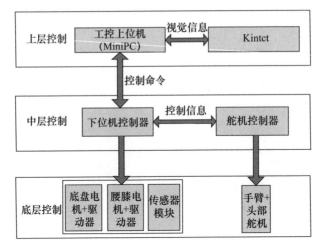

图 17.11　硬件系统架构图

（4）底层的传感器模块、电机及驱动器是机器人信息采集装置和移动控制执行机构。传感器模块包含超声波传感器、里程计、陀螺仪加速度计等。

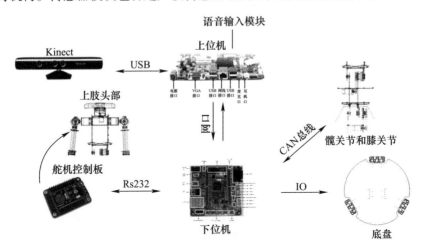

图 17.12　通信架构图

17.2.1　上位机控制器

随着工业自动化的迅速发展,上位机的重要性日新月异地呈现出来。现代化集中管理需要对现场数据进行采集、处理、分析、显示等,同时,又要求对现场装置进行实时控制,完成各种规定操作,达到集中管理的目的(图 17.13)。加之单片机的计算能力有限,难以进行复杂的数据处理。所以说本研究的上位机控制系统研究是非常有意义的。

图 17.13　工控上位机

机器人控制器可以根据命令和传感数据控制机器人做出反应。SRU 的控制器要能够处理机器人各个部件的动作以及传感器数据，也需要设计能够便于二次开发的上位机功能，以便能够直接利用 PC 的软件资源，处理相关传感器采集的数据。

SRU 的下位机采用 STM32F407，上位机控制器可以通过网口和下位机通信，从而处理整个系统人机交互接口运动学计算、轨迹等。SRU2 上位机，还需要通过 USB 与传感器通信。另外，SRU 作为一款室内服务机器人，必须能够方便地连接互联网处理网络任务。

17.2.2　下位机控制器

SRU 的各个关节的驱动电机包括了步进电机、直流电机以及舵机，各个电机控制器与主控制器之间的数据交互方式各不相同，包括了 CAN 通信、串口通信。另外，主控制器与上位机 PC 进行数据通信时采用网络通信方式，所以在对主控制器进行选型时必须对各个模块之间的通信方式进行考虑，并考虑到主控制器的功能扩展性能。

具体来说，SRU 的下位机控制器需要处理上肢关节、髋关节和膝盖关节的数据和指令，还需要控制机器人的底盘的 3 个步进电机驱动器。上肢的关节执行器为舵机，需要 8 路独立的 PWM 模块来控制，SRU 采用一个协控制器来控制舵机。舵机控制器自带一个 RS232 通信端口，因此 SRU 的下位需要通过 RS232 与舵机控制板。机器人底盘的 3 个步进驱动需要 6 路独立 PWM 驱动，髋关节和膝关节都采用 EPOS 控制，通过 CAN 总线通信。基于对运算性能和体积的考虑，SRU 下位机控制器采用意法半导体公司的微控制器 STM32F407 芯片以满足设计需要(图 17.14)。

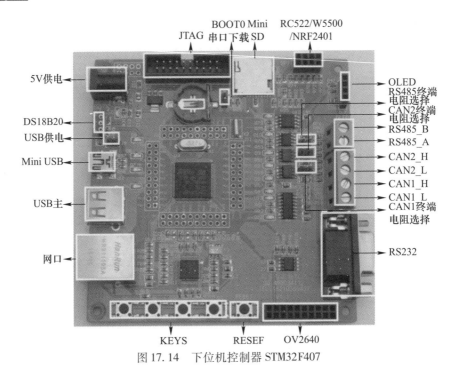

图 17.14　下位机控制器 STM32F407

17.2.3　姿态波传感器

Mini IMU 姿态仪是一款集成了三轴加速度计、三轴陀螺仪和三轴磁力计传感器的姿态航向参考测量系统(AHRS,图 17.15),它能够检测系统当前的俯仰、横滚以及航向角度,是一款非常适合小型室内移动机器人使用的姿态定位传感器,方便对机器人运动的检测。

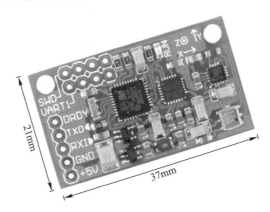

图 17.15　姿态传感器 IMU

17.2.4　供电系统

SRU 的额定功率为 609W,SRU 机器人拥有 220V 交流电源供电系统和电池供电系统,SRU 采用大容量锂电池。产品电压 24V,采用动力锂电池电芯,质量 3.6kg,额定输出工作电流 7～8A。当电池拔下时,机器人通过一个 800W 的 24V 开关电源供电。

为了方便机器人供电系统之间切换,SRU 配备了一个电源切换模块。当机器人连接开关电源供电,同时机器人又接入了电池时,开关电源会为锂电池充电。

当开关电源拔掉时,电池会自动为系统供电。整个电路控制采用 5V 供电,供电电路电压输入为 24V。

17.2.5　定位与导航

SRU 在室内移动需要装备实时定位传感器,SRU 已经配备了一个 Kinect 视觉传感器,但是还不足以满足 SRU 在室内环境下的定位要求。SRU 需要能够在室内随时计算出自己的位置。

目前,机器人定位的通用手段是"GPS + 陀螺仪"的组合。陀螺仪可以反馈机器人的姿态信息,GPS 能定位机器人的坐标信息。但就 SRU 而言,GPS 的定位能力在室内显然是达不到要求的。综合考虑后,SRU 过摄像头来定位,如图 17.16所示。

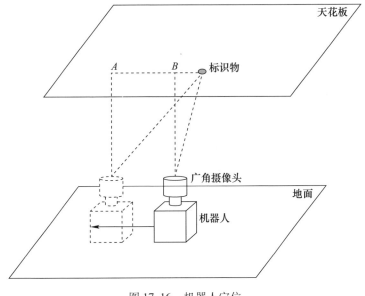

图 17.16　机器人定位

机器人装备一个广角摄像头实时朝着天花板拍摄,天花板上可以设定标识物,机器人摄像头通过标识物在摄像头视野中的变化位置可以推算出机器人与标识物在机器人运动平面的相对位置。当机器人到一个新的房间以后只需要重新标定标识物就可以进行定位。

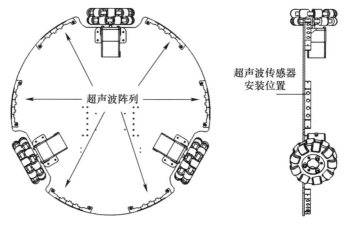

图 17.17　超声波阵列

另外,机器人在室内的导航主要涉及对障碍物的感知。常用的蔽障技术主要有视觉探测、超声探测、红外探测等。考虑到 SRU 本身已配备 Kinect 和定位摄像头,因此实时蔽障主要通过超声波传感器来实现,如图 17.17 的一组超声波阵列。超声波测距是借助于超声脉冲回波渡越时间法来实现的。其控制口 Trig 发一个 $10\mu s$ 以上的高电平,就可以在接收口 Echo 等待高电平输出。一有输出就可以开定时器计时,当此口变为低电平时就可以读定时器的值,此时就为此次测距的时间,方可算出距离。如此不断的周期测,就可以达到移动测量目的。设超声波脉冲由传感器发出到接收所经历的时间为 t,超声波在空气中的传播速度为 c,则从传感器到目标物体的距离 D 可用下式求出:$D = c \cdot t/2$。其中,c 代表超声波在控制中的传播速度 $c = 331.4 \times \sqrt{1 + T/273} \approx 331.4 + 0.607T$。为了提高系统的测量精度,传感器还可以温度补偿电路来提高超声波测距系统的准确度。

17.2.6　语音系统

SRU 通过一个嵌入式语音识别板进行语音辨识。通过编程,机器人可以明白数十条语音输入指令。SRU 选择飞音云电子的 YS – V0.5 语音识别模块以及科大讯飞公司的 YS – XFS5152 语音合成模块作为 SRU 的语音系统的两个功能模块语音交互系统。它以人机对话为应用场景,机器人通过捕获用户的语音数据,进行识别、处理后控制机器人对用户的语音进行反馈。反馈内容包括语音回答以及机器人动作执行两个方面。

17.3 软件系统

通过前面两小节的机械结构、硬件系统的介绍,我们可以归纳出 SRU 机器人的基本运动功能和数据通信功能。其功能框架如图 17.18 所示。

服务机器人 SRU 工作过程中要处理繁多的任务,且要求控制对外界信号响应具有很好的实时性。若采用普通的前后台架构来实现控制系统的构建,代码量将非常庞大,且各种软件模块间的逻辑关系复杂。因此,在控制系统中引入嵌入式实时操作系统来避免以上问题,提高程序执行效率。此外,嵌入式实时操作系统中各功能模块可以方便地加入(或移除),极大地增强了机器人功能扩展的能力和并减少开发周期。

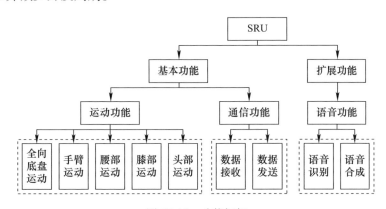

图 17.18 功能框架

在主控制器中加载实时操作系统以及网络协议栈,为底层控制系统的多任务规划、设计以及网络通信提供基础支持(图 17.19)。底层控制系统提供与语音交互系统、动力系统以及上位机监控软件的数据通信功能,从而完成 SRU 整体功能的实现。其中,上位机监控软件在整个系统中主要起着两个方面的作用:一是作为 SRU 前期功能的主要调试手段;二是作为视觉处理软件等其他软件与机器人之间的通信中间件,为其他程序提供与机器人通信的接口。

软件部分需要完成的工作包括:软件框架以及每个功能任务所使用的数据包格式;μC/OS – Ⅲ 在基于 Cortex – M4 内核架构的 STM32F407 微控制器上的移植工作;以太网物理芯片 DP83848 的驱动程序的编制,完成操作系统模拟层的

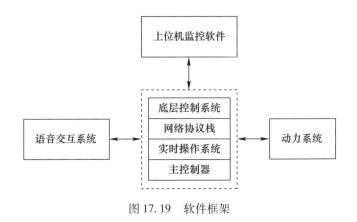

图 17.19　软件框架

移植工作,即完成 LWIP 协议栈在 μC/OS – Ⅲ 上的移植。

17.3.1　语音系统

SRU 的功能主要包括通信功能、语音功能以及运动功能三个部分。这三大功能可以进一步细分:通信功能包括 TCP/IP 通信,负责与上位机进行 TCP 数据通信;语音功能包括了语音识别功能和语音合成功能两部分,前者采集外部语音信号并进行语音识别处理,后者则是根据文本信息对外输出语音信号;运动功能包括底盘运动、腰膝关节运动、手臂运动等。根据细分后的功能,在操作系统中可以创建 8 个任务模块。

17.3.2　语音通信模块

TCP 通信需要完成网络设备的初始化以及 LWIP 协议栈的初始化,之后与TCP 通信相关的功能。而语音处理功能和语音合成功能需要对相应的串口进行初始化。

其中 TCP_Server_Task 任务接收上位机的数据,并进行解析,根据解析结果把相应的消息通过任务自带的消息队列发送到相应的任务;Voice_Handle_Task 负责接收语音识别模块的识别结果,根据解析结果把相应的消息通过任务自带的消息队列发送到相应的任务进行后续处理。这两个任务从机器人外部接收数据。Voice_Play_Task 任务负责机器人的语音输出功能。根据语音合成芯片XFS – 5152的命令格式,该任务需要把传输过来的文本进行数据重组形成特定的命令格式,然后通过串口发送到合成芯片进行语音输出。

17.3.3　运动功能模块

Chassis_Move_Task 任务负责控制机器人的底盘运动,它从 TCP_Server_Task

236

或者 Voice_Handle_Task 接收数据,然后通过 CAN 总线向底盘控制器发送数据从而控制底盘运动。Arm_Move_Task 和 Head_Move_Task 任务分别负责控制手臂及头部的运动。它们通过串口向舵机控制器发送特定格式的数据包,舵机控制器在接收到该数据包时对其解析,根据解析结果控制各个舵机进行相应动作。Knee_Move_Task 和 Waist_Move_Task 任务分别负责控制膝关节及腰关节的运动。它们通过 CAN 总线向相应关节控制器发送特定格式的数据包,控制器在接收到该数据包时对其解析,根据解析结果控制两个部分电机进行相应动作。

第18章　社会机器人实例——财宝机器人

财宝机器人定义为服务型机器人,该平台是针对电子科技大学计划财务处大量重复的业务咨询问题,而研发的通用型业务咨询机器人软硬件解决方案。与家庭服务机器人相比,财宝机器人更加侧重专业问题的解答,可以解答大部分业务相关咨询提问,能够大幅减轻工作人员的负担(图18.1)。

图 18.1　财宝机器人

财宝机器人需要根据用户的自然语言提问解答专业问题,同时还需要解答一些常识问题或时事信息,因此要求财宝机器人具有以下特点:

(1) 具有友好的外观和操作界面,财宝机器人被设计成一个招人喜爱的胖白形象,很容易引起用户特别是女性用户的喜爱;操作界面采用了定制的表情界面,可以展示不同的人类情绪;具有合适的尺寸,财宝身高可保证成年人在1m的距离上面对面交流。

（2）财宝机器人定位于财务大厅、图书馆前台、银行前台等行业的前台,这些场景人流量较大,用户也比较集中,因此没有为财宝机器人配备移动功能,只需要在固定位置为用户提供服务。

（3）财宝机器人主要采用语音作为交互方式,直接通过自然语言与财宝机器人对话,因此财宝机器人拥有强大的自然语言处理能力和语音听读能力。

（4）财宝机器人具有丰富的交互体验,尽管作为一台专业知识服务机器人,财宝机器人仍可以为用户提供更丰富的信息服务,如查看天气、讲笑话、搜索最近的新闻热点等功能。

（5）财宝机器人具有强大的人脸检测和人脸识别功能,当财宝机器人识别到有人站在前方时,则会热情主动地提出为对方提供帮助;财宝机器人的人脸识别功能用于工作人员的签到,1∶1 识别的准确率达到了 99% ,大大减轻了工作人员的考勤负担。

（6）财宝机器人具有强大的可移植性,能够灵活地部署到其他行业,具备成为通用型专业领域信息服务机器人的潜力。

（7）财宝机器人拥有灵活的头部和手臂,可以通过手臂和头部的传感器完成与用户握手等动作,也可以完成摇头、点头以及组合的舞蹈动作,更大地提升了用户的使用体验。

财宝机器人的开发中一方面需要设计出拟人化的外形和操作界面,结合机械设计和嵌入式开发实现财宝机器人可靠的硬件系统;另一方面需要结合语音识别、自然语言处理、语音合成、人脸识别等人工智能相关技术实现可配置的软件系统。本章将从机械结构、硬件系统和软件系统几个方面介绍财宝机器人。

18.1　硬件系统

财宝机器人的硬件系统结构图如图 18.2 所示,从控制系统层次可分为三层:最上层为负责人机交互安卓平板和后台服务器组成,中间层由负责通信的处理器承担,最下层由嵌入式 STM32 主控制器和控制直流无刷伺服电机的驱动控制器组成。硬件系统中各部分之间的数据和命令指令由通信系统(CAN 总线、通信串口、Wi-Fi 和 ⅡC 总线等共同组成)负责传递和处理,最后加入基于 μC/OS - Ⅳ 的嵌入式控制软件组成完整的硬件系统。

从设计角度,财宝机器人硬件系统共分为电路子系统、运动控制子系统、感知子系统、通信子系统和嵌入式软件子系统 5 个子系统。这 5 个子系统在设计过程中相互独立,在实际系统中各个子系统相互配合共同完成任务,5 个子系统的具体任务如下:

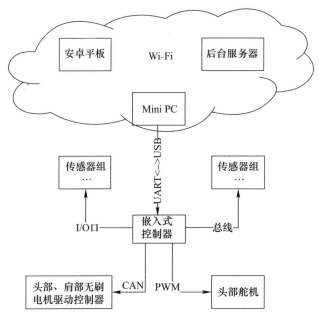

图 18.2　财宝机器人硬件系统结构图

（1）电路子系统主要包含机器人电源模块设计和主控电路设计两部分,电源模块根据各个子系统（或者设备）需求提供相应的电源,主控电路以STM32F407为核心,给财务机器人内部设备及其余子系统提供控制和通信接口（如电源模块的开关机控制、感知子系统中 IO 口等）。

（2）运动控制子系统主要实现机器人头部和手臂肩部的运动控制,当前机器人头部和左右肩各有一个自由度,采用的是直流伺服电机,子系统中利用直流伺服驱动器对电机实施实时控制,子系统与主系统间采用 CAN 总线发送指令的形式实现通信。

（3）感知子系统负责机器人获取外界信息,这个子系统通过多种传感器组合实现,主要包含触摸感知、环境温湿度感知、人体障碍物感知等,感知子系统通过不同的传感器收集外界信息,将数据进行处理后打包通过通信子系统将传感器数据包发送至上位机。

（4）通信子系统负责机器人三层架构控制间的数据和指令传输。嵌入式控制器与 PC 间采用串口通信,双方按照约定格式将指令（数据）打包,根据包尾的换行符'\n'作为一条消息的结束标志,数据包接收完毕后再对数据包进行解析。PC 与上层安卓平板之间采用 socket 通信,以 PC 作为服务器端,安卓平板作为客户端实现双方通信。

（5）嵌入式软件子系统基于 μC/OS – IV 实现对硬件所有子系统的相关任务管理,STM32 是单核微处理器采用 μC/OS – III 管理任务可以实现多任务同步处理,提高硬件系统的效率和稳定性,并且可以简化设计过程中共同开发的难度。

18.1.1 电路子系统

电路子系统主要包括电源模块和 STM32 主控制器两部分,系统框架如图 18.3 所示。财宝机器人的电源被设计为隔离前端电源和隔离后端电源两层:隔离前端电源为财宝机器人中需要大功率的设备供电(如直流伺服电机等)这些设备功率较大,在工作时会产生较严重的杂波影响电源;隔离后端电源为财宝机器人的控制系统供电(如 STM32 微处理器和传感器等)这类设备功率很小,工作电流在毫安甚至微安级别,但是对电源的稳定性较为敏感。财宝机器人的嵌入式主控制采用 STM32F407ZET6 微处理器,结合财宝机器人实际需求将微处理器的硬件资源对应接口引出,此外还加入了一些控制端口,实现对机器人其余设备的控制(例如,结合电源电路实现机器人开关机操作,控制 NUC、安卓平板启动等)。

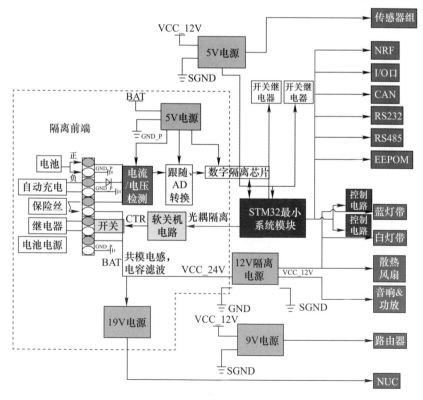

图 18.3 财宝机器人电路子系统示意图

18.1.2 运动控制子系统

财宝机器人的运动控制子系统框图如图 18.4 所示,控制命令由安卓平板发出,经网络通信传递给 MiniPC,PC 上位机与微控制器间通过串口线通信。依据解析后的串口协议,微控制器会读取 3 组电机的实时状态:若此时电机尚未停止,则反馈"电机忙"的错误码 USART1_ERROR_MOTOR_BUSY;若此时解析的命令角度超过正常范围,则反馈"角度超限"的错误码 USART1_ERROR_MOTOR_EXCEED_ANGLE;若此时解析的命令速度超过正常范围,则反馈"速度超限"的错误码 USART1_ERROR_MOTOR_EXCEED_SPEED;若运动过程中左边电机触及限位开关,则反馈"触发左限位"错误码 HARDWARE_ERROR_LEFT_LIMIT_EXCEED;若运动过程中右边电机触及限位开关,则反馈"触发右限位"错误码 HARDWARE_ERROR_RIGHT_LIMIT_EXCEED;若以上错误均未发生,则驱动电机以指令速度运动到指定角度,并反馈运动标志码。

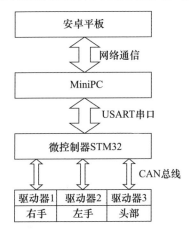

图 18.4　财宝机器人运动控制子系统框图

18.1.3 感知子系统

财宝机器人的感知系统主要有温湿度感知、触摸感知、障碍物感知、人体感知等几个方面,其系统框图如图 18.5 所示。各感知模块通过主动上传的方式将感知数据上传到微控制器(MCU),其中温湿度感知模块、障碍物感知模块、人体感知模块都采用单总线传输方式将数据传输到 MCU,而触摸感知模块采用 I2C 通信方式传输数据到 MCU。所有的传感器数据通过 MCU 的处理,最终打包为一个数据包通过串口通信上传到上位机,上位机的控制信号也通过串口发送到 MCU。上位机通过解码收到的传感器数据,不仅可以为用户提供环境的实时温湿度状况,还可以为机器人提供人体信号,使得机器人能够准确地识别在财宝机器人前方有效范围内是否有人员站立,进而通过上位机决定是否需要进行交互;同时,财宝机器人的触摸感知可以为用户提供与财宝机器人接触交互的能力,当有人员触摸机器人身体上的感知交互位置,机器人通过触摸感知得到接触状态与具体的接触位置,进而通过上位机的判断决定应该做出的语音、动作等反应,上位机再控制财宝机器人的语音系统、运动系统做出相应的动作实现与用户的触摸感知交互。在应对于服务大厅的应用环境,财宝机器人所具有的感知能力能够很好地满足用户的需求。

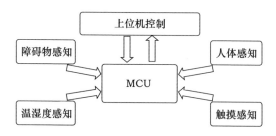

图 18.5　财宝机器人感知子系统框图

18.1.4　通信子系统

通信系统负责安卓平板电脑、X86 架构的 Intel NUC 电脑、STM32 嵌入式控制板和传感器、电机等外设间的数据传输和控制指令交互。嵌入式控制器和外设之间通过 CAN、SPI 等通信总线连接,控制器驱动传感器和电机等外设,读取数据并将其进行打包传输,同时解析 PC 端的控制指令,发送至相应设备。PC 通过 RS232 连接嵌入式控制板,并通过以太网局域网连接安卓平板电脑。对嵌入式控制器发送的数据进行初步校验后,发送至安卓平板。同时,对安卓平板的指令和数据进行解析,发送至嵌入式控制器,详细的系统框图如图 18.6 所示。

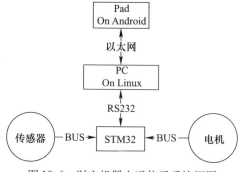

图 18.6　财宝机器人通信子系统框图

18.1.5 嵌入式软件子系统

图 18.7 是财宝机器人嵌入式软件系统流程图,如前面所述嵌入式软件系统基于 μC/OS - Ⅳ 开发,系统上电后首先初始化系统时钟、通信接口以及设备驱动程序,接下来启动 μC/OS - Ⅲ,首先创建程序中用到的信号量、消息队列等。由于财宝机器人采用触摸开关开关机,因此首先要根据触摸开关来给控制系统软开关给系统上电,保证触摸开关断开后系统上电状态正常,上电完成后继续创建系统中其余各个任务,完成相应的工作。

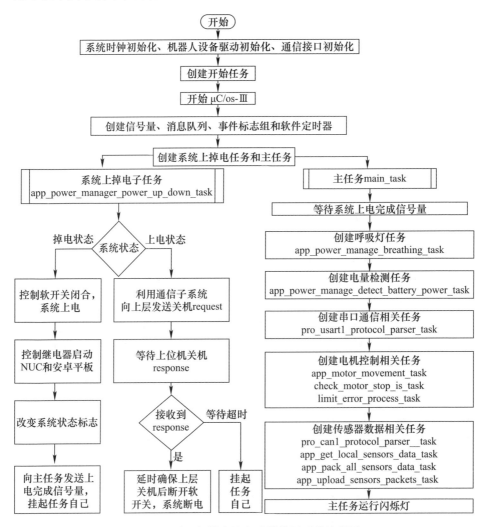

图 18.7　财宝机器人嵌入式软件子系统流程图

18.2　软件系统

财宝机器人的软件系统需要完成的工作包括提供专业的业务咨询和日常对话功能,提供优秀的人机交互界面,与硬件系统配合实现对底层硬件的控制,实现后台数据的管理等。财宝机器人的软件系统架构如图 18.8 所示。

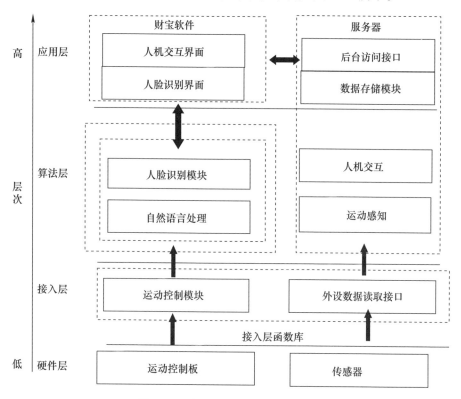

图 18.8　财宝机器人的软件系统架构

根据财宝机器人的功能与执行逻辑,将财宝机器人的软件系统分为三层,分别是接入层、算法层与应用层。下面简要介绍各层次及之间的关系。

接入层:接入层的功能是提供机器人底层硬件信息,包括温湿度传感器和体感传感器的信息等。接入层包含两个模块,即运动控制模块与传感器数据读取模块,其中,传感器数据读取模块的输出将被算法层调用,而运动控制模块将间接被财宝机器人的应用层调用。

算法层:人机交互、人脸识别、自然语言处理等算法。人脸识别算法:用于处理财宝机器人签到功能的人脸识别;自然语言处理算法:用于为财宝机器人提供更智能的人机交互体验。

应用层:财宝机器人上层应用软件,提供财宝机器人的人机交互和人脸识别界面。财宝机器人的应用层软件分为中央控制模块、人机交互模块、财务咨询模块和人脸识别模块4个功能模块,下面具体介绍各个模块的功能。

18.2.1 中央控制模块

中央控制模块通过调用算法层的自然语言处理算法,理解用户输入的自然语言,确定需要执行的操作,再调用具体的功能模块进行处理。中央控制模块是财宝软件系统的核心,其处理效果直接影响财宝机器人的使用体验。中央控制模块的执行流程如图18.9所示。

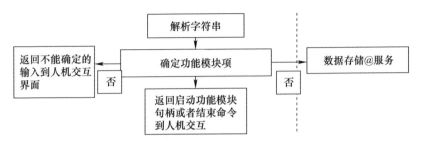

图 18.9　中央控制模块的执行流程

18.2.2 人机交互模块

人机交互界面的主界面是机器人表情展示界面,主界面可以调用语音识别功能进行语音输入,也可以调用输入界面进行键盘输入。通过中央控制模块调用相应功能模块,展示在展示界面上。人机交互模块的处理流程如图18.10所示。

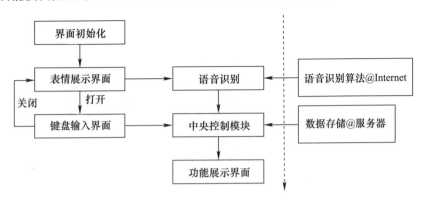

图 18.10　人机交互模块的处理流程

18.2.3 财务咨询模块

财务咨询模块的流程如图 18.11 所示,中央控制单元将用户提问所包含的财务咨询关键词传给财务咨询模块,然后通过网络查询后台服务器中的内容,如查询到对应回答,则发送给展示模块展示,否则返回不能回答的信息。

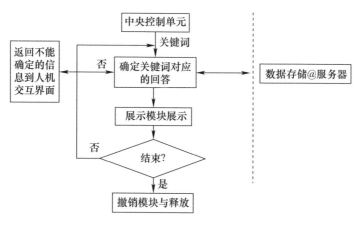

图 18.11 财务咨询模块的流程

18.2.4 人脸识别模块

人脸识别模块首先初始化摄像头和界面显示,然后捕获人脸图像,上传到服务器上通过算法层的人脸识别算法进行比对,确定人脸对应的员工,记录其打卡信息到后台服务器。人脸识别模块的流程如图 18.12 所示。

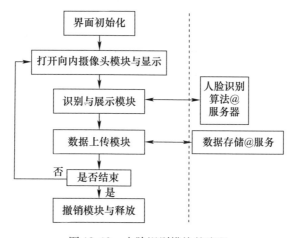

图 18.12 人脸识别模块的流程

第 19 章　社会机器人未来展望

机器人的发展从无到有,从低级到高级,随着科学技术的进步而不断深入发展。机器人的未来是朝智能化、情感化发展,最后达到人机共存的社会。社会机器人是近两年机器人领域热门的话题,各大厂商摩拳擦掌,希望加速社会机器人成为继扫地机器人后第二款进入家庭的机器人产品。

未来的智能的社会机器人应当在以下几方面着力发展:面向任务,由于目前人工智能还不能提供实现智能机器的完整理论和方法,已有的人工智能技术大多数要依赖领域知识,因此当我们把机器要完成的任务加以限定,及发展面向任务的特种机器人,那么已有的人工智能技术就能发挥作用,使开发这种类型的社会机器人成为可能。

传感技术和集成技术,在现有传感器的基础上发展更好、更先进的处理方法和其实现手段,或者寻找新型传感器,同时提高集成技术,增加信息的融合。

机器人网络化,利用通信网络技术将各种机器人连接到计算机网络上,并通过网络对机器人进行有效地控制,以实现机器人自主地查询如联网查询相关信息、本地查看存储信息、查询局域网信息、联机机器人相关信息、查询主题活动详情、查询周边信息等功能。

智能控制中的软计算方法,与传统的计算方法相比,以模糊逻辑、基于概率论的推理、神经网络、遗传算法和混沌为代表的软计算技术具有更高的鲁棒性、易用性及计算的低耗费性等优点,应用到机器人技术中,可以提高其问题求解速度,较好地处理多变量、非线性系统的问题;机器学习,各种机器学习算法的出现推动了人工智能的发展,强化学习、蚁群算法、免疫算法等可以用到机器人系统中,使其具有类似人的学习能力,以适应日益复杂的、不确定和非结构化的环境;智能人机接口,人机交互的需求越来越向简单化、多样化、智能化、人性化方向发展,因此需要研究并设计各种智能人机接口如多语种语音、自然语言理解、图像、手写字识别等,以更好地适应不同的用户和不同的应用任务,提高人与机器人交互的和谐性。

多机器人协调作业,组织和控制多个机器人来协作完成单机器人无法完成的复杂任务,在复杂未知环境下实现实时推理反应以及交互的群体决策和操作。

　　由于现有的智能移动机器人的智能水平还不够高,因此在今后的发展中,努力提高各方面的技术及其综合应用,大力提高智能移动机器人的智能程度,提高智能移动机器人的自主性和适应性,是智能移动机器人发展的关键。同时,智能移动机器人涉及多个学科的协同工作,不仅包括技术基础,甚至还包括心理学、伦理学等社会科学,让智能移动机器人完成有益于人类的工作,使人类从繁重、重复、危险的工作中解脱出来,就像科幻作家阿西莫夫的"机器人学三大法则"一样,让智能移动机器人真正为人类利益服务,而不能成为反人类的工具。相信在不远的将来,各行各业都会充满形形色色的智能移动机器人,科幻小说中的场景将在科学家们的努力下逐步成为现实,很好地提高人类的生活品质和对未知事物的探索能力。

参 考 文 献

[1] SILVER D,HUANG A,MADDISON C J,et al. Mastering the game of Go with deep neural networks and tree search[J]. Nature,2016,529(7587):484 – 489.

[2] SILVER D,SCHRITTWIESER J,SIMONYAN K,et al. Mastering the game of go without human knowledge [J]. Nature,2017,550(7676):354 – 359.

[3] LECUN Y,BOSER B,DENKER J S,et al. Backpropagation applied to handwritten zip code recognition [J]. Neural Computation,1989,1(4):541 – 551.

[4] HOCHREITER S,SCHMIDHUBER J. Long short – term memory[J]. Neural Computation,1997,9(8): 1735 – 1780.

[5] ELMAN J L. Finding structure in time[J]. Cognitive Science,1990,14(2):179 – 211.

[6] SCHUSTER M,PALIWAL K K. Bidirectional recurrent neural networks[J]. IEEE transactions on Signal Processing,1997,45(11):2673 – 2681.

[7] GRAVES A,MOHAMED A,HINTON G. Speech recognition with deep recurrent neural networks[C]//2013 IEEE International Conference on Acoustics,Speech and Signal Processing,2013:6645 – 6649.

[8] MNIH V,KAVUKCUOGLU K,SILVER D,et al. Human – level control through deep reinforcement learning [J]. Nature,2015,518(7540):529 – 533.

[9] CHO,KYUNGHYUN,et al. Learning phrase representations using RNN encoder – decoder for statistical machine translation[EB/OL]. arXiv preprint. arXiv:1406. 1078,2014,https://arxiv. org/abs/1406. 1078.

[10] KOUTNIK J,GREFF K,GOMEZ F,et al. A clockwork rnn[EB/OL]. arXiv preprint arXiv:1402. 3511, 2014,https://arxiv. org/abs/1402. 3511.

[11] MEROLLA P A,ARTHUR J V,ALVAREZ – ICAZA R,et al. A million spiking – neuron integrated circuit with a scalable communication network and interface[J]. Science,2014,345(6197):668 – 673.

[12] STREHL A L,LI L,WIEWIORA E,et al. PAC model – free reinforcement learning[C]//Proceedings of the 23rd international conference on Machine learning,2006:881 – 888.

[13] YE D,LIU Z,SUN M,et al. Mastering Complex Control in MOBA Games with Deep Reinforcement Learning[EB/OL]. arXiv preprint arXiv:1912. 09729,2019,https://arxiv. org/abs/1912. 09729.

[14] WANG X,HUANG Q,CELIKYILMAZ A,et al. Reinforced cross – modal matching and self – supervised imitation learning for vision – language navigation[C]//Proceedings of the IEEE Conference on Computer Vision and Pattern Recognition,2019:6629 – 6638.

[15] MIROWSKI P,GRIMES M,MALINOWSKI M,et al. Learning to navigate in cities without a map[C]//Advances in Neural Information Processing Systems,2018:2419 – 2430.

[16] DENG Y,BAO F,KONG Y,et al. Deep direct reinforcement learning for financial signal representation and trading[J]. IEEE transactions on Neural Networks and Learning Systems,2016,28(3):653 – 664.

[17] SUTTON R S,BARTO A G. Reinforcement learning:An introduction[M]. Cambridge:MIT press,2018.

250

[18] MNIH V,KAVUKCUOGLU K,SILVER D,et al. Human – level control through deep reinforcement learning [J]. Nature,2015,518(7540):529 – 533.

[19] WANG C,WANG J,ZHANG X,et al. Autonomous navigation of UAV in large – scale unknown complex environment with deep reinforcement learning[C]// IEEE Global Conference on Signal and Information Processing,2017:858 – 862.

[20] MNIH V,BADIA A P,MIRZA M,et al. Asynchronous methods for deep reinforcement learning[C]//International Conference on Machine Learning,2016:1928 – 1937.

[21] SCHULMAN J,WOLSKI F,DHARIWAL P,et al. Proximal policy optimization algorithms[EB/OL]. arXiv preprint arXiv:1707. 06347,2017,https://arxiv. org/abs/1707. 06347.

[22] SCHULMAN J,LEVINE S, ABBEEL P,et al. Trust region policy optimization[C]//International Conference on Machine Learning,2015:1889 – 1897.

[23] HE H,GE S S,ZHANG Z. A saliency – driven robotic head with bio – inspired saccadic behaviors for social robotics[J]. Autonomous Robots,2014,36(3):225 – 240.

[24] CAPEK K. RUR (Rossum's universal robots)[M]. London:Penguin,2004.

[25] SHIH,PO – JUNG. Ethical Guidelines for Artificial Intelligence (AI) Development and the New "Trust" Between Humans and Machines[J]. International Journal of Automation and Smart Technology,2019,9 (2):41 – 43.

[26] SU Y,GE S S. Role – Oriented Designing:A Methodology to Designing for Appearance and Interaction Ways of Customized Professional Social Robots[C]//International Conference on Social Robotics, Springer, Cham,2017:394 – 401.

[27] THORPE S,FIZE D,MARLOT C. Speed of processing in the human visual system[J]. Nature,1996,381 (6582):520 – 522.

[28] GE S S,LI M,LEE T H. Dynamic saliency – driven associative memories based on network potential field [J]. Pattern Recognition,2016,60:669 – 680.

[29] GIBSON J J. The ecological approach to visual perception:classic edition[M]. East Sussex:Psychology Press,2014.

[30] HECHT – NIELSEN R. Theory of the backpropagation neural network[M]. Cambridge:Academic Press,1992.

[31] RUMMELHART D E ,HINTON G E ,WILLIAMS R J. Learning Internal Representations by Error Propagation [J]. Nature,1986,323(2):318 – 362.

[32] BIEDERMAN I. Recognition – by – components:a theory of human image understanding[J]. Psychological Review,1987,94(2):115.

[33] CHEN L. Topological structure in visual perception[J]. Science,1982,218(4573):699 – 700.

[34] LI M,GE S S,LEE T H. Content – Driven Associative Memories for Color Image Patterns[J]. IEEE transactions on cybernetics,2016,48(1):139 – 150.

[35] SHI X,BRUCE N D B,TSOTSOS J K. Fast,recurrent,attentional modulation improves saliency representation and scene recognition[C]// IEEE Conference on Computer Vision and Pattern Recognition Workshop, 2011:1 – 8.

[36] GE S S,HE H ,ZHANG Z. Bottom – up saliency detection for attention determination[J]. Machine Vision and Applications,2013,24(1):103 – 116.

[37] HE H,ZHANG Z,GE S S. Attention determination for social robots using salient region detection[C]//International conference on social robotics,Springer,2010:295 – 304.

[38] LI M,GE S S,LEE T H. Glance and Glimpse Network:A Stochastic Attention Model Driven by Class Saliency[C]//Asian Conference on Computer Vision,Springer,Cham,2016:572 – 587.

[39] MILLER B A,BEARD M S,WOIFE P J,et al. A spectral framework for anomalous subgraph detection [J]. IEEE Transactions on Signal Processing,2015,63(16):191 – 206.

[40] ITTI L,KOCH C,NIEBUR E. A model of saliency – based visual attention for rapid scene analysis [J]. IEEE Transactions on Pattern Analysis and Machine Intelligence,1998,20(11):1254 – 1259.

[41] GOODALE M A,MILNER A D. Separate Visual Pathways for Perception and Action[J]. Trends in Neurosciences,1992,15(1):20 – 25.

[42] LANG K J,WAIBEL A H,HINTON G E. A time – delay neural network architecture for isolated word recognition[J]. Neural Networks,1990,3(1):23 – 43.

[43] ZHANG Y,GLASS J R. Unsupervised spoken keyword spotting via segmental DTW on Gaussian posteriorgrams[C]//2009 IEEE Workshop on Automatic Speech Recognition & Understanding,2009:398 – 403.

[44] BAHL L R,JELINEK F,MERCER R L. A maximum likelihood approach to continuous speech recognition [J]. IEEE transactions on Pattern Analysis and Machine Intelligence,1983(2):179 – 190.

[45] MÜLLER M. Dynamic time warping[J]. Information retrieval for music and motion,2007:69 – 84.

[46] LEE K F,HON H W,REDDY R. An overview of the SPHINX speech recognition system[J]. IEEE Transactions on Acoustics,Speech,and Signal Processing,1990,38(1):35 – 45.

[47] BROWN P F,DELLA PIETRA V J,DESOUZA P V,et al. Class – based n – gram models of natural language [J]. Computational Linguistics,1992,18(4):467 – 480.

[48] WANG Z,CUI X. Using frame correlation algorithm in a duration distribution based hidden Markov model [J]. Science in China (Series E:Technological Sciences),2000,43(6):606 – 612.

[49] DUTOIT T. An introduction to text – to – speech synthesis[M]. Berlin:Springer Science & Business Media,1997.

[50] 黄南川,邓振杰,王岿岿,等. 语音合成技术的研究与发展[J]. 华北航天工业学院学报,2002,12(3):37 – 39.

[51] BIGORGNE D,BOEFFARD O,CHERBONNEL B,et al. Multilingual PSOLA text – to – speech system [C]//1993 IEEE International Conference on Acoustics,Speech,and Signal Processing. IEEE,1993,2(1):187 – 190.

[52] 李智强. 韵律研究和韵律标音[J]. 语言文字应用,1998,22(1):107 – 111.

[53] 俞凯,陈露,陈博,等. 任务型人机对话系统中的认知技术——概念、进展及其未来[J]. 计算机学报,2015,38(12):3 – 18.

[54] PICARD R. W. Affective Computing[M]. Cambridge:MIT Press,2000.

[55] THAYER J F,LANE R D. A model of neurovisceral integration in emotion regulation and dysregulation [J]. Journal of Affective Disorders,2000,61(3):201 – 216.

[56] LE D,ALAENEH Z,PROVOST E M. Discretized Continuous Speech Emotion Recognition with Multi – Task Deep Recurrent Neural Network[C]//Interspeech,2017:1108 – 1112.

[57] HAMADA Y,ELBAROUGY R,AKAGI M. A method for emotional speech synthesis based on the position of emotional state in Valence – Activation space[C]//Signal and Information Processing Association Annual

Summit and Conference (APSIPA),2014 Asia – Pacific IEEE,2014:1 – 7.

[58] BLEWITT W,AYESH A. Implementation of millensons model of emotions in a game environment[C]//AISB Convention:AI and Games Symposium,2009.

[59] TORRES C A,OROZCO Á A,Á LVAREZ M A. Feature selection for multimodal emotion recognition in the arousal – valence space[C]//35th IEEE Annual International Conference of the IEEE Engineering in Medicine and Biology Society (EMBC),2013:4330 – 4333.

[60] VERVERIDIS D,KOTROPOULOS C. Emotional speech recognition:Resources,features,and methods[J]. Speech Communication,2006,48(9):1162 – 1181.

[61] EI AYADI M,KAMEL M S,KARRAY F. Survey on speech emotion recognition:Features,classification schemes,and databases[J]. Pattern Recognition,2011,44(3):572 – 587.

[62] ABBURI H,ALLURI K R,VUPPALA A K,et al. Sentiment analysis using relative prosody features[C]//10th IEEE International Conference on Contemporary Computing,2017:1 – 5.

[63] QUAN C,WAN D,ZHANG B,et al. Reduce the dimensions of emotional features by principal component analysis for speech emotion recognition[C]//Proceedings of the 2013 IEEE/SICE International Symposium on System Integration,2013:222 – 226.

[64] MAO J W,HE Y,LIU Z T. Speech Emotion Recognition Based on Linear Discriminant Analysis and Support Vector Machine Decision Tree[C]//37th IEEE Chinese Control Conference (CCC),2018:5529 – 5533.

[65] SATT A,ROZENBERG S,HOORY R. Efficient Emotion Recognition from Speech Using Deep Learning on Spectrograms[C]//Interspeech,2017:1089 – 1093.

[66] CHO,KYUNGHYUN,et al. Learning phrase representations using RNN encoder – decoder for statistical machine translation[EB/OL]. arXiv preprint. arXiv:1704. 04861,2014,https://arxiv. org/abs/1704. 04861.

[67] BALTZAKIS H,ARGYROS A,LOURAKIS M,et al. Tracking of human hands and faces through probabilistic fusion of multiple visual cues[C]// International Conference on Computer Vision Systems,2008:33 – 42.

[68] XIE G S,ZHANG X Y,YAN S,et al. Hybrid CNN and dictionary – based models for scene recognition and domain adaptation[J]. IEEE Transactions on Circuits and Systems for Video Technology,2015,27(6):1263 – 1274.

[69] SZEGEDY C,LIU W,JIA Y,et al. Going deeper with convolutions[C]//Proceedings of the IEEE Conference on Computer Vision and Pattern Recognition,2015:1 – 9.

[70] HE K,ZHANG X,REN S,et al. Deep residual learning for image recognition[C]//Proceedings of the IEEE Conference on Computer Vision and Pattern Recognition,2016:770 – 778.

[71] HUANG G,LIU Z,VAN Der M L,et al. Densely connected convolutional networks[C]// Proceedings of the IEEE Conference on Computer Vision and Pattern Recognition,2017:4700 – 4708.

[72] PAPANDREOU G,ZHU T,KANAZAWA N,et al. Towards accurate multi – person pose estimation in the wild[C]//Proceedings of the IEEE Conference on Computer Vision and Pattern Recognition,2017:4903 – 4911.

[73] HE K,GKIOXARI G,DOLLÁR P,et al. Mask r – cnn[C]// Proceedings of the IEEE International Conference on Computer Vision,2017:2961 – 2969.

[74] CHEN Y,WANG Z,PENG Y,et al. Cascaded pyramid network for multi – person pose estimation[C]//Proceedings of the IEEE Conference on Computer Vision and Pattern Recognition,2018:7103 – 7112.

［75］SUN K,XIAO B,LIU D,et al. Deep high – resolution representation learning for human pose estimation ［C］// Proceedings of the IEEE Conference on Computer Vision and Pattern Recognition,2019:5693 – 5703.

［76］WEI S E,RAMAKRISHNA V,KANADE T,et al. Convolutional pose machines［C］// Proceedings of the IEEE conference on Computer Vision and Pattern Recognition,2016:4724 – 4732.

［77］ZHANG F,ZHU X,DAI H,et al. Distribution – Aware Coordinate Representation for Human Pose Estima-tion［EB/OL］. arXiv preprint arXiv:1910. 06278,2019,https://arxiv. org/abs/1910. 06278.

［78］BALTZAKIS H,ARGYROS A,LOURAKIS M,et al. Tracking of human hands and faces through probabilis-tic fusion of multiple visual cues［C］//International Conference on Computer Vision Systems. Springer,Ber-lin,Heidelberg,2008:33 – 42.

［79］IMMERSION TECHONLOGY,Creating high performance haptic experiences doesnt have to be hard. Immer-sion's Partner Program can help you offer your customers high – quality haptic solutions ［EB/OL］. ［2020 – 03 – 18］. https://www. immersion. com.

［80］XSENS TECHNOLOGIES,Experience cutting – edge 3D Character Animation with the Xsens MVN Animate Motion Capture system［EB/OL］. ［2020 – 03 – 18］. https://www. xsens. com/products/mvnanimate.

［81］GRISETTI G,STACHNISS C,BURGARD W. Improved Techniques for Grid Mapping With Rao – Black-wellized Particle Filters［J］. IEEE Transactions on Robotics,2007,23(1):34 – 46.

［82］KOHLBRECHER S,VON STRYK O,MEYER J,et al. A flexible and scalable slam system with full 3D mo-tion estimation［C］// IEEE International Symposium on Safety,Security,and Rescue Robotics,2011:155 – 160.

［83］KLEIN G,MURRAY D. Parallel tracking and mapping for small AR workspaces［C］// 6th International Symposium on Mixed and Augmented Reality. IEEE,2007:225 – 234.

［84］MUR – ARTAL R,MONTIEL J M M,TARDOS J D. ORB – SLAM:a Versatile and Accurate Monocular SLAM System［J］. IEEE Transactions on Robotics,2015,31(5):1147 – 1163.

［85］NEWCOMBE R A,LOVEGROVE S J,DAVISON A J. DTAM:Dense tracking and mapping in realtime ［C］// International Conference on Computer Vision,IEEE,2011.

［86］NEWCOMBE R A,IZADI S,HILLIGES O,et al. KinectFusion:Real – Time Dense Surface Mapping and Tracking［C］// 10th IEEE International Symposium on Mixed and Augmented Reality,2011:214 – 219.

［87］ENGEL J,SCHÖPS T,CREMERS D. LSD – SLAM:Large – scale direct monocular SLAM［C］//Europe Conference on Computer Vision. Springer,Cham,2014:834 – 849.

［88］ENGEL J,KOLTUN V,CREMERS D. Direct sparse odometry［J］. IEEE transactions on Pattern Analysis and Machine Intelligence,2017,40(3):611 – 625.

［89］WANG Y,HE H,SUN C. Learning to navigate through complex dynamic environment with modular deep re-inforcement learning［J］. IEEE Transactions on Games,2018,10(4):400 – 412.

［90］ROTH H,VONA M. Moving Volume KinectFusion［C］// British Machine Vision Conference. 2012,20(2):1 – 11.

［91］尹首一,郭珩,魏少军. 人工智能芯片发展的现状及趋势［J］. 科技导报,2018,36(17):45 – 51.

［92］ZHANG T,GE S S. Improved Direct Adaptive Fuzzy Control for a Class of MIMO Nonlinear Systems［C］// 6th Intelligent Control and Automation. IEEE,2006:217 – 225.

［93］JIA L,GE S S,CHIU M. Adaptive Neuro – Fuzzy Control of Non – Affine Nonlinear Systems［C］// Intelli-gent Control,Proceedings of IEEE International Symposium on Control and Automation,2005:27 – 36.

254

［94］ SPOONER J T,MAGGIORE M,ORDONEZ R,et al. Stable adaptive control and estimation for nonlinear systems:neural and fuzzy approximator techniques[M]. Hoboken:John Wiley & Sons,2004.

［95］ LIU S,GE S S,TANG Z. A modular designed bolt tightening shaft based on adaptive fuzzy backstepping control[J]. International Journal of Control,Automation and Systems,2016,14(4):924 – 938.

［96］ MCCULLOCH S W,PITTS W. A Logical Calculus of the Ideas Immanent in Nervous Activity[J]. Bulletin of Mathematical Biology,1943,52(1):99 – 115.

［97］ GE S S. Robust adaptive NN feedback linearization control of nonlinear systems[J]. International Journal of Systems Science,1996,27(12):1327 – 1338.

［98］ GE S S,HANG C C,ZHANG T. Adaptive neural network control of nonlinear systems by state and output feedback[J]. IEEE Transactions on Systems,Man,and Cybernetics,Part B(Cybernetics),1999,29(6):818 – 828.

［99］ HORNIK K,STINCHCOMBE M,WHITE H. Multilayer feedforward networks are universal approximators [J]. Neural Networks,1989,2(5):359 – 366.

［100］ GE S S,WANG C. Direct adaptive NN control of a class of nonlinear systems[J]. IEEE Transactions on Neural Networks,2002,13(1):214 – 221.

［101］ GE S S,WANG C. Adaptive neural control of uncertain MIMO nonlinear systems[J]. IEEE Transactions on Neural Networks,2004,15(3):674 – 692.

［102］ GUAN J,LIN C M,JI G L,et al. Robust adaptive tracking control for manipulators based on a TSK fuzzy cerebellar model articulation controller[J]. IEEE Access,2017,6:1670 – 1679.

［103］ RUMMELHART E D,HINTON E G,WILLIAMS J R. Learning Internal Representations by Error Propagation [J]. Nature,1986,323(2):318 – 362.

［104］ VELEZ – DIAZ D,TANG Y. Adaptive robust fuzzy control of nonlinear systems[J]. IEEE Transactions on Systems,Man,and Cybernetics,Part B(Cybernetics),2004,34(3):1596 – 1601.

［105］ CHEN F C,LIU C C. Adaptively controlling nonlinear continuous – time systems using multilayer neural networks[J]. IEEE Transactions on Automatic Control,1994,39(6):1306 – 1310.

［106］ POLYCARPOU M M. Stable adaptive neural control scheme for nonlinear systems[J]. IEEE Transactions on Automatic Control,1996,41(3):447 – 451.

［107］ YANG Y,CHENG X,TONG L H. Identification and control of nonlinear systems using neural networks and multiple models[C]// 11th IEEE International Conference on Control & Automation,2014:310 – 318.

［108］ SANNER R M,SLOTINE J J E. Structurally dynamic wavelet networks for adaptive control of robotic systems [J]. International Journal of Control,1998,70(3):405 – 421.

［109］ LEWIS F L,YESILDIREK A,LIU K. Multilayer neural – net robot controller with guaranteed tracking performance[J]. IEEE Transactions on Neural Networks,1996,7(2):388 – 399.

［110］ KIM H Y,LEWISL F,ABDALLAH T C. A dynamic recurrent neural – network – based adaptive observer for a class of nonlinear systems[M]. Oxford:Pergamon Press,1997.

［111］ JAGANNATHAN S,LEWIS L F. Discrete – time neural net controller for a class of nonlinear dynamical systems[J]. IEEE Transactions on Automatic Control,1996,41(11):1693 – 1699.

［112］ LEE T H,HARRIS C J. Adaptive neural network control of robotic manipulators[M]. Singapore:World Scientific,1998.

［113］ MLP 神经网络[EB/OL]. [2019 – 05 – 14]. https://wenku. baidu. com/view/82be258e182e453610661 ed9ad51f01dc3815714. html.

[114] DENG X ,HUI S K ,HUTCHINSON J W . Consumer preferences for color combinations:An empirical analysis of similarity – based color relationships[J]. Journal of Consumer Psychology,2010,20(4):476 – 484.

[115] BLOCH,PETER H,FREDERIC F. Brunel,Todd J. Arnold. Individual differences in the centrality of visual product aesthetics:Concept and measurement[J]. Journal of consumer research,2003,29(4):551 – 565.

[116] PARK,JAMES,ATHANASSIOS ECONOMOU. The Dirksen Grammar:A Generative Description of Mies van der Rohe's Courthouse Design Language[J]. Nexus Network Journal,2019,21(3):591 – 622.

[117] KROHN,CARSTEN. Mies van der Rohe:The Built Work[M]. Basel:Birkhäuser,2014.

[118] HEKKERT,PAUL,HELMUT Leder. Product experience[M]. Amsterdam:Elsevier,2008.

[119] VERYZER J,ROBERT W. Aesthetic response and the influence of design principles on product preferences [J]. Advances in Consumer research,1993,20(1):426 – 435.

[120] CHARTERS,STEVE. Aesthetic products and aesthetic consumption:A review[J]. Consumption,Markets and Culture,2006,9(3):235 – 255.

[121] GUYER,PAUL. History of modern aesthetics[M]. Oxford:Oxford University Press,2003.

[122] FORSYTHE,ALEX,et al. Predicting beauty:fractal dimension and visual complexity in art[J]. British Journal of Psychology,2011,102(1):49 – 70.

[123] SU J N,JIANG P Y,LI H Q. Research on Kansei image – driven method of product styling design [J]. International Journal of Product Development,2008,7(1):113 – 126.

[124] 腾讯世博媒体联盟前方报道. 机器人闹闹擅长打太极 眼睛能发光 3 种语言[EB/OL]. (2010 – 06 – 28)[2020 – 3 – 14]. https://2010. qq. com/a/20100628/000250. htm.

[125] 付璐. 服务于生活的"机器人"设计美学[J]. 文艺争鸣,2010(24):131 – 133.

[126] MAN,D,DONG W,YANG C C. Product color design based on multi – emotion[J]. Journal of Mechanical Science and Technology,2013,27(7):2079 – 2084.

[127] 郑琳琳. 浅谈产品的肌理美[J]. 引进与咨询,2001,11(4):72 – 73.

[128] 国家体育总局. 体育机器人或成体育产业下一个风口[EB/OL]. (2016 – 05 – 29)[2020 – 3 – 14]. http://ytsports. cn/news – 10151. html? ContactUs = .

[129] MIYAJI,YUTAKA,KEN TOMIYAMA. Virtual KANSEI for Robots in Welfare[C]// International Conference on Complex Medical Engineering. IEEE,2007:144 – 151.

[130] WANG Z,HEWP,ZHANG DH,et al. Creative design research of product appearance based on human – machine interaction and interface [J]. Journal of Materials Processing Technology,2002,129(1):545 – 550.

[131] SHECKLER W R. Combined union,reducer,and expansion – joint:U. S. Patent 797,152[P]. 1905 – 8 – 15.

[132] GARCIA O,MARTÍNEZ – AVIAL M D,COBOS J A,et al. Harmonic reducer converter[J]. IEEE Transactions on Industrial Electronics,2003,50(2):322 – 327.

[133] BROOKS R A,BREAZEAL C,MARJANOVIĆM,et al. The Cog project:Building a humanoid robot[C]// International Workshop on Computation for Metaphors,Analogy,and Agents. Springer,1998:52 – 87.

[134] 丰田中国官方网站. 丰田中国 – 创新科技 – 未来技术 – Partner Robot[EB/OL]. (2018 – 12 – 28). https://www. toyota. com. cn/images/technology/robot/robot02_pic6. jpg.

[135] 今日头条. 日本东芝展示超逼真美女机器人:会打手语[EB/OL]. (2014 – 10 – 08)[2020 – 3 –

15]. https://www. toutiao. com/a3581229199/.

[136] MONEO R. Theoretical anxiety and design strategies in the work of eight contemporary architects [M]. Cambridge: MIT press, 2004.

[137] PEIRS J, VAN BRUSSEL H, REYNAERTS D, et al. A flexible distal tip with two degrees of freedom for enhanced dexterity in endoscopic robot surgery[C]//Proceedings of 13th Micromechanics Europe Workshop, 2002:271 – 274.

[138] FORSTER F. Planetary reducer and wheel bearing unit: U. S. Patent 5,588,931[P]. 1996 – 12 – 31.

[139] CHLEBOUN G S, HOWELL J N, CONATSER R R, et al. Relationship between muscle swelling and stiffness after eccentric exercise[J]. Medicine and Science in Sports and Exercise, 1998, 30(4):529 – 535.

[140] BURR J K, WOLF W. Gear reducer: U. S. Patent 4,217,788[P]. 1980 – 8 – 19.

[141] HARADA K, HIRUKAWA H, KANEHIRO F, et al. Dynamical balance of a humanoid robot grasping an environment[C]// International Conference on Intelligent Robots and Systems. IEEE, 2004, 2:1167 – 1173.

[142] GIOVANNONE A. Blister packaging card for use in making plastic blister packages: U. S. Patent 5,522, 505[P]. 1996 – 6 – 4.

[143] HUNTER I W, HOLLERBACH J M, BALLANTYNE J. A comparative analysis of actuator technologies for robotics [J]. Robotics Review, 1991, 2(1):299 – 342.

[144] 爱范网 Google 出的这个最像人的机器人 ATLAS, 有一项技术远超对手[EB/OL]. (2016 – 2 – 25) [2020 – 3 – 15]. https://www. ifanr. com/624454.

[145] DAERDEN F, LEFEBER D. Pneumatic artificial muscles: actuators for robotics and automation [J]. European Journal of Mechanical and Environmental Engineering, 2002, 47(1):11 – 21.

[146] SCHMALTZ D, KENNEDY J. Rotatable electrode device: U. S. Patent 6,190,383[P]. 2001 – 2 – 20.

[147] VON NOORDEN G K, CAMPOS E C. Binocular vision and ocular motility: theory and management of strabismus[M]. St. Louis: Mosby, 2002.

[148] ZHANG Z. Microsoft kinect sensor and its effect[J]. IEEE Multimedia, 2012, 19(2):4 – 10.

[149] BURTON D E, DUKE S B, MIRABAL E, et al. Moving target indication (MTI) system: U. S. Patent 10, 295,653[P]. 2019 – 5 – 21.

[150] IWABUCHI M, OHZAWA S. Ultrasonic distance sensor: U. S. Patent 4,918,672[P]. 1990 – 4 – 17.

[151] ANDERSON, MICHAEL. Susan Leigh Anderson. Machine ethics[M]. Cambridge: Cambridge University Press, 2011.

[152] 中关村在线[EB/OL] https://servers. pconline. com. cn/700/7000517_2. html#ad = 0000.

[153] FAN T, MA C, GU Z, et al. Wireless hand gesture recognition based on continuous – wave Doppler radar sensors[J]. IEEE Transactions on Microwave Theory and Techniques, 2016, 64(11):4012 – 4020.

[154] PFIZENMAIER H, LOWBRIDGE P, PRIME B, et al. Monostatic FMCW radar sensor: U. S. Patent 6,037, 894 [P]. 2000 – 3 – 14.

[155] LIN P, ABNEY K, BEKEY G A. Robot Ethics: The Ethical and Social Implications of Robotics [M]. Cambridge: The MIT Press, 2016.

[156] INGRAM B, JONES D, LEWIS A, et al. A code of ethics for robotics engineers[C]// 5th ACM/IEEE International Conference on Human – Robot Interaction, 2010:103 – 104.

[157] MULTIAGENT SYSTEMS: a modern approach to distributed artificial intelligence[M]. Cambridge: MIT

press,1999.

[158] ARULKUMARAN K,DEISENROTH M P,BRUNDAGE M,et al. Deep reinforcement learning:A brief survey[J]. IEEE Signal Processing Magazine,2017,34(6):26 – 38.

[159] MOU CHEN,SHUZHI SAM Ge,BERNARD VOON EE How. Robust Adaptive Neural Network Control for a Class of Uncertain MIMO Nonlinear Systems With Input Nonlinearities[J]. IEEE Transactions on Neural Networks,2010,21(5):796 – 812.

[160] PAN Y,GE S S,AL MAMUN A. Weighted locally linear embedding for dimension reduction[J]. Pattern Recognition,2009,42(5):798 –811.

[161] LI Y,WANG N,SHI J,et al. Adaptive batch normalization for practical domain adaptation[J]. Pattern Recognition,2018,80(3):109 – 117.

[162] EPELBAUM T. Deep learning:Technical introduction[EB/OL]. arXiv preprint arXiv:1509. 02971,2017, https://arxiv. org/abs/1509. 02971.

[163] THYS S,VAN RANST W,GOEDEMÉ T. Fooling automated surveillance cameras:adversarial patches to attack person detection[C]//Proceedings of the IEEE Conference on Computer Vision and Pattern Recognition Workshops,2019:1 –4.

[164] VERUGGIO G,OPERTO F,BEKEY G. Roboethics:Social and ethical implications[M]. Berlin:Springer handbook of robotics,2016.

[165] 吴汉东. 人工智能时代的制度安排与法律规制[J]. 法律科学（西北政法大学学报）,2017,5 (131):23 – 24.

[166] DENNIS L,FISHER M,SLAVKOVIK M,et al. Formal verification of ethical choices in autonomous systems [J]. Robotics and Autonomous Systems,2016,77(2):1 – 14.

[167] LUO R C,SU K L. A multiagent multisensor based real – time sensory control system for intelligent security robot[C]//IEEE International Conference on Robotics and Automation,2003,2:2394 – 2399.

[168] RANDALL S,MATTHEW S,PETER C. Estimating Uncertain Spatial Relationships in Robotics[J]. Machine Intelligence & Pattern Recognition,2013,5(5):435 – 461.

[169] KO H,KIM M S,PARK H G,et al. Face sculpturing robot with recognition capability[J]. Computer – aided Design,1994,26(11):814 – 821.

[170] NAZMUL SIDDIQUE,HOJJAT ADELI. Nature Inspired Computing:An Overview and Some Future Directions[J]. Cognitive Computation,2015,7(6):706 – 714.

[171] LI P H,LINDSEY L F,JANUSZEWSKI M,et al. Automated reconstruction of a serial – section EM Drosophila brain with flood – filling networks and local realignment[J]. Microscopy and Microanalysis,2019, 25(2):1364 – 1365.

[172] HO C C,MACDORMAN K F,PRAMONO Z A D. Human emotion and the uncanny valley:a GLM,MDS, and Isomap analysis of robot video ratings[C]//3rd ACM/IEEE International Conference on Human – Robot Interaction（HRI）,2008:169 – 176.

[173] DRAGAN A D,BAUMAN S,FORLIZZI J,et al. Effects of robot motion on human – robot collaboration [C]//Proceedings of the 10th Annual ACM/IEEE International Conference on Human – Robot Interaction,2015:51 –58.

[174] JOHNSON J. Children,robotics,and education[J]. Artificial Life and Robotics,2003,7(1 – 2):16 – 21.

[175] TOH L P E,CAUSO A,TZUO P W,et al. A review on the use of robots in education and young children

［J］. Journal of Educational Technology & Society,2016,19(2):148 – 163.

［176］魏毅. 谈美沙酮在戒毒中的维持治疗［J］. 辽宁警察学院学报,2009(5):112 – 120.

［177］KONIETSCHKE R,ORTMAIER T,OTT C,et al. Concepts of human – robot co – operation for a new medi-
cal robot［C］//Proceedings of the 2nd IEEE International Workshop on Human Centered Robotic Systems,
2006:1 – 6.

［178］SHIBATA H,KANOH M,KATO S,et al. A system for converting robotemotion'into facial expressions
［C］//Proceedings of IEEE International Conference on Robotics and Automation,2006:3660 – 3665.

［179］LIM H O,TAKANISHI A. Compensatory motion control for a biped walking robot［J］. Robotica,2005,23
(1):1 – 11.

［180］NOMURA T,KANDA T,SUZUKI T,et al. Psychology in human – robot communication:An attempt
through investigation of negative attitudes and anxiety toward robots［C］// 13th International Workshop on
Robot and Human Interactive Communication,IEEE,2004:35 – 40.

［181］NITSCH V,POPP M. Emotions in robot psychology［J］. Biological Cybernetics,2014,108(5):621 – 629.

［182］WEIZENBAUM J. ELIZA:a computer program for the study of natural language communication between
man and machine［J］. Communications of ACM,1966,9(1):36 – 45.

［183］EPSTEIN J,KLINKENBERG W D. From Eliza to Internet:A brief history of computerized assessment［J］.
Computers in Human Behavior,2001,17(3):295 – 314.

［184］FITZPATRICK K K,DARCY A,VIERHILE M. Delivering cognitive behavior therapy to young adults with
symptoms of depression and anxiety using a fully automated conversational agent (Woebot):a randomized
controlled trial［J］. JMIR Mental Health,2017,4(2):169 – 181.

［185］FONG T,THORPE C,BAUR C. Collaboration,dialogue,human – robot interaction［M］//Robotics Re-
search. Berlin:Springer,2003:255 – 266.

［186］KOCESKI,SASO,KOCESKA,et al. Evaluation of an Assistive Telepresence Robot for Elderly Healthcare
［J］. Journal of Medical Systems,2016,40(5):121 – 122.

［187］SCIAVICCO L,SICILIANO B. Modelling and control of robot manipulators［M］. Berlin:Springer Science &
Business Media,2012.

［188］TAYLOR R H. Medical robotics and computer – integrated surgery［C］// 32nd IEEE International Comput-
er Software and Applications Conference,2008:1 – 1.

［189］ASARO P M. Robots and responsibility from a legal perspective［J］. Proceedings of the IEEE,2007,4
(14):20 – 24.

［190］陈广仁. 埃隆·马斯克:疯狂的梦想家、勤勉的实干家［J］. 科技导报,2014,34(6):182 – 191.

［191］PHILLIP G L. Process control and artificial intelligence software for aquaculture［J］. Aquacultural Engi-
neering,2012,23(3):1 – 36.

［192］VLADAREANU V,MUNTEANU R I,MUMTAZ A,et al. The optimization of intelligent control interfaces
using Versatile Intelligent Portable Robot Platform［J］. Procedia Computer Science,2015,65(4):
225 – 232.

［193］CHEN J Y C,TERRENCE P I. Effects of tactile cueing on concurrent performance of military and robotics
tasks in a simulated multitasking environment［J］. Ergonomics,2008,51(8):1137 – 1152.

［194］CHEN J Y C. Concurrent performance of military and robotics tasks and effects of cueing in a simulated
multi – tasking environment［J］. Presence:Teleoperators and Virtual Environments,2009,18(1):1 – 15.

259

［195］ ROYAKKERS L,TOPOLSKI A. Military robotics & relationality:criteria for ethical decision – making [M]. Dordrecht:Springer,2014:351 – 367.

［196］ SMITH D,SINGH S. Approaches to Multisensor Data Fusion in Target Tracking:A Survey[J]. IEEE Transactions on Knowledge & Data Engineering,2006,18(12):1696 – 1710.

［197］ SPORK H. Environmental Education:A Mismatch Between Theory and Practice[J]. Australian Journal of Environmental Education,1992,8(3):147 – 166.

［198］ DENNIS,LOUISE,FISHER,et al. Formal verification of ethical choices in autonomous systems [J]. Robotics & Autonomous Systems,2016,77(2):1 – 14.

［199］ AMARE N,MANNING A. Writing for the Robot:How Employer Search Tools Have Influenced Resume Rhetoric and Ethics[J]. Business Communication Quarterly,2009,72(1):35 – 60.

［200］ BADLER N I. Virtual beings[J]. Communications of the ACM,2001,44(3):33 – 35.

［201］ GERDES,ANNE. The issue of moral consideration in robot ethics[J]. ACM Sigcas Computers & Society,2016,45(3):274 – 279.

［202］ BERTRAM F. Malle. Integrating robot ethics and machine morality:the study and design of moral competence in robots[J]. Ethics & Information Technology,2016,18(4):243 – 256.

［203］ MALLE B F,SCHEUTZ M,FORLIZZI J,et al. Which robot am I thinking about? The impact of action and appearance on people's evaluations of a moral robot[C]// 11ᵗʰ IEEE ACM/IEEE International Conference on Human – Robot Interaction (HRI),2016:125 – 132.

［204］ YANG Y,GE S S,LEE T H,et al. Facial expression recognition and tracking for intelligent human – robot interaction[J]. Intelligent Service Robotics,2008,1(2):143 – 157.

内 容 简 介

　　本书收集整理了近年来国内外社会机器人技术的发展动态与最新成果,融入了作者多年理论与技术的研究工作。主要内容包括社会机器人软件系统、社会机器人硬件系统、社会机器人的社会属性、社会机器人实例、社会机器人展望。
　　本书可以为从事社会机器人、智能系统设计的研究人员提供理论与技术指导,也可作为高等院校计算机科学与技术、电子科学与技术、控制科学与工程等相关专业的教师和研究生进行研究或教学的参考书。

This book collects and summarize the latest trends and achievements of social robotics across the world, also combined with theoretical and technical researches of authors. The main content of this book includes:software system for social interaction, hardware system for social robots, social attributes of robot, design and implementation of social robots, the outlook of future.

This book can provide theoretical and technical guidance for researchers involved in the design of social robots and intelligent systems. It is also a reference book for teachers and graduate students of robotics, control science and others to conduct teaching and engineer projects.